高等职业教育系列教材

# S7-200 PLC 技术及应用

主 编 侍寿永

参 编 史宜巧 夏玉红 张树军

主 审 朱 静

机械工业出版社

本书通过大量实例和实训项目，详细介绍了西门子 S7-200 PLC 的基础知识及其编程与应用，内容包括 S7-200 PLC 的基本指令、功能指令、模拟量和脉冲量指令、网络通信指令及顺控指令的编程与使用。书中每个实训项目均配有 I/O 端口连接图、控制程序及调试步骤，并且每个实训项目容易操作与实现，便于读者尽快地掌握 S7-200 PLC 的基本知识及编程应用技能。

　　本书可作为高等职业院校电气自动化和机电一体化等相关专业教材或技术培训用书，也可作为工程技术人员自学或参考用书。

　　本书配有可扫描封底"IT"字样的二维码，输入本书书号中的 5 位数字（64512），获取免费电子资源的下载链接，有样书、资源和其他需求请加微信客服：jsj15910938545。

## 图书在版编目（CIP）数据

S7-200 PLC 技术及应用 / 侍寿永主编 . —北京：机械工业出版社，2019.12
（2023.1 重印）
高等职业教育系列教材

ISBN 978-7-111-64512-2

Ⅰ. ①S…　Ⅱ. ①侍…　Ⅲ. ①PLC 技术－高等职业教育－教材
Ⅳ. ①TM571.61

中国版本图书馆 CIP 数据核字（2020）第 008810 号

机械工业出版社（北京市百万庄大街 22 号　邮政编码 100037）

策划编辑：李文轶　　责任编辑：李文轶
责任校对：张艳霞　　责任印制：郜　敏

北京中科印刷有限公司印刷

2023 年 1 月第 1 版·第 5 次印刷
184mm×260mm·16.25 印张·399 千字
标准书号：ISBN 978-7-111-64512-2
定价：49.90 元

电话服务　　　　　　　　　　　网络服务

客服电话：010-88361066　　　机 工 官 网：www.cmpbook.com

　　　　　010-88379833　　　机 工 官 博：weibo.com/cmp1952

　　　　　010-68326294　　　金 　书 　网：www.golden-book.com

**封底无防伪标均为盗版**　　　机工教育服务网：www.cmpedu.com

# 前　言

　　PLC 已成为自动化控制领域不可或缺的设备之一，它常与传感器、变频器、人机界面等配合使用，构造出功能齐全、操作简单方便的自动控制系统。S7-200 PLC 是 SIEMENS 公司推出的一种小型 PLC，它结构紧凑、扩展性良好、指令功能强大、价格低廉，已成为当代各种小型控制工程应用的理想控制器，在国内得到广泛应用。为此，编者结合多年的工程实践及自动化技术的教学经验，在企业技术人员大力支持下编写了本书，旨在使学生或具有一定电气控制基础知识的工程技术人员能较快地掌握西门子 S7-200 PLC 编程及应用技术。

　　本书分为 5 章，较全面介绍了西门子 S7-200 PLC 的编程及应用。

　　在第 1 章中，介绍了 PLC 的基本知识、编程及仿真软件的安装与应用，以及 S7-200 PLC 的位逻辑指令、定时器指令、计数器指令的应用。

　　在第 2 章中，介绍了数据的类型，数据处理、数学运算及控制等功能指令的应用。

　　在第 3 章中，介绍了模拟量、脉冲量指令的应用。

　　在第 4 章中，介绍了通信基础知识，自由口、PPI 通信和以太网通信的应用。

　　在第 5 章中，介绍了顺序控制设计法及顺控指令 SCR 的应用。

　　为了便于教学和自学，并能激发读者的学习热情，本书中的实例和实训项目均较为简单，易于操作和实现，而且为诸多知识点的学习提供了微课视频（来自西门子官方网站），为巩固、提高和检阅读者所学知识，各章均配有习题与思考题。

　　本书是按照项目教学的思路进行编排的，具备一定实验条件的院校可以按照编排的顺序进行教学。本书电子资源包中提供了项目参考程序、参考资料和应用软件，为不具备实验条件的学生或工程技术人员的自学提供方便，可以使用仿真软件对本书的实训项目进行模拟调试，读者可扫描封底"IT"字样二维码，输入本书书号中的 5 位数字（64512），获取免费电子资源的下载链接，有样书、资源和其他需求请加微信客服：jsj15910938545。

　　本书的编写得到了淮安信息职业技术学院领导和自动化学院领导的关心和支持，也得到了秦德良、陆晟两位高级工程师给予的很多的帮助和很好的建议，在此表示衷心的感谢。

　　本书由淮安信息职业技术学院侍寿永担任主编，史宜巧、夏玉红、张树军参编，朱静担任主审。侍寿永编写了本书的第 2、3、4 章，史宜巧、夏玉红共同编写了第 1 章，夏玉红和张树军共同编写了第 5 章。

　　由于编者水平有限，书中疏漏之处恳请读者批评指正。

编　者

# 目　　录

# 第1章 基本指令及应用

可编程序控制器（PLC，Programmable Logic Controller）因应对工业控制现场复杂的逻辑控制关系而产生，因此，PLC 中较为简单的位逻辑指令在其应用中无处不在，学好位逻辑指令可为熟练应用 PLC 奠定扎实的基础。本章主要学习触点指令、输出指令、与/或指令、置位/复位指令、取反指令、堆栈指令、跳变指令、定时器指令、计数器指令等位逻辑指令及编程软件 STEP 7-Micro/WIN 的应用。

## 1.1 PLC 简介

### 1.1.1 PLC 的产生与定义

#### 1. PLC 的产生

20 世纪 60 年代，当时的工业控制主要采用由继电器—接触器组成的控制系统。继电器—接触器控制系统存在着设备体积大，调试和维护工作量大，通用性及灵活性差，可靠性低，功能简单，不具备现代工业控制所需要的数据通信、网络控制及运动控制等功能。

1968 年，美国通用汽车制造公司（GM）为了适应汽车型号的不断翻新，试图寻找一种新型的工业控制器，以解决继电器—接触器控制系统普遍存在的问题。设想把计算机的完备功能、灵活及通用等优点与继电器控制系统的简单易懂、操作方便、价格便宜等优点结合起来，制成一种适合工业环境的通用控制装置，并把计算机的编程方法和程序输入方式加以简化，使不熟悉计算机的人也能方便地使用。

1969 年，美国数字设备公司（DEC）根据通用汽车公司的要求研制成功第一台可编程序控制器，称之为"可编程序逻辑控制器"，并在通用汽车公司的自动装配线上试用成功，从而开创了工业控制的新局面。

#### 2. PLC 的定义

PLC 的英文是 Programmable Logic Controller，直译为可编程序逻辑控制器，随着科技的不断发展，其功能远不止逻辑控制，应称之为可编程序控制器 PC，为了与个人计算机（Personal Computer）相区别，故仍将可编程序控制器简称为 PLC。几款常见的 PLC 如图 1-1 所示。

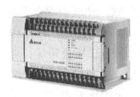

图 1-1 几款常见的 PLC

1985 年国际电子委员会（IEC）对 PLC 作了如下定义：可编程序控制器是一种基于数字运算操作的电子系统，专为工业环境下应用而设计。它作为可编程序的存储器，用来在其内部存储和执行逻辑运算、顺序控制、定时、计数和算术运算等操作指令，并通过数字式、模拟式的输入和输出，控制各种类型的机械或生产过程。可编程序控制器及其有关设备，都应按易于使工业控制系统形成一个整体，易于扩充其功能的原则设计。

## 1.1.2　PLC 的特点及发展

### 1. PLC 的特点

（1）编程简单，容易掌握

梯形图是使用最多的 PLC 编程语言，其电路符号和表达式与继电器电路原理图相似，梯形图语言形象直观，易学易懂，熟悉继电器电路图的电气技术人员很快就能学会用梯形图语言，并用来编制用户程序。

（2）功能强，性价比高

PLC 内有成百上千个可供用户使用的编程元件，有很强的功能，可以实现非常复杂的控制功能。与相同功能的继电器控制系统相比，具有很高的性价比。

（3）硬件配套齐全，用户使用方便，适应性强

PLC 产品已经标准化、系列化和模块化，配备有品种齐全的各种硬件装置供用户选用，用户能灵活方便地进行系统配置，组成不同功能、不同规模的系统。确定硬件配置后，可以通过修改用户程序，方便、快速地适应工艺条件的变化。

（4）可靠性高，抗干扰能力强

传统的继电器控制系统使用了大量的中间继电器和时间继电器。由于触点接触不良，容易出现故障。PLC 用软件代替大量的中间继电器和时间继电器，PLC 外部仅剩下与输入和输出有关的少量硬件元件，因触点接触不良造成的故障大为减少。

（5）系统的设计、安装、调试及维护工作量少

由于 PLC 采用了软件来取代继电器控制系统中大量的中间继电器和时间继电器等器件，控制柜的设计、安装和接线工作量大为减少。同时，PLC 的用户程序可以先通过模拟调试再到生产现场进行联机调试，这样可减少现场的调试工作量，缩短设计和调试周期。

（6）体积小、重量轻、功耗低

复杂的控制系统使用 PLC 后，可以减少大量的中间继电器和时间继电器，PLC 的体积较小，且结构紧凑、坚固、重量轻、功耗低。并且由于 PLC 的抗干扰能力强，易于装入设备内部，是实现机电一体化的理想控制设备。

### 2. PLC 的发展趋势

PLC 自问世以来，经过 40 多年的发展，在机械、冶金、化工、轻工、纺织等行业得到了广泛的应用，目前，世界上有 200 多个生产 PLC 的厂家，比较有名的厂家有：美国的 AB 公司、通用电气公司等；日本的三菱公司、富士公司、欧姆龙公司、松下电工公司等；德国的西门子公司等；法国的 TE 公司、施耐德公司等；韩国的三星公司等；中国科学院自动化研究所的 PLC-008、北京联想计算机集团公司的 GK-40、上海机床电器厂的 CKY-40、上海香岛机电制造有限公司的 ACMY-S80 和 ACMY-S256、无锡华光电子工业有限公司的 SR-10 和 SR-20/21 等。

PLC 的主要发展趋势主要有以下几点。

1）中、高档 PLC 向大型、高速、多功能方向发展；低档 PLC 向小型、模块化结构发展，增加了配置的灵活性，降低了成本。

2）PLC 在闭环过程控制中应用日益广泛。

3）集中控制与网络连接能力加强。

4）不断开发适应各种不同控制要求的特殊 PLC 控制模块。

5）编程语言趋向标准化。

6）发展容错技术，不断提高可靠性。

7）追求软硬件的标准化。

## 1.1.3　PLC 的分类及应用

### 1. PLC 的分类

PLC 发展很快，类型很多，可以从不同的角度进行分类。

（1）按控制规模分

按控制规模分为微型、小型、中型和大型。

1）微型 PLC 的 I/O 点数一般在 64 点以下，其特点是体积小、结构紧凑、重量轻和以开关量控制为主，有些产品具有少量模拟量信号处理能力。

2）小型 PLC 的 I/O 点数一般在 256 点以下，除开关量 I/O 外，一般都有模拟量控制功能和高速控制功能。有的产品还有多种特殊功能模板或智能模块，有较强的通信能力。

3）中型 PLC 的 I/O 点数一般在 1 024 点以下，指令系统更丰富，内存容量更大，一般都有可供选择的系列化特殊功能模板，有较强的通信能力。

4）大型 PLC 的 I/O 点数一般在 1 024 点以上，软、硬件功能极强，运算和控制功能丰富。具有多种自诊断功能，一般都有多种网络功能，有的还可以采用多 CPU 结构，具有冗余能力等。

（2）按结构特点分

按结构特点分为整体式、模块式。

1）整体式 PLC 多为微型、小型，特点是将电源、CPU、存储器、I/O 接口等部件都集中装在一个机箱内，结构紧凑、体积小、价格低和安装简单，输入/输出点数通常为10～60 点。

2）模块式 PLC 是将 CPU、输入和输出单元、电源单元以及各种功能单元集成一体。各模块结构上相互独立，构成系统时，则根据要求搭配组合，灵活性强。

（3）按控制性能分

按控制性能分为低档机、中档机和高档机。

1）低档 PLC 具有基本的控制功能和一般运算能力，工作速度比较低，配套的输入和输出模块数量比较少，输入和输出模块的种类也比较少。

2）中档 PLC 具有较强的控制功能和较强的运算能力，它不仅能完成一般的逻辑运算，也能完成比较复杂数据运算，工作速度比较快。

3）高档 PLC 具有强大的控制功能和较强的数据运算能力，配套的输入和输出模块数量很多，输入和输出模块的种类也很全面。这类 PLC 不仅能完成中等规模的控制工程，也可以完成规模很大的控制任务。在联网中一般作为主站使用。

**2. PLC 的应用**

（1）数字量控制

PLC 用"与""或""非"等逻辑控制指令来实现触点和电路的串、并联，代替继电器进行组合逻辑控制、定时控制与顺序逻辑控制。

（2）运动量控制

PLC 使用专用的运动控制模块，对直线运动或圆周运动的位置、速度和加速度进行控制，可以实现单轴、双轴、三轴和多轴位置控制。

（3）闭环过程控制

过程控制是指对温度、压力和流量等连续变化的模拟量的闭环控制。PLC 通过模拟量I/O 模块，实现模拟量与数字量之间的相互转换，并对模拟量实行闭环的 PID 控制。

（4）数据处理

现代的 PLC 具有数据的数学运算、传送、转换、排序、查表和位操作等功能，可以完成数据的采集、分析与处理。

（5）通信联网

PLC 可以实现 PLC 与外设、PLC 与 PLC、PLC 与其他工业控制设备、PLC 与上位机、PLC 与工业网络设备等之间通信，实现远程的 I/O 控制。

## 1.1.4 PLC 的结构与工作过程

**1. PLC 的组成**

PLC 一般由 CPU（中央处理器）、存储器和输入/输出模块 3 部分组成，PLC 的结构框图如图 1-2 所示。

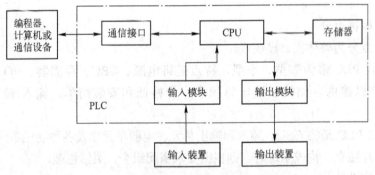

图 1-2　PLC 的结构框图

（1）CPU

CPU 的功能是完成 PLC 内所有的控制和监视操作。CPU 一般由控制器、运算器和寄存器组成。CPU 通过控制总线、地址总线和数据总线与存储器、输入/输出接口电路连接。

（2）存储器

在 PLC 中有两种存储器：系统程序存储器和用户存储器。

系统程序存储器是用来存放由 PLC 生产厂家编写好的系统程序，并固化在只读存储器（ROM）内，用户不能直接更改。存储器中的系统程序负责解释和编译用户编写的程序、监控 I/O 接口的状态、对 PLC 进行自诊断、扫描 PLC 中的用户程序等。

用户存储器包括用户程序存储器和用户数据存储器两部分。用户程序存储器是用来存放用户根据控制要求而编制的应用程序。目前大多数 PLC 采用可随时读写的快闪存储器（Flash）作为用户程序存储器，它不需要后备电池，掉电时数据也不会丢失。用户数据存储器是随机存储器（RAM），用来存放（记忆）程序中所使用器件的 ON/OFF 状态和数据等。

（3）输入/输出接口

PLC 的输入/输出接口是 PLC 与工业现场设备相连接的端口。PLC 的输入和输出信号可以是开关量或模拟量，其接口是 PLC 内部弱电信号和工业现场强电信号联系的桥梁。接口主要起到隔离保护作用（电隔离电路使工业现场与 PLC 内部进行隔离）和信号调整作用（把不同的信号调整成 CPU 可以处理的信号）。

**2．PLC 的工作过程**

PLC 是采用循环扫描的工作方式，其工作过程主要分为 3 个阶段：输入采样阶段、程序执行阶段和输出刷新阶段，PLC 的工作过程如图 1-3 所示。

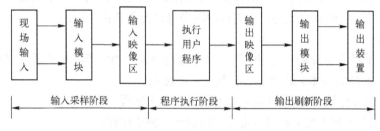

图 1-3　PLC 的工作过程

（1）输入采样阶段

PLC 在开始执行程序之前，首先按顺序将所有输入端子信号读入到用于寄存输入状态的输入映像区中进行存储，这一过程称为采样。PLC 在运行程序时，所需要的输入信号不是取当时输入端子上的信息，而是取输入映像寄存器中的信息。在一个工作周期内这个采样结果的内容不会改变，只有到下一个输入采样阶段才会被刷新。

（2）程序执行阶段

PLC 按顺序进行扫描，即从上到下、从左到右地扫描每条指令，并分别从输入映像寄存器、输出映像寄存器以及辅助继电器中获得所需的数据进行运算和处理。再将程序执行的结果写入到输出映像寄存器中保存。但这个结果在全部程序未被执行完毕之前不会被送到输出端子上。

（3）输出刷新阶段

在执行完用户所有程序后，PLC 将输出映像区中的内容送到用来寄存输出状态的输出状态锁存器中进行输出，以驱动用户设备。

PLC 重复执行上述 3 个阶段，每重复一次的时间称为一个扫描周期。PLC 在一个扫描周期中，输入采样阶段和输出刷新阶段的时间一般为毫秒级，而程序执行时间因用户程序的长度而不同，一般容量为 1KB 的程序扫描时间为 10ms 左右。

### 1.1.5 PLC 的编程语言

PLC 有 5 种常用编程语言：梯形图（Ladder Diagram，LD，西门子公司简称为 LAD）、指令表（Instruction list，IL，也称为语句表 Statement List，STL）、功能块图（Function Black Diagram，FBD）、顺序功能图（Sequential Function Chart，SFC）、结构文本（Structured Text，ST）。最常用的是梯形图和语句表。

**1. 梯形图**

梯形图是使用最多的 PLC 图形编程语言。梯形图与继电器控制系统的电路图相似，具有直观易懂的优点，很容易被工程技术人员所熟悉和掌握。梯形图程序设计语言具有以下特点。

1）梯形图由触点、线圈和用方框表示的功能块组成。

2）梯形图中触点只有常开和常闭，触点可以是 PLC 输入点接的开关也可以是 PLC 内部继电器的触点或内部寄存器、计数器等的状态。

3）梯形图中的触点可以任意串、并联，但线圈只能并联不能串联。

4）内部继电器、内部寄存器等均不能直接控制外部负载，只能作中间结果使用。

5）PLC 是按循环扫描事件，沿梯形图先后顺序执行，在同一扫描周期中的结果留在输出状态锁存器中，所以输出点的值在用户程序中可以当作条件使用。

**2. 语句表**

语句表是使用助记符来书写程序的，又称为指令表，类似于汇编语言，但比汇编语言通俗易懂，属于 PLC 的基本编程语言。它具有以下特点。

1）利用助记符号表示操作功能，容易记忆，便于掌握。

2）在编程设备的键盘上就可以进行编程设计，便于操作。

3）一般 PLC 程序的梯形图和语句表可以互相转换。

4）部分梯形图及另外几种编程语言无法表达的 PLC 程序，必须使用语句表才能编程。

**3. 功能块图**

功能块图采用类似于数学逻辑门电路的图形符号，逻辑直观、使用方便。该编程语言中的方框左侧为逻辑运算的输入变量，右侧为输出变量，输入、输出端的小圆圈表示"非"运算，方框被"导线"连接在一起，信号从左向右流动，图 1-4 所示的控制逻辑与图 1-5 的相同。图 1-4 所示为梯形图与语句表，图 1-5 所示为功能块图。功能块图程序设计语言有如下特点。

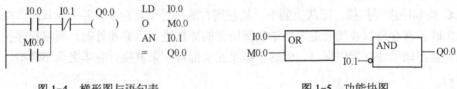

图 1-4　梯形图与语句表　　　　　　　　图 1-5　功能块图

1）以功能模块为单位，从控制功能入手，使控制方案的分析和理解变得容易。

2）功能模块是用图形化的方法描述功能，它的直观性大大方便了设计人员的编程和组态，有较好的操作性。

3）对控制规模较大、控制关系较复杂的系统，由于控制功能的关系可以较清楚地表达出来，因此，可以缩短编程和组态时间，也能减少调试时间。

**4. 顺序功能图**

顺序功能图也称为流程图或状态转移图，是一种图形化的功能性说明语言，专用于描述工业顺序控制程序，使用它可以对具有并行、选择等复杂结构的系统进行编程。顺序功能图程序设计语言有如下特点。

1）以功能为主线，条理清楚，便于对程序操作的理解和沟通。

2）对大型的程序，可分工设计，采用较为灵活的程序结构，以节省程序设计时间和调试时间。

3）常用于系统规模较大、程序关系较复杂的场合。

4）整个程序的扫描时间较其他程序设计语言编制的程序扫描时间要大大缩短。

**5. 结构文本**

结构文本是一种高级的文本语言，可以用来描述功能、功能块和程序的行为，还可以在顺序功能图中描述步、动作和转换的行为。结构文本程序设计语言有如下特点。

1）采用高级语言进行编程，可以完成较复杂的控制运算。

2）需要有计算机高级程序设计语言的知识和编程技巧，对编程人员要求较高。

3）直观性和易操作性较差。

4）常用于采用功能模块等其他语言较难实现的一些控制功能的实施。

## 1.1.6 S7-200 PLC 硬件

S7-200 系列 PLC 是德国西门子公司生产的小型 PLC，其外形及结构如图 1-6 所示。S7-200 系列 PLC 主要应用于各行各业工业现场的数据监测、处理、通信及其控制，具有极高的性价比。

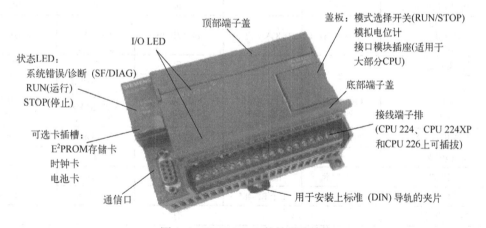

图 1-6　S7-200 PLC 的外形及结构

小型 PLC 控制器主要是将中央处理器、存储器、基本输入/输出点和电源集成在一个紧凑的封装中，再通过扩展模块构成整个功能强大的控制系统。

图 1-6 中各部分的功能如下。

1）I/O LED：用于显示输入/输出端子的状态。

2）状态 LED：用于显示 CPU 所处的工作状态，共 3 个指示灯：SF/DIAG（System Fault，系统错误；Diagnosis，诊断）、RUN（运行），STOP（停止）。

3）可选卡插槽：可以插入 E²PROM 存储卡、时钟卡和电池卡。

4）通信口：可以连接 RS-485 总线的通信电缆。

5）顶部端子盖：它下边为输出端子和 PLC 供电电源端子。输出端子的运行状态可以由顶部端子盖下方一排指示灯显示（即 I/O LED 指示灯），ON 状态对应指示灯亮。

6）底部端子盖：它下边为输入端子和传感器电源端子。输入端子的运行状态可以由底部端子盖上方一排指示灯显示（即 I/O LED 指示灯），ON 状态对应指示灯亮。

7）盖板下面有模式选择开关、模拟电位计和接口模块插座。将开关拨向停止"STOP"位置时，PLC 处于停止状态，此时可以对其编写程序。将开关拨向运行"RUN"位置时，PLC 处于运行状态，此时不能对其编写程序。将开关拨向运行状态，在运行程序的同时还可以监视程序运行的状态。接口模块插座用于连接扩展模块，实现 I/O 扩展。

**1. CPU 模块**

中央处理器（CPU）是 PLC 控制器工作的核心元件，主要用来进行数据的处理和运算，西门子公司提供多种类型的 CPU 以适应各种应用场合。表 1-1 中列出 S7-200 PLC 各种 CPU 的技术指标。

表 1-1　S7-200 CPU 模块的技术指标

| 特性 | CPU 221 | CPU 222 | CPU 224 | CPU 224XP | CPU 226 |
|---|---|---|---|---|---|
| 外形尺寸/mm×mm×mm | 90×80×62 | 90×80×62 | 120.5×80×62 | 140×80×62 | 190×80×62 |
| 程序存储器/B<br>可在运行模式下编辑<br>不可在运行模式下编辑 | 4 096<br>4 096 | 4 096<br>4 096 | 8 192<br>12 288 | 12 288<br>16 384 | 16 384<br>24 576 |
| 数据存储区/B | 2 048 | 2 048 | 8 192 | 10 240 | 10 240 |
| 掉电保护时间/h | 50 | 50 | 100 | 100 | 100 |
| 本机 I/O<br>数字量<br>模拟量 | 6 入/4 出 | 8 入/6 出 | 14 入/10 出 | 14 入/10 出<br>2 入/1 出 | 24 入/16 出 |
| 扩展模块数量 | 0 | 2 | 7 | 7 | 7 |
| 高速计数器<br>单相<br>两相 | 4 路 30kHz<br>2 路 20kHz | 4 路 30kHz<br>2 路 20kHz | 6 路 30kHz<br>4 路 20kHz | 4 路 30kHz<br>2 路 100kHz<br>3 路 20kHz<br>1 路 100kHz | 6 路 30kHz<br>4 路 20kHz |
| 脉冲输出（DC） | 2 路 20kHz | 2 路 20kHz | 2 路 20kHz | 2 路 100kHz | 2 路 20kHz |
| 模拟电位器 | 1 | 1 | 2 | 2 | 2 |
| 实时时钟 | 配时钟卡 | 配时钟卡 | 内置 | 内置 | 内置 |
| 通信口 | 1 个 RS-485 | 1 个 RS-485 | 1 个 RS-485 | 2 个 RS-485 | 2 个 RS-485 |
| 浮点数运算 | 有 | | | | |
| I/O 映像区 | 256（128 入/128 出） | | | | |
| 布尔指令执行速度 | 0.22μs/指令 | | | | |

CPU 的存储区主要用来处理和存储系统运行过程中相关数据，其存储区主要包括以下几类。

（1）输入过程映像寄存器（I）

在每个扫描过程的开始，CPU 对物理输入点进行采样，并将采样值存于输入过程映像寄存器中。

输入过程映像寄存器是 PLC 接收外部输入的数字量信号的窗口。PLC 通过光耦合器，将外部信号的状态读入并存储在输入过程映像寄存器中，外部输入电路接通时对应的映像寄存器为 ON（1 状态），反之为 OFF（0 状态）。输入端可以外接常开触点或常闭触点，也可以接多个触点组成的串并联电路。在梯形图中，可以多次使用输入端的常开触点和常闭触点。

读者通过扫描二维码 1-1 进行"输入过程映像寄存器"视频相关知识的学习。

（2）输出过程映像寄存器（Q）

在扫描周期的末尾，CPU 将输出过程映像寄存器的数据传送给输出模块，再由后者驱动外部负载。如梯形图中 Q0.0 的线圈"通电"，则继电器型输出模块中对应的硬件继电器的常开触点闭合，使接在标号为 Q0.0 的端子的外部负载通电，反之则外部负载断电。输出模块中的每一个硬件继电器仅有一对常开触点，但是在梯形图中，每一个输出位的常开触点和常闭触点都可以多次使用。

读者通过扫描二维码 1-2 进行"输出过程映像寄存器"视频相关知识的学习。

（3）变量存储器（V）

变量（Variable）存储器用于在程序执行过程中存入中间结果，或者用来保存与工序或任务有关的其他数据。CPU224/226 有 VB0～VB10239 的 10KB 存储容量。

（4）位存储器（M）

位存储器（M0.0～M31.7）类似于继电器控制系统中的中间继电器，用来存储中间操作状态或其他控制信息。虽然名为"位存储器区"，但是也可以按字节、字或双字来存取。

（5）定时器存储（T）

定时器相当于继电器系统中的时间继电器。S7-200 PLC 有 3 种定时器，它们的时间基准增量分别为 1ms、10ms 和 100ms。定时器的当前值寄存器是 16 位有符号整数，用于存储定时器累计的时间基准增量值（1～32 767）。

定时器位用来描述定时器延时动作的触点状态，定时器位为 1 时，梯形图中对应的定时器的常开触点闭合，常闭触点断开；为 0 时则触点的状态相反。

用定时器地址（T 和定时器号）来存取当前值和定时器位，带位操作的指令存取定时器位，带字操作数的指令存取当前值。

（6）计数器存储（C）

计数器用来累计其计数输入端脉冲电平由低到高的次数，S7-200 PLC 提供加计数器、减计数器和加/减计数器。计数器的当前值为 16 位有符号整数，用来存放累计的脉冲数（1～32 767）。用计数器地址（C 和计数器号）来存取当前值和计数器位。

（7）高速计数器（HC）

高速计数器用来累计比 CPU 的扫描速率更快的事件，计数过程与扫描周期无关。其当前值和设定值为 32 位有符号整数，当前值为只读数据。高速计数器的地址由区域标识符 HC 和高速计数器号组成。

（8）累加器（AC）

累加器是可以像存储器那样使用的读/写单元，CPU 提供了 4 个 32 位累加器（AC0～AC3），可以按字节、字和双字来存取累加器中的数据。按字节、字只能存取累加器的低 8

位或低 16 位，按双字能存取累加器全部的 32 位，存取的数据长度由指令决定。

（9）特殊存储器（SM）

特殊存储器用于 CPU 与用户之间交换信息，如 SM0.0 一直为 ON 状态，SM0.1 仅在执行用户程序的第一个扫描周期为 ON 状态。

（10）局部存储器（L）

S7-200 PLC 中将主程序、子程序和中断程序统称为程序组织单元（Program Organizational Unit，POU），各 POU 都有自己的 64B 的局部变量表，局部变量仅在它被创建的 POU 中有效。局部变量表中的存储器称为局部存储器，它们可以作为暂时存储器，或用于子程序传递它的输入、输出参数。变量存储器（V）是全局存储器，可以被所有的 POU 存取。

S7-200 PLC 中主程序和中断程序各分配 64B 局部存储器，给每一级子程序嵌套分配 64B 局部存储器，各程序不能访问别的程序的局部存储器。

（11）模拟量输入（AI）

S7-200 PLC 中用 A-D 转换器将外界连续变化的模拟量（如压力、流量等）转换为一个字长（16 位）的数字量，用区域标识符 AI、表示数据长度的 W（字）和起始字节的地址来表示模拟量输入的地址，如 AIW2 和 AIW4。因为模拟量输入是一个字长，应从偶数字节地址开始存入，模拟量输入值为只读数据。

（12）模拟量输出（AQ）

S7-200 PLC 中将一个字长的数字量用 D-A 转换器转换为外界的模拟量，用区域标识符 AQ、表示数据长度的 W（字）和字节的起始地址来表示存储模拟量输出的地址，如 AQW2 和 AQW4。因为模拟量输出是一个字长，应从偶数字节地址开始存放，模拟量输出值是只写数据，用户不能读取模拟量输出值。

（13）顺序控制继电器（SCR）

顺序控制继电器（SCR）用于组织设备的顺序操作，SCR 提供控制程序的逻辑分段，详细的使用方法见 5.4 节。

对于每个型号 PLC，西门子提供 DC 24V 和 AC 120～240V 两种电源供电的 CPU，如 CPU 224 CN DC/DC/DC 和 CPU 224 CN AC/DC/Relay。每个类型都有各自的订货号，可以单独订货。

1）DC/DC/DC：说明 CPU 是直流供电，直流数字量输入，数字量输出点是晶体管直流电路的类型。

2）AC/DC/Relay：说明 CPU 是交流供电，直流数字量输入，数字量输出点是继电器触点类型。

**2．I/O 模块**

各 I/O 点通/断状态用发光二极管（LED）显示，PLC 与外部连线的连接一般采用接线端子。某些模块使用可以拆卸的插座型端子板，不需要断开板上的外部连线，就可以迅速地更换模块。

（1）输入模块

输入电路中设有 RC 滤波电路，以防止由于输入触点抖动或外部干扰脉冲引起错误的输入信号。S7-200 PLC 的输入滤波电路的延迟时间可以通过编程软件中的系统块设置。

图 1-7 所示为 S7-200 PLC 的直流输入模块的内部电路和外部接线图，图中只画出了一

路输入电路，输入电流为数毫安。1M 是同一组输入点各自内部输入电路的公共点。S7-200 PLC 可以用 CPU 模块内部的 DC 24V 电源作为输入回路的电源，它还可以为接近开关、光电开关之类的传感器提供 DC 24V 电源。

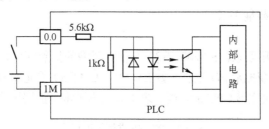

图 1-7　输入电路

当图 1-7 中的外接触点接通时，光耦合器中两个反并联的发光二极管中的一个亮，光敏二极管饱和导通，信号经内部电路传送给 CPU 模块；外接触点断开时，光耦合器中的发光二极管熄灭，光敏二极管截止，信号则无法传送给 CPU 模块。显然，可以改变图 1-7 中输入回路的电源极性。

交流输入方式适合于在有油雾、粉尘的恶劣环境下使用。S7-200 PLC 有 AC 120/230V 输入模块。直流输入电路的延迟时间较短，可以直接与接近开关、光电开关等电子输入装置连接。

（2）输出模块

S7-200 PLC 的 CPU 模块的数字量输出电路的功率器件有驱动直流负载的场效应晶体管和小型继电器，后者既可以驱动交流负载又可以驱动直流负载，负载电源由外部提供。

输出电流的额定值与负载的性质有关，例如 S7-200 PLC 的继电器输出电路可以驱动 2A 的电阻性负载。输出电路一般分为若干组，对每一组的总电流也有限制。

图 1-8 所示为继电器输出电路，继电器同时起隔离和功率放大作用，每一路只给用户提供一对常开触点。与触点并联的 RC 电路和压敏电阻用来消除触点断开时产生的电弧。

图 1-9 所示为使用场效应晶体管（MOSFET）的输出电路。输出信号送给内部电路中的输出锁存器，再经光耦合器送给场效应晶体管，后者的饱和导通状态和截止状态相当于触点的接通和断开。图 1-9 中的稳压管用来抑制关断时的过电压和外部浪涌电压，以保护场效应晶体管，场效应晶体管输出电路的工作频率可达 20～100kHz。

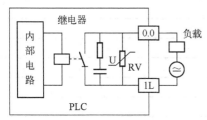

图 1-8　继电器输出电路

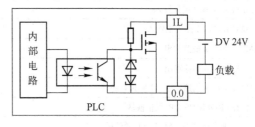

图 1-9　场效应晶体管输出电路

S7-200 PLC 的数字量扩展模块中还有一种用双向晶闸管作为输出元件的 AC 230V 的输出模块。每点的额定输出电流为 0.5A，灯负载为 60W，最大漏电流为 1.8mA，由接通到断开的最大时间为 0.2ms。

继电器输出模块的使用电压范围广，导通压降小，承受瞬时过电压和过电流的能力较强，但是动作速度较慢，寿命（动作次数）有一定的限制。如果系统输出量的变化不是很频繁，则建议优先选用继电器型的输出模块。场效应晶体管输出模块用于直流负载，它的反应速度快、寿命长，但过载能力较差。

**3．扩展模块**

为了更好地满足应用要求，S7-200 PLC 有多种类型的扩展模块，主要有数字量 I/O 模块（如 EM221、EM223）、模拟量 I/O 模块（如 EM231、EM235）和通信模块（如 EM227）等，用户可以利用这些扩展模块完善 CPU 的功能。表 1-2 列出了常用扩展模块的基本参数。

表 1-2　S7-200 常用扩展模块

| 型号 | 各组输入点数 | 各组输出点数 |
| --- | --- | --- |
| EM221 CN，8 输入 DC 24V | 4，4 | |
| EM221，8 输入 AC 230V | 8 点相互独立 | |
| EM221 CN，16 输入 DC 24V | 4，4，4，4 | |
| EM222，4 输出 DC 24V，5A | | 4 点相互独立 |
| EM222，4 继电器输出 DC 24V，10A | | 4 点相互独立 |
| EM222 CN，8 输出 DC 24V | | 4，4 |
| EM222 CN，8 继电器输出 | | 4，4 |
| EM222，8 输出 AC 230V | | 8 点相互独立 |
| EM223 CN，4 输入/4 输出 DC 24V | 4 | 4 |
| EM223 CN，4 输入 DC 24V，4 继电器输出 | 4 | 4 |
| EM223 CN，8 输入 DC 24V，8 继电器输出 | 4，4 | 4，4 |
| EM223 CN，8 输入/8 输出 DC 24V | 4，4 | 4，4 |
| EM223 CN，16 输入/16 输出 DC 24V | 8，8 | 4，4，8 |
| EM223 CN，16 输入 DC 24V，16 继电器输出 | 8，8 | 4，4，4，4 |
| EM223 CN，32 输入，32 输出 DC 24V | 16，16 | 16，16 |
| EM223，32 输入 DC 24V，32 继电器输出 | 16，16 | 11，11，10 |
| EM231CN，4 模拟输入 | 4 | |
| EM231CN，8 模拟输入 | 4，4 | |
| EM231 TC，2 热电偶输入 | 2 | |
| EM231 TC，4 热电偶输入 | 4 | |
| EM231 RTD，2 热电阻输入 | 2 | |
| EM232CN，2 模拟输出 | | 2 |
| EM232CN，4 模拟输出 | | 4 |
| EM235CN，4 模拟输入，1 模拟输出 | 4 | 1 |
| EM227 PROFIBUS-DP 通信模块 | | |
| EM241 调制解调器（Modem）通信模块 | | |
| EM253 定位控制模块 | | |

# 1.1.7　编程及仿真软件

STEP 7-Micro/WIN 编程软件为用户开发、编辑和监控应用程序提供了良好的编程环境。为了能快捷高效地开发用户的应用程序，STEP 7-Micro/WIN 软件提供了 3 种程序编辑器，即梯形图（LAD）、语句表（STL）和功能块图（FBD）。STEP 7-Micro/WIN 既可以在计算机上运行，也可以在西门子公司的编程器上运行。

**1．编程软件**

（1）编程软件的安装

安装编程软件的计算机使用 Windows 操作系统，为了实现 PLC 与计算机的通信，必须配备下列设备中的一种。

1）一条 PC/PPI 电缆或 PPI 多主站电缆，它们因价格便宜，用得最多。

2）一块插在个人计算机中的通信处理器（CP）卡和多点接口（MPI）电缆。

打开安装文件夹后双击可执行文件 STEP7-Micro/WIN V4.0 SP9 setup.exe 即可开始安装编程软件，使用默认安装语言（英语），在安装过程中按照提示完成安装。

（2）编程软件的编程窗口

安装完成后双击 STEP7-Micro/WIN 图标即可打开该软件，安装后该软件首次使用为英文版，读者可以通过选择菜单栏"Tools"→"Options"→"General"命令，打开"选项"对话框，在"Language"栏中选择"Chinese"选项，关闭该编程软件后重新打开，则显示界面为中文界面，STEP7-Micro/WIN 编程软件的中文界面窗口如图 1-10 所示。

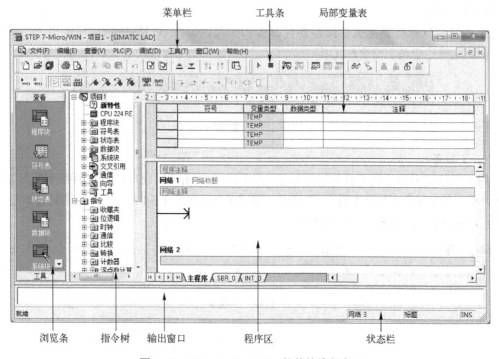

图 1-10　STEP7-Micro/WIN 软件的编程窗口

1）浏览条。

浏览条用于显示常用编程视图及工具。

查看：用于显示程序块、符号表、状态表、数据块、系统块、交叉引用、通用、PG/PC接口设置等图标。

工具：用于显示指令向导、文本显示向导、位置控制向导、EM253 控制面板、以太网向导、AS-i 向导、配方向导及 PID 调节控制面板等工具。

2）指令树。

用于提供所有项目对象和当前程序编辑器（LAD、FBD 或 STL）需要的所有编程指令。

3）输出窗口。

用于在编译程序或指令库时提供信息。当输出窗口列出的程序错误时，双击错误信息，会自动在程序编辑器窗口中显示相应的程序网络。

4）程序区。

是用户编写程序的区域，由可执行代码和注释组成。可执行的代码由主程序（OB1）、可选子程序和中断程序组成，S7-200 工程项目中规定主程序只有一个，子程序有 64 个（用 SBR0～SBR63 表示），中断程序有 128 个（用 INT0～INT127 表示）。代码被编译并下载到 PLC 中时，程序注释被忽略。

5）状态栏。

用于提供在 STEP7-Micro/WIN 软件中操作时的操作状态信息。

6）局部变量表。

包含对局部变量（子程序和中断服务程序中使用的变量）所做的定义赋值。

7）菜单栏。

允许使用鼠标或键盘执行操作各种命令和工具，如图 1-11 所示，可以用"工具"菜单，在该菜单栏中增加命令和工具。

图 1-11 菜单栏

8）工具条。

用于提供常用命令或工具的快捷按钮，如图 1-12 所示，用户可以定制每个工具条的内容和外观。其中标准工具条如图 1-13 所示，调试工具条如图 1-14 所示，常用工具条如图 1-15 所示，LAD 指令工具条如图 1-16 所示。

图 1-12 工具条

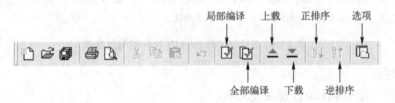

图 1-13 标准工具条

14

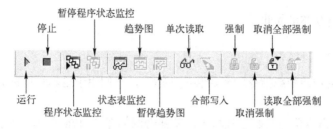

图 1-14　调试工具条

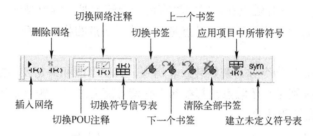

图 1-15　常用工具条

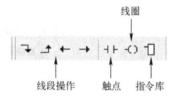

图 1-16　LAD 指令工具条

读者通过扫描二维码 1-3 进行"软件基本菜单介绍"视频相关知识的学习。

二维码 1-3

**2．S7-200 仿真软件**

学习 PLC 最有效的手段是动手编程并上机调试，在缺乏实验条件情况下，使用仿真软件无疑能迅速提高读者的编程能力。西门子公司没有针对 S7-200 PLC 的专业仿真软件 PLCSIM。但近几年网上已有一种针对 S7-200 仿真软件，国内已有人员将它部分汉化，可以供读者们使用。

读者在互联网上搜索"S7-200 仿真软件包 V2.0"，可以找到该软件，下载后无需安装，只要执行其中的 S7-200.EXE 文件就可以打开它。单击屏幕中间出现的界面，在密码输入对话框中输入密码 6596，进入仿真软件。

## 1.2　位逻辑指令

位逻辑指令是 PLC 编程使用最为广泛的基本指令，S7-200 系列 PLC 的位逻辑指令主要包括触点指令、输出指令、与/或指令、置位/复位和触发器指令、取反指令、堆栈指令、跳变指令、立即指令等。

打开编程软件后，在指令树窗口打开指令文件夹下的位逻辑指令文件夹，可以看到 S7-200 系列 PLC 所有位逻辑指令，使用拖动或双击的方式将所需要的位逻辑指令放置在编程区的网络中，其他指令亦可如此。

## 1.2.1 触点指令

触点指令包括初始装载指令和初始装载非指令，它们用于逻辑程序的开始。

**1．LD 指令**

LD（LoaD）指令称为初始装载指令，其梯形图如图 1-17a 所示，由常开触点和其位地址构成。语句表如图 1-17b 所示，由操作码“LD”和常开触点的位地址构成。

LD 指令的功能：常开触点在其线圈没有信号流流过时，触点是断开的（触点的状态为 OFF 或 0）；而线圈有信号流流过时，触点是闭合的（触点的状态为 ON 或 1）。

**2．LDN 指令**

LDN（LoaD Not）指令称为初始装载非指令，其梯形图和语句表如图 1-18 所示。LDN 指令与 LD 指令的区别是常闭触点在其线圈没有信号流流过时，触点是闭合的；当其线圈有信号流流过时，触点是断开的。

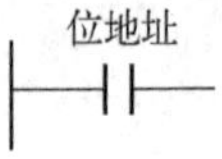


LD　位地址

a)　b)

图 1-17　初始装载指令

a) 梯形图　b) 语句表

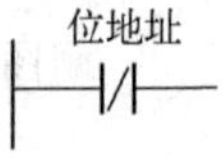


LDN　位地址

a)　b)

图 1-18　初始装载非指令

a) 梯形图　b) 语句表

## 1.2.2 输出指令

输出（=）指令在位逻辑指令中又称线圈驱动指令，其梯形图如图 1-19a 所示，由线圈和位地址构成。线圈驱动指令的语句表如图 1-19b 所示，由操作码“=”和线圈位地址构成。

线圈驱动指令的功能：线圈驱动指令是把前面各逻辑运算的结果作为信号流来控制线圈，从而使线圈驱动的常开触点闭合，常闭触点断开。

**【例 1-1】** 将图 1-20a 所示的梯形图，转换为对应的语句表，如图 1-20b。

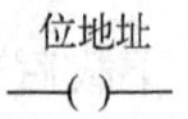


= 位地址

a)　b)

图 1-19　线圈驱动指令

a) 梯形图　b) 语句表

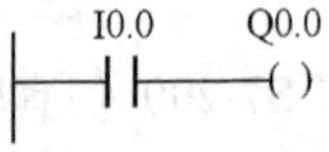


LD　I0.0

=　Q0.0

a)　b)

图 1-20　将梯形图转换为语句表

a) 梯形图　b) 语句表

## 1.2.3 与/或指令

**1．A 指令**

A（And）指令又称与指令，其梯形图如图 1-21a 所示，由串联的常开触点和其位地址组成。语句表如图 1-21b 所示，由操作码“A”和位地址构成。

当 I0.0 和 I0.1 常开触点都接通时，线圈 Q0.0 才有信号流流过，当 I0.0 或 I0.1 常开触点有一个不接通或都不接通时，线圈 Q0.0 就没有信号流流过，即线圈 Q0.0 是否有信号流流过取决于 I0.0 和 I0.1 的触点状态“与”关系的结果。

**2. AN 指令**

AN（And Not）指令又称与非指令，其梯形图如图 1-22a 所示，由串联的常闭触点和其位地址组成。语句表如图 1-22b 所示，由操作码“AN”和位地址构成。AN 指令与 A 指令的区别为它串联的是常闭触点。

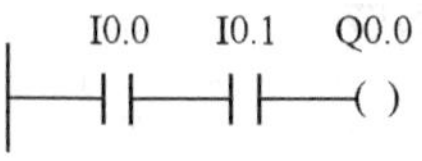

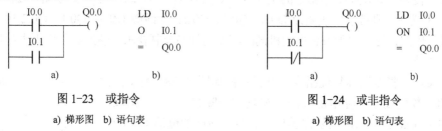

a)

```
LD  I0.0
A   I0.1
=   Q0.0
```

b)

图 1-21　与指令

a) 梯形图　b) 语句表

a)

```
LD  I0.0
AN  I0.1
=   Q0.0
```

b)

图 1-22　与非指令

a) 梯形图　b) 语句表

**3. O 指令**

O（Or）指令又称或指令，其梯形图如图 1-23a 所示，由并联的常开触点和其位地址组成。语句表如图 1-23b 所示，由操作码“O”和位地址构成。

当 I0.0 和 I0.1 常开触点有一个或都接通时，线圈 Q0.0 就有信号流流过，当 I0.0 和 I0.1 常开触点都未接通时，线圈 Q0.0 则没有信号流流过，即线圈 Q0.0 是否有信号流流过取决于 I0.0 和 I0.1 的触点状态“或”关系的结果。

**4. ON 指令**

ON（Or Not）指令又称或非指令，其梯形图如图 1-24a 所示，由并联的常闭触点和其位地址组成。语句表如图 1-24b 所示，由操作码“ON”和位地址构成。ON 指令与 O 指令的区别为它并联的是常闭触点。

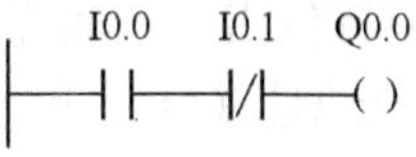

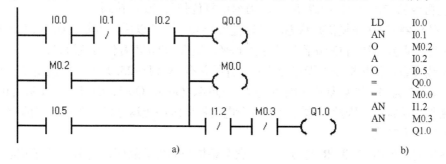

a)

```
LD  I0.0
O   I0.1
=   Q0.0
```

b)

图 1-23　或指令

a) 梯形图　b) 语句表

a)

```
LD  I0.0
ON  I0.1
=   Q0.0
```

b)

图 1-24　或非指令

a) 梯形图　b) 语句表

**【例 1-2】** 将图 1-25a 所示的梯形图，转换为对应的语句表，如图 1-25b 所示。

a)

```
LD   I0.0
AN   I0.1
O    M0.2
A    I0.2
O    I0.5
=    Q0.0
=    M0.0
AN   I1.2
AN   M0.3
=    Q1.0
```

b)

图 1-25　将梯形图转换为语句表

a) 梯形图　b) 语句表

读者通过扫描二维码 1-4 进行"标准位逻辑指令"视频相关知识的学习。

### 1.2.4 置位/复位和触发器指令

#### 1. 置位/复位指令

（1）S 指令

S（Set）指令也称置位指令，其梯形图如图 1-26a 所示，由置位线圈、置位线圈的位地址（bit）和置位线圈数目（N）构成。语句表如图 1-26b 所示，由置位操作码、置位线圈的位地址（bit）和置位线圈数目（N）构成。

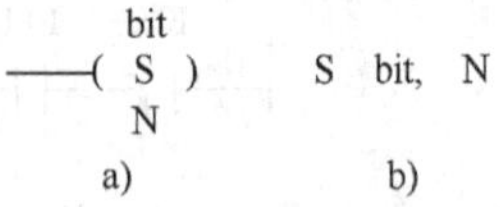

图 1-26　置位指令

a) 梯形图　b) 语句表

置位指令的应用如图 1-27 所示，当置位信号 I0.0 接通时，置位线圈 Q0.0 有信号流流过。当置位信号 I0.0 断开以后，被置位线圈 Q0.0 的状态继续保持不变，直到使线圈 Q0.0 复位信号的到来，线圈 Q0.0 才恢复初始状态。

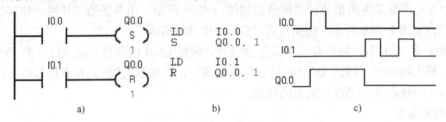

图 1-27　置位、复位指令的应用

a) 梯形图　b) 语句表　c) 指令功能图

置位线圈数目是从指令中指定的位元件开始共有 N（1～255）个。如在图 1-27 中位地址为 Q0.0，N 为 3，则被置位线圈为 Q0.0、Q0.1、Q0.2，即线圈 Q0.0、Q0.1、Q0.2 中同时有信号流流过。因此，这可用于数台电动机同时起动运行的控制要求，使控制程序大大简化。

（2）R 指令

R（Reset）指令又称复位指令，其梯形图如图 1-28a 所示，由复位线圈、复位线圈的位地址（bit）和复位线圈数目（N）构成。语句表如图 1-28b 所示，由复位操作码、复位线圈的位地址（bit）和复位线圈数目（N）构成。

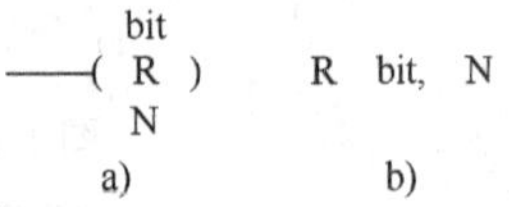

图 1-28　复位指令

a) 梯形图　b) 语句表

复位指令的应用如图 1-27 所示，当图中复位信号 I0.1 接通时，被复位线圈 Q0.0 恢复初始状态。当复位信号 I0.1 断开以后，被复位线圈 Q0.0 的状态继续保持不变，直到使线圈 Q0.0 置位信号的到来，线圈 Q0.0 才有信号流流过。

复位线圈数目是从指令中指定的位元件开始共有 N（1～255）个。如在图 1-27 中位地址为 Q0.3，N 为 5，则被复位线圈为 Q0.3、Q0.4、Q0.5、Q0.6、Q0.7，即线圈 Q0.3～Q0.7 中同时恢复初始状态。因此，这可用于数台电动机同时停止运行以及急停情况的控制要求，使控制程序大大简化。

程序中同时使用 S 和 R 指令，应注意两条指令的先后顺序，使用不当有可能导致程序控制结果错误。在图 1-27 中，置位指令在前，复位指令在后，当 I0.0 和 I0.1 同时接通时，复位指令优先级高，Q0.0 中没有信号流流过。相反，如图 1-29 所示中将置位与复位指令的先后顺序对调，当 I0.0 和 I0.1 同时接时，置位优先级高，Q0.0 中有信号流流过。因此，使用置位和复位指令编程时，哪条指令在后面，则该指令的优先级高，这一点在编程时应引起注意。

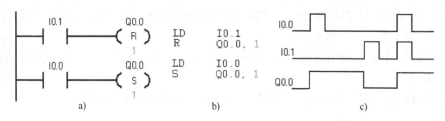

图 1-29  置位、复位指令的优先级

a) 梯形图  b) 语句表  c) 指令功能图

**2．触发器指令**

（1）SR 指令

SR 指令也称置位/复位触发器指令，其梯形图如图 1-30 所示，由置位/复位触发器标识符 SR、置位信号输入端 S1、复位信号输入端 R、输出端 OUT 和线圈的位地址 bit 构成。

置位/复位触发器指令的应用如图 1-31 所示，当置位信号 I0.0 接通时，线圈 Q0.0 有信号流流过。当置位信号 I0.0 断开时，线圈 Q0.0 的状态继续保持不变，直到复位信号 I0.1 接通时，线圈 Q0.0 没有信号流流过。

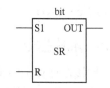

图 1-30  SR 指令梯形图

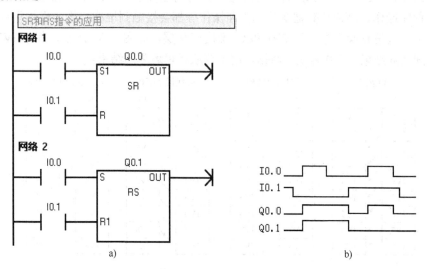

图 1-31  SR 和 RS 指令的应用

a) 梯形图  b) 指令功能图

如果置位信号 I0.0 和复位信号 I0.1 同时接通，则置位信号优先，线圈 Q0.0 有信号流流过。

（2）RS 指令

RS 指令也称复位/置位触发器指令，其梯形图如图 1-32 所示，由复位/置位触发器标识符 RS、置位信号输入端 S、复位信号

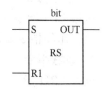

图 1-32  RS 指令梯形图

输入端 R1、输出端 OUT 和线圈的位地址 bit 构成。

复位/置位触发器指令的应用如图 1-31 所示，当置位信号 I0.0 接通时，线圈 Q0.1 有信号流流过。当置位信号 I0.0 断开时，线圈 Q0.1 的状态继续保持不变，直到复位信号 I0.1 接通时，线圈 Q0.1 没有信号流流过。

如果置位信号 I0.0 和复位信号 I0.1 同时接通，则复位信号优先，线圈 Q0.1 无信号流流过。

读者通过扫描二维码 1-5 进行"置位复位指令"视频相关知识的学习。

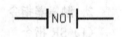

二维码 1-5

### 1.2.5　取反指令

NOT（取反）指令为触点取反指令（输出反相），在梯形图中用来改变能流的状态，取反触点左端逻辑运算结果为 1 时（即有能流），触点断开能流，反之能流可以通过，其梯形图如图 1-33 所示。

用法：NOT　　（NOT 指令无操作数）。

——| NOT |——

图 1-33　取反指令梯形图

### 1.2.6　堆栈指令

堆栈在计算机中使用较为广泛，堆栈是一个特殊的数据存储区，最深部的数据叫栈底数据，顶部的数据叫栈顶数据，如图 1-34 所示。PLC 有些操作往往需要把当前的一些数据送到堆栈中保存，待需要的时候再把存入的数据取出来，这就是常说的入栈和出栈，也叫压栈和弹栈。S7-200 PLC 在指令表编程时就可能会用到堆栈指令，比如逻辑操作中块与或块或操作、子程序操作、高速计数器操作和中断操作等都会接触到堆栈。堆栈操作指令只能用指令表来表示，且没有操作数。S7-200 PLC 堆栈有 9 层，如图 1-34 所示，其中 IV1～IV8 用于存放中间运算结果，IV0 为栈顶数据，用于存放逻辑运算的结果。

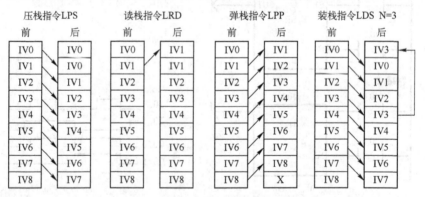

图 1-34　堆栈操作原理图

**1.　压栈指令**

压栈 LPS 指令（Logic Push），由压栈指令助记符 LPS 表示。

执行压栈指令就是复制堆栈顶部的数据并将其入栈。堆栈底值被推出而丢失。

**2.　读栈指令**

读栈 LRD 指令（Logic Read），由读栈指令助记符 LRD 表示。

执行读栈指令就是使堆栈顶部的数据被推出。堆栈第一层数据成为堆栈的新栈顶值。堆栈没有入栈或出栈的操作，但是旧的栈顶值被新的复制值取代。

**3．弹栈指令**

弹栈 LPP 指令（Logic Pop），由弹栈指令助记符 LPP 表示。

执行弹栈指令就是弹出堆栈顶部的数据，堆栈第一层数值成为新堆栈的栈顶值。

**4．装栈指令**

装栈（LDS N）指令，由装栈指令助记符 LDS（Load Stack）和操作数 N 构成。该指令的操作数 N 只能为 1～8。

执行装栈就是复制堆栈上的堆栈位 N，并将此数值置于堆栈顶部。堆栈底值被推出丢失。

通过图 1-34 所示说明压栈、读栈、弹栈和装栈的过程：在执行堆栈指令之前，图中堆栈的数据存 8 项（IV1～IV8）。执行压栈指令，则栈顶数据 IV0 进栈。执行读栈指令，则把 IV1 读出。执行弹栈指令，则 IV0 出栈。执行装栈指令，则栈顶数据 IV0 进栈且读出 IV3。

**【例 1-3】** 将图 1-35a 所示的梯形图，转换成相应的语句表（见图 1-35b）。

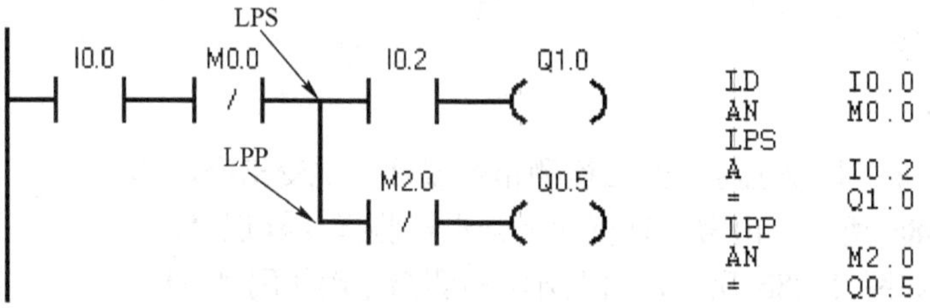

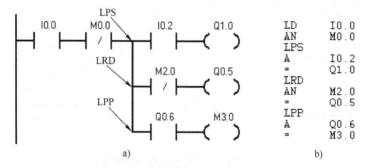

图 1-35　将梯形图转换为语句表

a) 梯形图　b) 语句表

在只有两条分支电路时，只需要进栈 LPS 和出栈 LPP 两条指令，但必须成对使用。

**【例 1-4】** 将图 1-36a 所示的梯形图，转换成相应的语句表（见图 1-36b）。

图 1-36　将梯形图转换为语句表

a) 梯形图　b) 语句表

在有 3 条及以上分支电路时，则需要同时使用压栈 LPS、读栈 LRD 和弹栈 LPP 指令。

**【例 1-5】** 将图 1-37a 所示的梯形图，转换成相应的语句表（见图 1-37b）。

注意，在多点处出现分支电路时，需要使用堆栈的嵌套来实现语句表的编写。

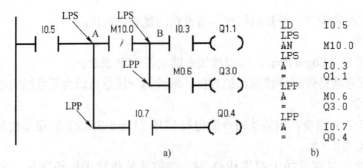

图 1-37 将梯形图转换为语句表

a) 梯形图　b) 语句表

软件将梯形图转换为语句表程序时（单击编程窗口菜单栏中的"查看"下的"STL"和"梯形图"，可实现语句表和梯形图之间的切换），编辑软件会自动生成逻辑堆栈指令。写入语句表程序时，必须由编程人员写入这些逻辑堆栈指令。

### 1.2.7　跳变指令

#### 1. EU 指令

EU（Edge Up）指令也称上升沿检测指令或称正跳变指令，其梯形图如图 1-38a 所示，由常开触点加上升沿检测指令标识"P"构成。其语句表如图 1-38b 所示，由上升沿检测指令操作码"EU"构成。

```
—|P|—        EU
  a)          b)
```

图 1-38　上升沿检测指令

a) 梯形图　b) 语句表

上升沿检测指令的应用如图 1-39 所示，上升沿检测指令是指当 I0.0 的状态由断开变为接通时（即出现上升沿的过程），上升沿检测指令对应的常开触点接通一个扫描周期（T），使得线圈 Q0.1 仅得电一个扫描周期。若 I0.0 的状态一直接通或断开，则线圈 Q0.1 也不得电。

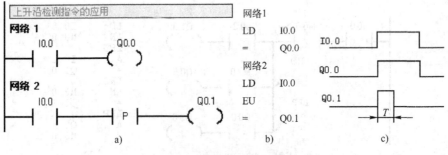

图 1-39　上升沿检测指令的应用

a) 梯形图　b) 语句表　c) 指令功能图

#### 2. ED 指令

ED（Edge Down）指令也称下降沿检测指令或称负跳变指令，其梯形图如图 1-40a 所示，由常开触点加下降沿检测指令标识符"N"构成。其语句表如图 1-40b 所示，由下降沿检测指令操作码"ED"构成。

```
—|N|—        ED
  a)          b)
```

图 1-40　下降沿检测指令

a) 梯形图　b) 语句表

下降沿检测指令的应用如图 1-41 所示，下降沿检测指令是指当 I0.0 的状态由接通变为断开时（即出现下降沿的过程），下降沿检测指令对应的常开触点接通一个扫描周期（T），使得线圈 Q0.1 仅得电一个扫描周期。

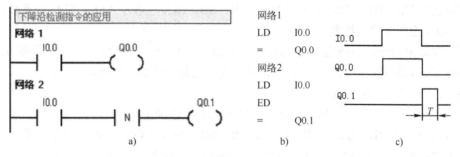

图 1-41　下降沿检测指令的应用

a) 梯形图　b) 语句表　c) 指令功能图

上升沿和下降沿检测指令用来检测状态的变化，可以用来启动一个控制程序、启动一个运算过程、结束一段控制等。

使用跳变指令时应注意以下几点。

1）EU、ED 指令后无操作数。

2）上升沿和下降沿检测指令不能直接与左线相连，必须接在常开或常闭触点之后。

3）当条件满足时，上升沿和下降沿检测指令的常开触点只接通一个扫描周期，接受控制的元件应接在这一触点之后。

读者通过扫描二维码 1-6 进行"边沿触发指令"视频相关知识的学习。

二维码 1-6

## 1.2.8　立即指令

立即指令允许对输入和输出点进行快速和直接存取。当用立即指令读取输入点的状态时，相应的输入映像寄存器中的值并未发生更新；用立即指令访问输出点时，访问的同时相应的输出寄存器的内容也被刷新。只有输入继电器 I 和输出继电器 Q 可以使用立即指令。

**1. 立即触点指令**

在每个标准触点指令的后面加"I"（Immediate）。指令执行时，立即读取物理输入点的值，但是不刷新对应映像寄存器的值。

这类指令包括：LDI、LDNI、AI、ANI、OI、ONI。下面以 LDI 指令为例。

用法：LDI　bit。如：

LDI　I0.1

**2. =I（立即输出）指令**

用立即指令访问输出点时，把栈顶值立即复制到指令所指出的物理输出点，同时相应的输出映像寄存器的内容也被刷新。

用法：=I　bit。如：

=I　Q0.0（bit 只能为 Q 类型）

**3. SI（立即置位）指令**

用立即置位指令访问输出点时，从指令所指出的位（bit）开始的 N 个（最多 128 个）

物理输出点被立即置位，同时相应的输出映像寄存器的内容也被刷新。

用法：SI bit，N。如：

SI Q0.0，2（bit 只能为 Q 类型）

N 可以为 VB，IB，QB，MB，SMB，LB，SB，AC，*VD，*AC，*LD 或常数。

**4．RI（立即复位）指令**

用立即复位指令访问输出点时，从指令所指出的位（bit）开始的 N 个（最多 128 个）物理输出点被立即复位，同时相应的输出映像寄存器的内容也被刷新。

用法：RI bit，N。如：

RI Q0.0，2（bit 只能为 Q 类型）

N 可以为 VB，IB，QB，MB，SMB，LB，SB，AC，*VD，*AC，*LD 或常数。

读者通过扫描二维码 1-7 进行"立即位逻辑指令"视频相关知识的学习。

二维码 1-7

## 1.3 定时器及计数器指令

### 1.3.1 定时器指令

定时器指令是 PLC 的重要的基本指令，S7-200 PLC 中共有 3 种定时器指令，即接通延时定时器指令（TON）、断开延时定时器指令（TOF）和带有记忆接通延时定时器指令（TONR）。S7-200 PLC 提供了 256 个定时器，定时器编号为 T0～T255，各定时器的特性如表 1-3 所示。

表 1-3 定时器的分类

| 指令类型 | 分辨率/ms | 定时范围/s | 定时器编号 |
|---|---|---|---|
| TONR | 1 | 32.767（0.546min） | T0、T64 |
| | 10 | 327.67（5.46min） | T1～T4、T65～T68 |
| | 100 | 3276.7（54.6min） | T5～T31、T69～T95 |
| TON、TOF | 1 | 32.767（0.546min） | T32、T96 |
| | 10 | 327.67（5.46min） | T33～T36、T97～T100 |
| | 100 | 3276.7（54.6min） | T37～T63、T101～T255 |

读者通过扫描二维码 1-8 进行"定时器存储区"视频相关知识的学习。

**1．接通延时定时器指令**

接通延时定时器 TON（On-Delay Timer）指令的梯形图如图 1-42a 所示。由定时器标识符 TON、定时器的起动信号输入端 IN、预置时间输入端 PT 和 TON 定时器编号 Tn 构成。其语句表如图 1-42b 所示，由定时器标识符 TON、定时器编号 Tn 和时间设定值 PT 构成。

二维码 1-8

其应用如图 1-43 所示，定时器的设定值为 16 位有符号整数（INT），允许的最大值为 32 767。接通延时定时器的输入端 I0.0 接通时开始定时，每过一个时基时间（100ms），定时器的当前值 SV=SV+1，当定时器的当前值大于等于预置时间

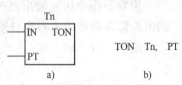

图 1-42 接通延时定时器指令
a）梯形图 b）语句表

（Preset Time，PT）输入端指定的设定值（1～32 767）时，定时器的位变为 ON，梯形图中该定时器的常开触点闭合，常闭触点断开，这时线圈 Q0.0 中就有信号流流过。达到设定值后，当前值仍然继续增大，直到最大值 32 767。输入端 I0.0 断开时，定时器自动复位，当前值被清零，定时器的位变为 OFF，这时线圈 Q0.0 中就没有信号流流过。CPU 第一次扫描时，定时器位被清零。定时器的预置时间等于预置值与分辨率的乘积。

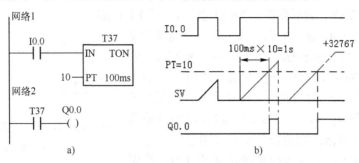

图 1-43  接通延时定时器指令应用

a) 梯形图  b) 指令功能图

读者通过扫描二维码 1-9 进行"接通延时定时器"视频相关知识的学习。

**2. 断开延时定时器指令**

断开延时定时器 TOF（OFF-Delay Timer）指令的梯形图如图 1-44a 所示。由定时器标识符 TOF、定时器的起动信号输入端 IN、时间设定值输入端 PT 和 TOF 定时器编号 Tn 构成。其语句表如图 1-44b 所示，由定时器标识符 TOF、定时器编号 Tn 和时间设定值 PT 构成。

二维码 1-9

其应用如图 1-45 所示，当接在断开延时定时器的输入端起动信号 I0.0 接通时，定时器的位变成 ON，当前值被清零，此时线圈 Q0.0 中有信号流流过。当 I0.0 断开后，开始定时，当前值从 0 开始增大，每过一个时基时间（10ms），定时器的当前值 SV=SV+1，当定时器的当前值等于时间设定值 PT 时，定时器延时时间到了，定时器停止计时，输出位变为 OFF，线圈 Q0.0 中则没有信号流流过，此时定时器的当前值保持不变，直到输入端再次接通。

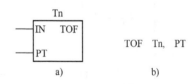

图 1-44  断开延时定时器指令

a) 梯形图  b) 语句表

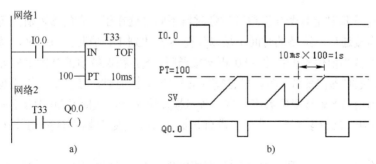

图 1-45  断开延时定时器指令应用

a) 梯形图  b) 指令功能图

读者通过扫描二维码 1-10 进行"断开延时定时器"视频相关知识的学习。

**3. 带有记忆接通延时定时器指令**

带有记忆接通延时定时器 TONR（Retentive On-Delay Timer）指令的梯形图如图 1-46a 所示。由定时器标识符 TONR、定时器的起动信号输入 IN 端、时间设定值输入端 PT 和 TONR 定时器编号 Tn 构成。其语句表如图 1-46b 所示，由定时器标识符 TONR、定时器编号 Tn 和时间设定值 PT 构成。

其应用如图 1-47 所示，其工作原理与接通延时定时器大体相同。当定时器的起动信号 I0.0 断开时，定时器的当前值 SV=0，定时器没有信号流流过，不工作。当起动信号 I0.0 由断开变为接通时，定时器开始定时，每过一个时基时间（10ms），定时器的当前值 SV=SV+1。当定时器的当前值等于其设定值时，定时

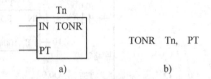

图 1-46 带有记忆接通延时定时器指令
a) 梯形图 b) 语句表

器的延时时间到了，这时定时器的位变成 ON，线圈 Q0.0 中有信号流流过。达到设定值后，当前值仍然继续计时，直到最大值 32 767 才停止计时。只要 SV≥PT 值，定时器的常开触点就接通，如果不满足这个条件，定时器的常开触点应断开。

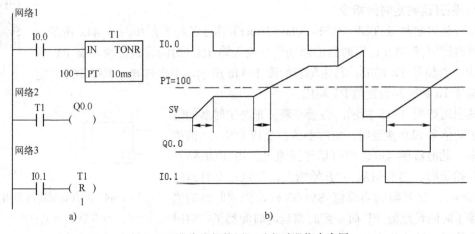

图 1-47 带有记忆接通延时定时器指令应用
a) 梯形图 b) 指令功能图

带有记忆接通延时定时器与接通延时定时器不同之处在于前者的 SV 值是可以记忆的。当 I0.0 从断开变为接通后，维持的时间不足以使得 SV 达到 PT 值时，I0.0 又从接通变为断开，这时 SV 可以保持当前值不变；当 I0.0 再次接通时，SV 在保持值的基础上累计，当 SV 大于等于 PT 值时，定时器位变成 ON。只有复位信号 I0.1 接通时，带有记忆接通延时定时器才能停止计时，其当前值 SV 被复位清零，常开触点被复位断开，线圈 Q0.0 中没有信号流流过。

读者通过扫描二维码 1-11 进行"带有记忆接通延时定时器"视频相关知识的学习。

定时器的分辨率对定时器指令执行是有影响的：1ms 分辨率定时器的定时器位和当前值的更新与扫描周期不同步。扫描周期大于 1ms 时，定时器位和当前

值在一个扫描周期内被多次刷新；10ms 分辨率定时器的定时器位和当前值在每个周期开始时被刷新，定时器位和当前值在整个周期过程中不变，在每个扫描周期开始时将一个扫描周期累计的时间间隔加到定时器当前值上；100ms 分辨率定时器的定时器位和当前值在执行该定时器指令时被刷新，为了使定时器正确地定时，要确保在一个扫描周期中只执行一次100ms 定时器指令。

### 1.3.2 计数器指令

#### 1. 增计数器指令

增计数器 CTU（Counter Up）指令的梯形图如图 1-48a 所示，由增计数器标识符 CTU、计数脉冲输入端 CU、复位信号输入端 R、设定值 PV 和计数器编号 Cn 构成，编号为 0～255。增计数器指令的语句表如图 1-48b 所示，由增计数器操作码 CTU、计数器编号 Cn 和设定值 PV 构成。

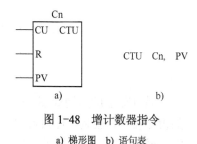

图 1-48　增计数器指令

a) 梯形图　b) 语句表

增计数器的应用如图 1-49 所示，增计数器的复位信号 I0.1 接通时，计数器 C0 的当前值 SV=0，计数器不工作。当复位信号 I0.1 断开时，计数器 C0 可以工作。每当一个计数脉冲的上升沿到来时（I0.0 接通一次），计数器的当前值 SV=SV+1。当 SV 当前值大于等于设定值 PV 时，计数器的位变为 ON，线圈 Q0.0 中有信号流流过。若计数脉冲仍然继续，计数器的当前值 SV 仍不断累加，直到当前值 SV=32 767（最大）时，才停止计数。只要 SV≥PV，计数器的常开触点则接通，常闭触点则断开。直到复位信号 I0.1 接通时，计数器的当前值 SV 被复位清零，计数器停止工作，其常开触点断开，线圈 Q0.0 就没有信号流流过。

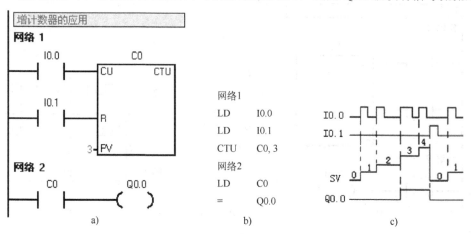

图 1-49　增计数器指令应用

a) 梯形图　b) 语句表　c) 指令功能图

读者通过扫描二维码 1-12 进行"计数器存储区"视频相关知识的学习。

读者通过扫描二维码 1-13 进行"增计数器"视频相关知识的学习。

二维码 1-12　二维码 1-13

**2．减计数器指令**

减计数器 CTD（Counter Down）指令的梯形图如图 1-50a 所示，由减计数器标识符 CTD、计数脉冲输入端 CD、装载输入端 LD、设定值 PV 和计数器编号 Cn 构成，编号为 0～255。减计数器指令的语句表如图 1-50b 所示，由减计数器操作码 CTD、计数器编号 Cn 和设定值 PV 构成。

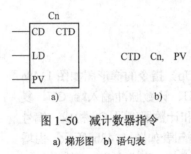

图 1-50　减计数器指令

a) 梯形图　b) 语句表

减计数器的应用如图 1-51 所示，减计数器的装载输入端信号 I0.1 接通时，计数器 C0 的设定值 PV 被装入计数器的当前值寄存器，此时 SV=PV，计数器不工作。当装载输入信号端信号 I0.1 断开时，计数器 C0 可以工作。每当一个计数脉冲到来时（即 I0.0 接通一次），计数器的当前值 SV=SV-1。当 SV=0 时，计数器的位变为 ON，线圈 Q0.0 有信号流流过。若计数脉冲仍然继续，计数器的当前值 SV 仍保持 0。这种状态一直保持到装载输入端信号 I0.1 接通，再一次装入 PV 值之后，计数器的常开触点被复位断开，线圈 Q0.0 没有信号流流过，计数器才能再次重新开始计数。只有在当前值 SV=0 时，减计数的常开触点接通，线圈 Q0.0 有信号流流过。

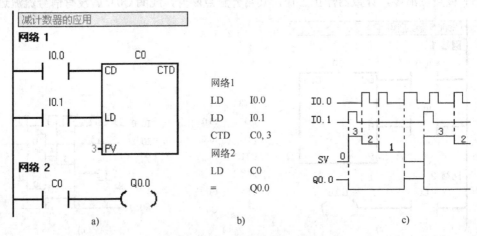

图 1-51　减计数器指令应用

a) 梯形图　b) 语句表　c) 指令功能图

读者通过扫描二维码 1-14 进行"减计数器"视频相关知识的学习。

**3．增/减计数器指令**

增/减计数器 CTUD（Counter Up/Down）指令的梯形图如图 1-52a 所示，由增减计数器标识符 CTUD、增计数脉冲输入端 CU、减计数脉冲输入端 CD、复

二维码 1-14

28

位端 R、设定值 PV 和计数器编号 Cn 构成，编号为 0～
255。增减计数器指令的语句表如图 1-52b 所示，由增/减
计数器操作码 CTUD、计数器编号 Cn 和设定值 PV 构成。

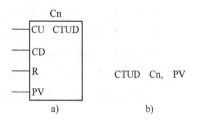

图 1-52　增/减计数器指令
a) 梯形图　b) 语句表

　　增/减计数器的应用如图 1-53 所示，增计数器的复位
信号 I0.2 接通时，计数器 C0 的当前值 SV=0，计数器不工
作。当复位信号断开时，计数器 C0 可以工作。

　　每当一个增计数脉冲到来时，计数器的当前值
$SV=SV+1$。当 $SV \geqslant PV$ 时，计数器的常开触点接通，线圈
Q0.0 有信号流流过。这时若再来增计数器脉冲，计数器的
当前值仍不断地累加，直到 SV=32 767（最大值），当再来一个增计数器脉冲时，计数器的
当前值返转为最小值-32 768。

　　每当一个减计数脉冲到来时，计数器的当前值 $SV=SV-1$。当 $SV<PV$ 时，计数器的常开
触点被复位断开，线圈 Q0.0 没有信号流流过。这时若再来减计数器脉冲，计数器的当前值
仍不断地递减，直到 SV=-32 768（最小值），当再来一个减计数器脉冲时，计数器的当前值
返转为最大值 32 767。

　　复位信号 I0.2 接通时，计数器的 SV 被复位清零，计数器停止工作，其常开触点被复位
断开，线圈 Q0.0 没有信号流流过。

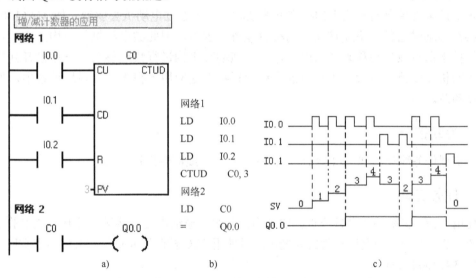

图 1-53　增减计数器指令应用
a) 梯形图　b) 语句表　c) 指令功能图

　　读者通过扫描二维码 1-15 进行"加减计数器"视频相关知识的学习。

　　使用计数器指令时应注意以下几点。

　　1）增计数器指令用语句表示时，要注意计数输入（第一个 LD）、复位信号
输入（第二个 LD）和增计数器指令的先后顺序不能颠倒。

　　2）减计数器指令用语句表示时，要注意计数输入（第一个 LD）、装载信号
输入（第二个 LD）和减计数器指令的先后顺序不能颠倒。

二维码 1-15

3）增/减计数器指令用语句表示时，要注意增计数输入（第一个 LD）、减计数输入（第二个 LD）、复位信号输入（第三个 LD）和增/减计数器指令的先后顺序不能颠倒。

4）在同一个程序中，虽然三种计数器的编号都为 0～255，但不能使用两个相同的计数器编号，否则会导致程序执行时出错，无法实现控制目的。

5）计数器的输入端为上升沿有效。

## 1.4　实训 1　快速移动电动机的 PLC 控制

【实训目的】
- 掌握 PLC 的硬件接线；
- 掌握 I/O 地址的分配；
- 掌握装载和输出指令；
- 掌握编程软件的使用；
- 掌握程序的运行过程。

【实训任务】

使用 S7-200 PLC 实现快速移动电动机的控制。

【任务分析】

很多机床设备上的某些机构在需要移动时，一般通过电动机去驱动，如 CA6140 车床的刀架在移动时借助于快速移动电动机时能省时省力，但此类电动机一般均工作于点动状态，即按下前进或后退移动按钮时，电动机拖动其机构进行快速移动，一旦松开其控制按钮，电动机立即停止运行。电动机的点动运行被广泛应用于很多工业现场设备中，如吊车的电动葫芦。

### 1.4.1　关联指令

本实训任务涉及的 PLC 指令有：装载指令 LD、线圈输出指令=。

### 1.4.2　任务实施

使用 PLC 实现某些设备或机构的动作控制时，原继电器—接触器控制系统中的主电路应保持不变，其控制电路所实现的功能可通过使用 PLC 控制器并执行相关程序来实现。

#### 1．I/O 地址分配

在 PLC 控制系统中，必须清楚地掌握哪些元件是发出指令供给 PLC 的，哪些元器件是执行 PLC 发出的指令？在电气控制系统中，按钮、开关等触点类元器件作为 PLC 的输入元件；继电器、接触器、指示灯、电磁阀等线圈类元件作为 PLC 的输出元件。此任务中，要实现的功能是按下按钮，快速移动电动机起动并运行；松开按钮，快速移动电动机停止运行。根据上述分析，按钮应作为 PLC 的输入元器件，交流接触器应作为 PLC 的输出元器件。

那么，按钮和接触器与 PLC 的哪个输入和输出端子相连接？这里使用 S7-200 CPU 226CN AC/DC/Relay 型 PLC，具有 I0.0～I0.7、I1.0～I1.7、I2.0～I2.7 等 24 个输入点，Q0.0～Q0.7、Q1.0～Q1.7 等 16 个输出点，上述 I/O 点作为一般的输入/输出点时其功能相同，在此选择 I0.0 和 Q0.0，其相应的 I/O 地址如表 1-4 所示。

表 1-4　快速移动电动机的 PLC 控制 I/O 分配表

| 输入 | | 输出 | |
|---|---|---|---|
| 输入继电器 | 元件 | 输出继电器 | 元件 |
| I0.0 | 起动按钮 SB | Q0.0 | 交流接触器 KM |

### 2. 电气接线图绘制

快速移动电动机为三相异步电动机，其主电路如图 1-54a 所示，三相电源经过空气开关 QF1、熔断器 FU1 和交流接触器 KM 的主触点后与电动机的电源进线端相连接。

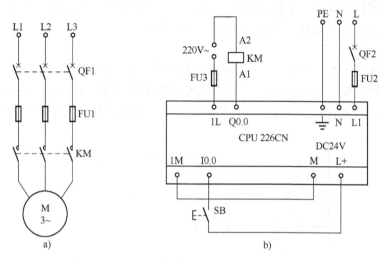

图 1-54　快速移动电动机的 PLC 控制电气连接图

a) 主电路　b) PLC 的 I/O 端子连接

PLC 的 I/O 端子连接图如图 1-54b 所示，PLC 电源电压范围为 AC 85～264V，在此选用 AC 220V；交流接触器线圈电压选用 AC 220V（注意：接至 PLC 输出端的元器件线圈电压不得高于 AC 250V 或 DC 30V），交流接触器 KM 线圈的进线端（如 A1）与 PLC 的输出端 Q0.0 相连接，出线端（如 A2）与负载供电电源的一端（从用电安全角度考虑最好为 N 端）相连接，电源的另一端（L 端）经熔断器 FU3 与输出公共端 1L 相连接（注意：PLC 所连接的负载电源必须经过熔断器后接至输出公共端，继电器输出型 PLC 负载电源不分极性，但最好按上述方法连接）；PLC 的输入端也需使用电源，其电压范围为 DC 15～30V，在此使用 PLC 自身输出的 DC 24V，按钮的一端与 PLC 的输入端 I0.0 相连接，另一端与供电电源的一端相连接，供电电源的另一端与输入公共端 1M 相连接（注意：输入端电源不分正负极性）。

### 3. 编制程序

（1）打开编程软件

双击 STEP 7-Micro/WIN 软件图标，打开该编程软件。安装后首次使用该编程软件为英文版，读者可以通过选择菜单栏"Tools"→"Options"→"General"命令，打开"选项"对话框，在"Language"栏中选择"Chinese"，关闭该编程软件后重新打开，则显示界面为

"中文"。

（2）更改类型

打开编程界面后，必须选择 PLC 的类型使其与实际的类型相匹配，否则在下载时会提示用户"项目中的 PLC 类型与远程 PLC 类型不符"，这时可单击下载窗口中的"改动项目"按钮，设置项目 PLC 类型，使之与远程 PLC 相符。若不更改 PLC 类型，程序也能下载到 PLC 中，在运行程序时，如果 PLC 的输出类型不匹配，可能会导致 PLC 的损坏。

双击"指令树"中 CPU 的类型，或选择菜单栏"PLC"→"类型"命令，在 PLC 类型下拉列表中选择与实际 PLC 的 CPU 相同类型，单击"确认"按钮。

（3）创建项目

在打开的编程界面中，选择菜单栏"文件"→"新建"命令，或单击工具条中的"新建"图标，新建一个项目，默认文件名为"项目1"。

（4）编制程序

单击浏览条中"查看"窗口下"程序块"图标，然后打开"指令树"窗口下"指令"文件夹中的"位逻辑"指令文件夹，将"常开触点"和"线圈"拖放至"网络 1"中，或选定指令放置位置，通过双击"常开触点"和"线圈"的方式放置常开触点和线圈指令，如图 1-55 所示。

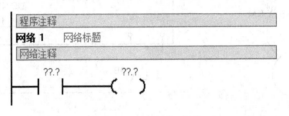

图 1-55　放置程序指令

单击常开触点上方的红色问号"??.?"，输入地址"I0.0"（字母不区分大小写），单击线圈上方的红色问号"??.?"，输入地址"Q0.0"，如图 1-56 所示。可以在图 1-55 所示的"程序注释（POU 注释）"框、"网络标题"行或"网络注释"框中输入相应的程序注释。若想最大化显示编程区可以通过单击菜单栏"查看"，选择隐藏"POU 注释"行命令和"网络注释"行命令。

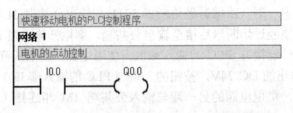

图 1-56　快速移动电动机的 PLC 控制梯形图

读者通过扫描二维码 1-16 进行"输入和编辑程序"视频相关知识的学习。

（5）编译程序

程序编制完成后，需要对其进行编译，生成可执行文件，同时可以检查是否有违反编程规则的错误。单击工具条中的"编译"图标，或"全部编译"图

二维码 1-16

32

标 ☑，或选择"PLC"菜单中的"编译"命令，或选择"PLC"菜单中的"全部编译"命令，对所编制的程序进行编译。编译完成后，在编程界面的"输出窗口"（编程窗口的最底端）中可以看到编译的结果，若有错误，在此窗口中将显示程序中语法错误的数量、各条错误的原因和错误在程序中的位置等信息，此时双击输出窗口中的某一条错误，程序编辑器中的矩形光标将会移到程序中该错误所在的位置。本程序的编译结果如图 1-57 所示。

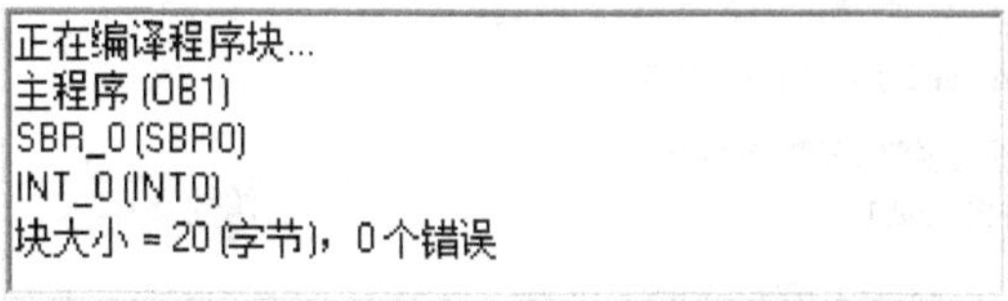

```
正在编译程序块…
主程序 (OB1)
SBR_0 (SBR0)
INT_0 (INT0)
块大小 = 20 (字节)，0 个错误
```

图 1-57　快速移动电动机的 PLC 控制编译结果

如果程序段中有非法输入，如将图 1-56 中的"I0.0"，输入为"I0.O"，则地址 I0.O 文本为红色显示，程序编译时，在输出窗口中会显示错误信息，如图 1-58 所示。

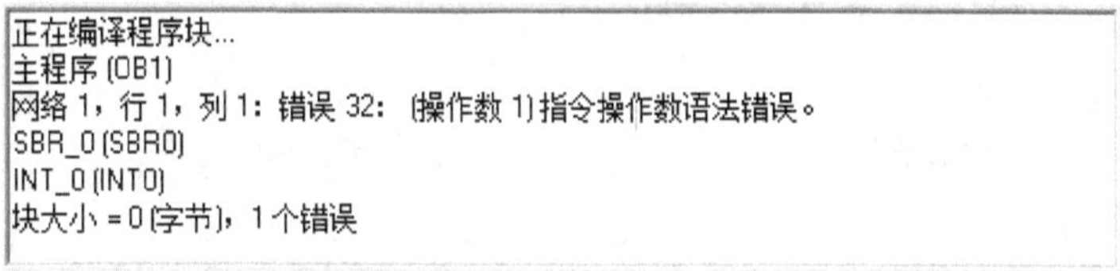

```
正在编译程序块…
主程序 (OB1)
网络 1，行 1，列 1：错误 32：(操作数 1) 指令操作数语法错误。
SBR_0 (SBR0)
INT_0 (INT0)
块大小 = 0 (字节)，1 个错误
```

图 1-58　程序编译错误时输出窗口显示信息

从图 1-58 中可以获取以下错误信息：程序有错误、错误数量、错误的网络号、错误的行号、错误的列号、错误类型等。

如果将图 1-56 中的"I0.0"，输入为"I20.0"，则地址 I20.0 文本下方会出现红色波浪线，在编译时可从输出窗口中得到错误原因，此处原因是地址超出有效范围。读者在编程时，若出现文本为红色或下方有波浪线或其他非正常显示，则说明此处输入有误。

程序若有错误必须改正程序中的所有错误，编译成功后才能下载程序到 PLC 中。

（6）通信设置

1）建立 PLC 的通信。

可以采用 PC/PPI 电缆建立 PC 与 PLC 之间的通信，PC/PPI 电缆有两种：

一种是两端分别为 RS-232 和 RS-485 接口，若采用此种电缆需将电缆上的 RS-232 端连接到 PC 中 RS-232 通信口的 COM1 或 COM2 接口上，将电缆上的 RS-485 端接到 PLC 的通信端口上。这时再通过拨动电缆中间通信模块上的 DIP 开关，其中 1、2、3 号开关用于设置通信波特率，4、5 号开关用于通信方式。此电缆支持 PPI 通信的波特率分别为 1.2kbit/s、2.4kbit/s、9.6kbit/s、19.2kbit/s、38.4kbit/s，系统默认值为 9.6kbit/s，设置波特率时，所设置值应与软件系统设置的通信波特率一致，如设置为 9.6kbit/s，开关 1、2、3 号开关应设置为010，未使用调制解调器时，4、5 号开关均应设置为 0。

另一种两端分别为 USB 和 RS-485 接口，若采用此种电缆需将电缆 USB 端插到 PC 的 USB 接口，RS-485 端接到 PLC 的通信口上。

2）通信参数的设置。

硬件连接好后，在 STEP 7-Micro/WIN 运行时，单击浏览条"查看"窗口中的"设置

PG/PC 接口"图标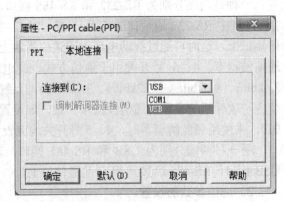，则会出现"设置 PG/PC 接口"对话框，如图 1-59 所示。

图 1-59 "设置 PG/PC 接口"对话框

在"为使用的接口分配参数"下拉列表中选择"PC/PPI cable（PPI）"，然后单击"属性"按钮，出现图 1-60 所示的"属性"对话框。在传输率中选择 9.6kbit/s（默认值），然后单击"本地连接"选项卡，出现图 1-61 所示的对话框，如果使用的是带有 USB 接口的电缆，则选择连接到 USB；如果使用的是 COM 接口的 PC/PPI 电缆，则选择连接到 COM1，然后单击"确定"按钮回到"设置 PG/PC 接口"对话框，再单击"确定"按钮回到编程界面。

图 1-60 "属性"对话框"PPI"选项卡          图 1-61 "本地连接"选项卡

3）建立在线连接。

在 STEP 7-Micro/WIN 运行时单击浏览条"查看"窗口中的"通信"图标，出现一个"通信"对话框，如图 1-62 所示。选中"搜索所有波特率"复选按钮，双击对话框中的"双击刷新"图标，STEP 7-Micro/WIN 编程软件将检查连接的所有 S7-200 CPU 站。在对话框中显示已建立连接的每个站的 CPU 图标、CPU 型号和站地址，如图 1-63 所示，能够刷新 PLC的地址，说明 PC 与 PLC 的通信连接成功。

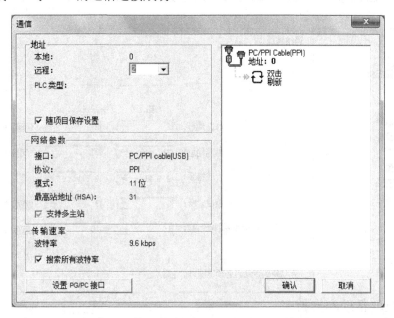

图 1-62 "通信"对话框

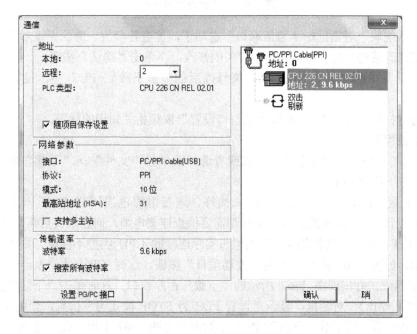

图 1-63 PC 与 PLC 的通信连接成功

4）修改 PLC 的通信参数。

PC 与 PLC 建立起在线连接后，可以利用软件检查、设置和修改 PLC 的通信参数。单击浏览条"查看"窗口中的"系统块"图标，将出现"系统块"对话框，如图 1-64 所示。

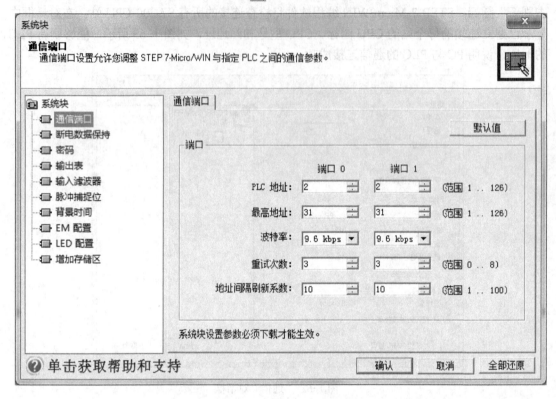

图 1-64 "系统块"对话框

单击"系统块"对话框中"通信端口"选项卡，检查各参数，确认无误后单击"确认"按钮。若需修改某些参数，可以先进行有关的修改，再单击"确认"按钮。

单击工具条中的"下载"图标，将修改后的参数下载到 PLC 中，设置的参数才会生效。

读者通过扫描二维码 1-17 进行"通信口设置"视频相关知识的学习。

（7）下载程序

1）单击工具条中的"下载"图标或者选择菜单栏"文件"→"下载"命令，可将程序下载至 PLC 中。

二维码 1-17

2）在下载程序时，如果连接电缆未插好、连接电缆已损坏或 PLC 未上电，则会出现图 1-65 所示的窗口，这时则需要检查连接电缆，问题解决后再下载。

3）若下载前项目中选择的 CPU 类型与实际连接的 CPU 类型不匹配，则在下载程序时会有所提示，如图 1-66 所示。单击"改动项目"按钮，这时 CPU 的类型会自动跟实际的PLC 类型所匹配，并出现图 1-67 所示的"下载"程序窗口。这时单击"下载"按钮，又将出现"STOP（停止）"对话框，显示"设置 PLC 为 STOP 模式吗"信息，如图 1-68 所示。单击"是"按钮后开始下载，下载到 PLC 中的内容为图 1-67 中用户在"选项"选项区域组中所勾选的内容（在此为程序块、数据块和系统块）。

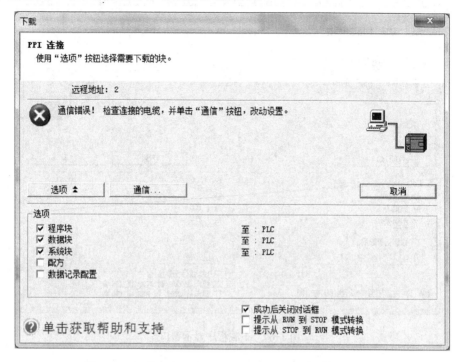

图1-65  下载程序时计算机与PLC连接出问题的显示窗口

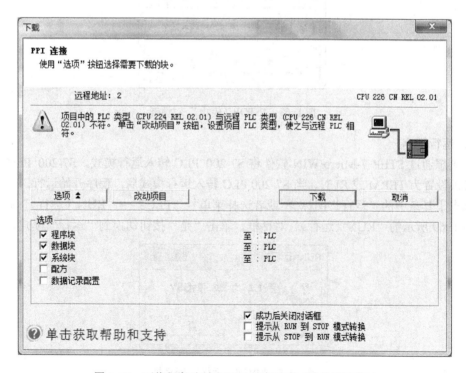

图1-66  下载程序时所选PLC与实际不一致的显示窗口

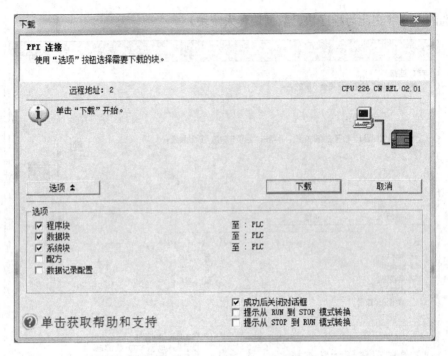

图 1-67  下载程序显示窗口

图 1-68  "STOP（停止）"对话框

### 4. 运行程序

如果想通过 STEP 7-Micro/WIN 软件将 S7-200 PLC 转入运行模式，S7-200 PLC 的模式开关必须设置为 TERM 或 RUN。当 S7-200 PLC 转入运行模式后，程序开始运行。

单击工具条中的"运行"图标 ▶ 或者选择菜单栏"PLC"→"RUN（运行）"命令，会弹出图 1-69 所示的"RUN（运行）"对话框。单击"是"按钮切换到"运行"模式。

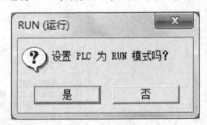

图 1-69  "RUN（运行）"对话框

按下起动按钮，观察快速移动电动机是否运行，若运行再松开起动按钮，快速移动电动机是否停止，若停止则说明硬件和软件均正确。

读者通过扫描二维码 1-18 进行"编译和下载，运行和调试"视频相关知识的学习。

二维码 1-18

**5. 运行分析**

如图 1-70 所示，PLC 执行程序的过程可简化为：接通①处断路器使 QF1 和 PLC 程序处于运行状态下→按下②处起动按钮 SB→③处输入继电器 I0.0 线圈得电→④处常开触点接通→程序执行使得⑤处线圈 Q0.0 中有信号流流过→⑥处输出继电器 Q0.0 线圈得电→⑦处常开触点接通→⑧处接触器 KM 线圈得电→⑨处常开主触点接通→⑩处电动机起动并运行。

松开②处起动按钮 SB→③处输入继电器 I0.0 线圈失电→④处常开触点被复位断开→程序执行使得⑤处线圈 Q0.0 中没有信号流流过→⑥处输出继电器 Q0.0 线圈失电→⑦处常开触点被复位断开→⑧处接触器 KM 线圈失电→⑨处常开主触点被复位断开→⑩处电动机停止运行。

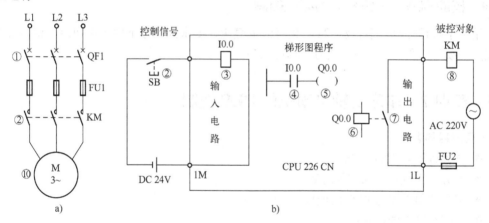

图 1-70 控制过程分析图

**6. 停止运行**

若停止程序运行，可以单击工具条中的"停止"图标■，或者选择菜单栏"PLC"→"停止"命令，然后单击"是"按钮以切换到停止模式，如图 1-68 所示。

## 1.4.3 实训交流——直流输出型 PLC 交流负载的驱动

如果使用的 PLC 是场效应晶体管输出型，那如何驱动交流负载呢？仍以本任务为例，其实很简单，这时需要通过直流中间继电器过渡，然后再使用转换电路（将中间继电器的常开触点串联到交流接触器的线圈回路中）即可，具体电路如图 1-71 所示。其实在 PLC 的很多工程应用中（无论是继电器输出型或是场效应晶体管输出型 PLC），绝大多数均采用中间继电器过渡，主要是将 PLC 与强电进行隔离，起到保护 PLC 的目的。

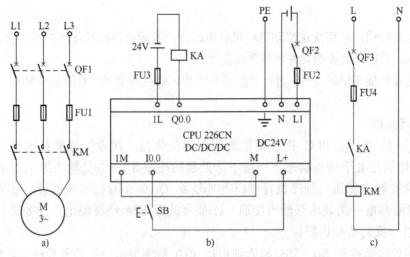

图 1-71 快速移动电动机的 PLC 控制的电气连接图

a) 主电路  b) PLC 的 I/O 端子连接  c) 转换电路

### 1.4.4 技能训练——信号灯的亮灭控制

用两个按钮控制一盏直流 24V 信号灯的亮灭，要求同时按下两个按钮时，信号灯方可点亮；或按下任意一个按钮，信号灯均可点亮。

## 1.5 实训 2 车床主轴电动机的 PLC 控制

**【实训目的】**

- 掌握程序自锁的方法；
- 掌握常闭触点输入信号的处理；
- 掌握热继电器与 PLC 的连接；
- 掌握符号表的使用；
- 掌握程序监控和调试方法。

**【实训任务】**

使用 S7-200 PLC 实现车床主轴电动机的控制。

**【任务分析】**

在工业现场诸多设备中，其机构动作的动力源大部分都由电动机提供，并且要求电动机连续运转，如车床的主轴电动机、钻床的主轴电动机等。本实训任务要求主轴电动机连续运行，即按下起动按钮，主轴电动机起动并运行，无论何时按下停止按钮，电动机立即停止运行；主轴电动机在运行过程中，若发生过载，则也须立即停止运行。电动机的连续运行实质就是在电动机点动基础上增加电气控制中的自锁环节。

### 1.5.1 关联指令

本实训任务涉及的 PLC 指令有：与指令 A、与非指令 AN、或指令 O、或非指令 ON。

### 1.5.2 任务实施

#### 1. I/O 地址分配

按照在 1.4.2 节中 I/O 地址分配方法，此实训任务中起动按钮、停止按钮、热继电器作为 PLC 的输入元器件，交流接触器作为 PLC 的输出元器件，其相应的 I/O 地址分配如表 1-5 所示。

表 1-5 车床主轴电动机的 PLC 控制的 I/O 分配表

| 输入 | | 输出 | |
| --- | --- | --- | --- |
| 输入继电器 | 元器件 | 输出继电器 | 元器件 |
| I0.0 | 起动按钮 SB1 | Q0.0 | 交流接触器 KM |
| I0.1 | 停止按钮 SB2 | | |
| I0.2 | 热继电器 FR | | |

#### 2. 电气接线图绘制

车床主轴电动机一般为三相异步电动机，其主电路如图 1-72a 所示；PLC 的 I/O 端子连接如图 1-72b 所示，具体连接不再赘述。此任务中，停止按钮和热继电器仍采用继电器-接触器控制系统中的常闭触点，输入元器件所需要的电源为外部电源。

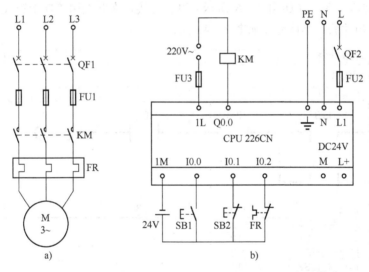

图 1-72　车床主轴电动机的 PLC 控制的电气连接图

a) 主电路　b) PLC 的 I/O 端子连接

#### 3. 创建项目

双击 STEP 7-Micro/WIN 软件图标，启动该编程软件，选择菜单栏中的"文件"→"保存"命令，在"文件名"栏对该文件进行命名，在此命名为"车床主轴电动机的 PLC 控制"，然后再选择文件保存的位置，最后单击"保存"按钮即可。

#### 4. 编辑符号表

单击编程界面浏览条"查看"窗口中"符号表"图标，打开"符号表"对话框进行符号表编辑，如图 1-73 所示。在每行符号前出现带有绿色波浪线的图标，说明已定义的此符号未被使用到程序中。

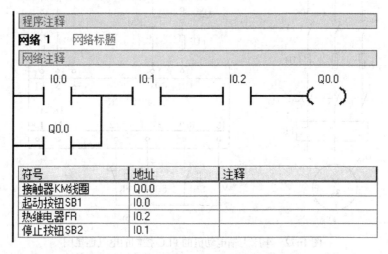

图 1-73  车床电轴电动机控制符号表

**5. 编制程序**

（1）程序的编制

单击浏览条中"查看"窗口下"程序块"图标，打开程序编辑器窗口，然后按 1.4.2 节中介绍的方法输入程序段。在输入并联触点时，先单击触点放置的位置，然后通过"双击"或"拖放"的方式生成触点（或使用复制的方式生成触点，再修改地址），再通过选择工具条中的"连线"图标（如图 1-16 所示）进行连接，在此采用"向上连线"图标 将触点 Q0.0 与 I0.0 相并联，具体程序如图 1-74 所示。

| 程序注释 | | |
|---|---|---|
| **网络 1**  网络标题 | | |
| 网络注释 | | |

```
      I0.0        I0.1        I0.2        Q0.0
      ┤├──────────┤├──────────┤├─────────( )

      Q0.0
      ┤├
```

| 符号 | 地址 | 注释 |
|---|---|---|
| 接触器KM线圈 | Q0.0 | |
| 起动按钮SB1 | I0.0 | |
| 热继电器FR | I0.2 | |
| 停止按钮SB2 | I0.1 | |

图 1-74  车床主轴电动机的 PLC 控制程序

从图 1-74 中程序段下方的符号信息表中可以看到地址 I0.0、I0.1、I0.2、Q0.0 所定义的符号信息，虽然能清晰看到每个地址所定义的符号，但符号信息表占用了可视的编程窗口，可通过选择菜单栏"查看"→"符号信息表"命令取消符号信息表的显示。选择菜单栏"查看"→"符号寻址"命令设置符号寻址方式显示地址信息，如图 1-75 所示。若定义的符号名长度超出系统默认设置的长度，则会导致地址信息显示不全，且后面显示的内容为乱码（见图 1-75 中接触器 KM 的显示），可通过两种方法解决：一是缩短定义的符号长度；二是增加符号显示的长度，选择菜单栏"工具"→"选项"命令或单击工具条中的"选项"图标，打开"选项"对话框，如图 1-76 所示，选择该对话框中的"程序编辑器"选项卡，对其"网格"的"宽度"进行修改，如将"100"修改为"120"，符号便可显示完整，如图 1-77 所示。

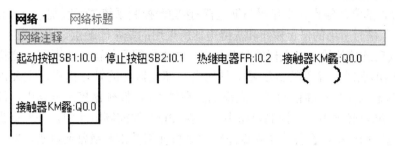

图 1-75　定义的符号名长度超过系统设置值

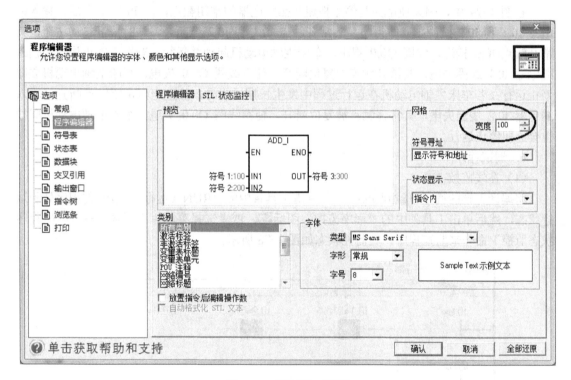

图 1-76　"选项"对话框

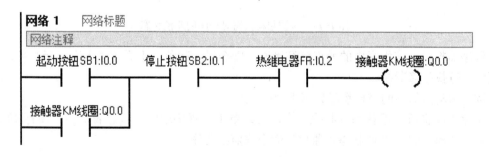

图 1-77　符号名显示完整的程序

（2）常闭触点输入信号的处理

从图 1-74 的程序段中可以看出，使线圈 Q0.0 失电的条件是使用 I0.1 和 I0.2 的常开触点，与继电器-接触器控制系统不一样，熟悉继电器-接触器控制电路的读者会感觉在此若使用 I0.1 和 I0.2 的常闭触点，则显得与继电器-接触器控制系统毫无区别，容易使人接受。由于 PLC 的输入信号所用的停止按钮和热继电器所采用的是常闭触点，因此在图 1-74 的程序中必须使用其所连接的输入继电器的常开触点，否则所编写的程序就不符合控制逻辑。

在设计梯形图时，输入的数字量信号均由外部元器件的触点提供，主要以常开触点为主，但也有些输入信号只能由常闭触点提供。在继电器-接触器控制电路中，停止按钮或热继电器的常闭触点必须串联在控制电路中。而在 PLC 的控制电路中，外部提供的触点信号是与输入继电器相连接，在程序中根据逻辑控制再使用其常开或常闭触点，对于初学者来说常闭触点的不正确处理会导致程序执行的错误。

在图 1-74 中，因为使用的是停止按钮和热继电器的常闭触点，即 PLC 上电后，输入继电器 I0.1 和 I0.2 线圈则立即得电，其常开触点 I0.1 和 I0.2 已闭合，这时按下起动按钮，其常开触点 I0.0 接通，线圈 Q0.0 得电，车床主轴电动机起动并运行；若按下停止按钮，输入继电器 I0.1 线圈失电，其常开触点被复位断开，使得线圈 Q0.0 失电，车床主轴电动机立即停止运行；若车床主轴电动机在运行过程中发生长期过载时，热继电器常闭触点断开，输入继电器 I0.2 线圈失电，其常开触点被复位断开，使得线圈 Q0.0 失电，车床主轴电动机同样也会立即停止运行。

**6．调试程序**

（1）在线监控

将编译无误的程序下载到 PLC 中，单击工具条中的"RUN（运行）"按钮使程序处于运行状态，然后单击工具条中的"程序监控"图标🖵。或者选择菜单栏"调试"→"开始程序状态监控"命令来监控程序，其监控状态如图 1-78 所示。

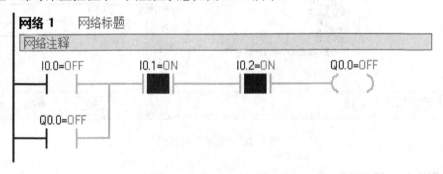

图 1-78　未按起动按钮时程序的监控状态

程序监控后，若程序中的触点已经接通，则会显示蓝色，不通的触点则显示灰色，这样方便用户查找故障所在。

按下起动按钮后的监控程序如图 1-79 所示。

监控程序也可采用状态表监控方式，可以单击工具条中的"状态表监控"图标🔳 或者在菜单中选择"调试/开始状态表监控"命令来监控程序。

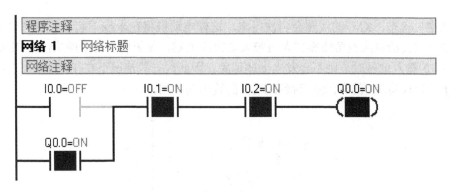

图 1-79　按下起动按钮后程序的监控状态

（2）强制功能

程序编制好后，在现场不具备某些外部条件的情况下可模拟工艺状态。用户可以对所有的数字量 I/O 以及多达 16 个内部存储器数据或模拟量 I/O 使用强制调试程序功能。S7-200 PLC CPU 提供了强制调试程序功能，以方便程序调试工作。例如，如果没有实际的 I/O 接线，也可以用强制功能调试程序。

显示状态表并且使其处于"监控"状态，在"新值"列中写入希望强制的数据，然后单击工具栏"强制"图标，或选中所强制的触点上方的地址，选择菜单栏"调试"→"强制"命令来监控程序，或在鼠标指向地址后右击，在弹出的快捷菜单中选择"强制"命令，此时被强制的触点右侧显示强制图标。

对于无需改变数值的变量，只需在"当前值"列中选中它，然后使用强制命令。

（3）写入数据

S7-200 PLC CPU 还提供了写入数据的功能，以便于程序调试。在状态表表格中写入相应位的新值"0"或"1"。

写入新值后，单击工具条中的"写入"图标可写入数据。应用"写入"命令可以同时写入几个数值。

（4）联机调试

将硬件连接好后，按下起动按钮，观察车床主轴电动机是否起动并运行。若运行后按下停止按钮，观察车床主轴电动机是否停止运行。使车床主轴电动机停止后再次起动，再手动使热继电器触点动作，模拟车床主轴电动机在运行过程中过载的发生，观察车床主轴电动机是否停止运行。若上述调试现象与所需功能一致，则程序编制及硬件连接正确。

## 1.5.3　实训交流——FR 与 PLC 的连接

在工程项目实际应用中，经常遇到很多工程技术人员将热继电器 FR 的常闭触点接到 PLC 的输出端，如图 1-80 所示。

这样编写梯形图时，只需要将图 1-74 中 FR 的常开触点 I0.2 删除即可，从程序上好像变得简单了，但是容易出现电动机过载后自行起动现象。图 1-80 中若电动机长期过载时，FR 常闭触点会断开，电动机则停止运行，保护了电动机。但如果 FR 处于自动复位模式下，随着 FR 热元件的热量散发而冷却，常闭触点又会自动复位接通，或处于手动复位模式下被操作人员手动复位后，若 PLC 仍未断电，程序依然在执行，由于 PLC 内部 Q0.0 的线圈依然处于"通电"状态，KM 的线圈会再次得电，这样电动机将在未按下起动按钮的情况下再次自行起动，这会给机床设备或操作人员带来危害或灾难。如果将 FR 的常闭触点或常开触点作为 PLC 的输入信号时，则不会发生上述现象。因此，一般情况下在 PLC 输入点容量充足的情况下不建议将 FR 的常闭触点接在 PLC 的输出端使用。

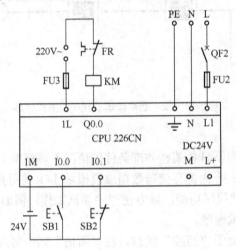

图 1-80  将热继电器常闭触点接入负载侧电路

### 1.5.4  技能训练——电动机的点动连动复合控制

用 PLC 实现电动机点动和连动的复合控制，要求用一个点动按钮、一个连动按钮和一个停止按钮实现其控制功能，或用一个转换开关、一个起动按钮和一个停止按钮实现其控制功能。

## 1.6  实训 3  电梯升降电动机的 PLC 控制

**【实训目的】**
- 掌握程序互锁的方法；
- 掌握梯形图的编程规则；
- 掌握 S、R 指令的使用。

**【实训任务】**
使用 S7-200 PLC 实现电梯升降电动机的控制。

**【任务分析】**
在工业现场诸多设备中，其动作机构要求能往复运动，如钻床摇臂的升降、电梯的升降、感应门的开关等。本实训任务要求电梯（此处电梯控制方法与实际电梯控制方法不同，读者应区别对待）能升降运行，其实质就是驱动电梯轿厢的电动机能正反两方向运行，即按下正向起动按钮，电梯电动机正向起动并运行（电梯上行）；若按下反向起动按钮，电梯电动机反向起动并运行（电梯下行），无论何时按下停止按钮，电梯电动机立即停止运行；电梯电动机在运行过程中，若发生过载，也须立即停止运行。从运行功能上来说，电梯上行时不能下行，电梯下行时不能上行，即电动机正转和反转不能同时进行，这就需要增加电气控制的互锁环节。

### 1.6.1　关联指令

本实训任务涉及的 PLC 指令有：S、R 指令。

### 1.6.2　任务实施

#### 1．I/O 地址分配

此实训任务中正/反向起动按钮、停止按钮、热继电器作为 PLC 的输入元器件，交流接触器作为 PLC 的输出元器件，其相应的 I/O 地址分配如表 1-6 所示。

表 1-6　电梯升降电动机的 PLC 控制的 I/O 分配表

| 输入 | | 输出 | |
|---|---|---|---|
| 输入继电器 | 元器件 | 输出继电器 | 元器件 |
| I0.0 | 正向起动按钮 SB1 | Q0.0 | 正向交流接触器 KM1 |
| I0.1 | 反向起动按钮 SB2 | Q0.1 | 反向交流接触器 KM2 |
| I0.2 | 停止按钮 SB3 | | |
| I0.3 | 热继电器 FR | | |

#### 2．电气接线图绘制

电梯升降电动机的主电路如图 1-81a 所示，PLC 的 I/O 端子连接如图 1-81b 所示。此任务中，停止按钮和热继电器均采用常开触点。

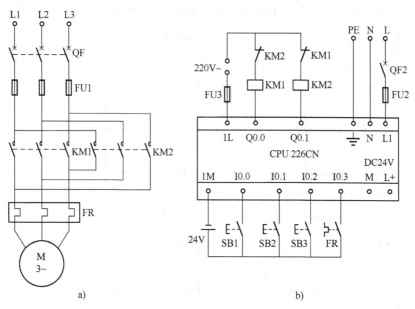

a)                                    b)

图 1-81　电梯升降电动机的 PLC 控制电气连接图

a) 主电路　b) PLC 的 I/O 端子连接

### 3. 创建项目

双击 STEP 7-Micro/WIN 软件图标，启动该编程软件，选择菜单栏中的"文件"→"保存"命令，在"文件名"栏对该文件进行命名，在此命名为"电梯升降电动机的 PLC 控制"，然后再选择文件保存的位置，最后单击"保存"按钮即可。

### 4. 编制程序

（1）起保停方式

使用起保停方式编制的电梯升降控制的程序如图 1-82 所示。

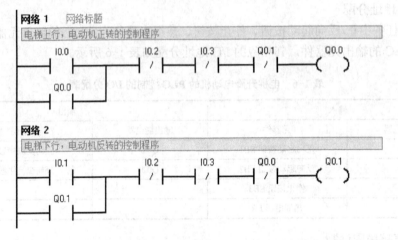

图 1-82  电梯升降电动机的 PLC 控制程序——起保停方式

（2）S、R 指令方式

使用 S、R 指令编制的电梯升降控制的程序如图 1-83 所示。

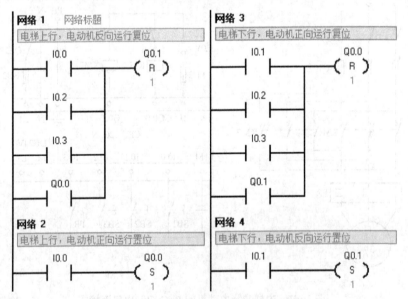

图 1-83  电梯升降电动机的 PLC 控制程序—S、R 指令方式

若电梯上升时，按下反向起动按钮希望电梯立即停止上升并反向下降；或电梯下降时，

按下正向起动按钮希望电梯立即停止下降并正向上升，如何修改上述程序，请读者自行完成。在编写较为复杂程序时，梯形图具有自己的编程规则，读者不能任意编写，否则编译时出错，PLC 的编程规则主要如下。

1）输入/输出继电器、内部辅助继电器、定时器等元器件的触点可多次重复使用，无需用复杂的程序结构来减少触点的使用次数。

2）梯形图按自上而下、从左到右的顺序排列。每个继电器线圈为一个逻辑行，即一层阶梯。每一逻辑行开始于左母线，然后是触点的连接，最后终止于继电器线圈，触点不能放在线圈的右边，如图 1-84 所示。

3）线圈也不能直接与左母线相连。若需要，可以通过专用内部辅助继电器 SM0.0（SM0.0 为 S7-200 PLC 中常接通辅助继电器）的常开触点连接，如图 1-85 所示。

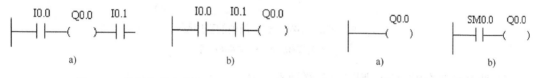

图 1-84　线圈与触点的位置

a) 不正确梯形图　b) 正确梯形图

图 1-85　SM0.0 常开触点的应用

a) 不正确梯形图　b) 正确梯形图

4）同一编号的线圈在一个程序中使用两次及以上，则为双线圈输出，双线圈输出容易引起误操作，应避免线圈的重复使用（前面的线圈输出无效，只有最后一个线圈输出有效），如图 1-86 所示。

5）在梯形图中，串联触点和并联触点可无限制使用。串联触点多的应放在程序的上面，并联触点多的应放在程序的左面，以减少指令条数，缩短扫描周期，如图 1-87 所示。

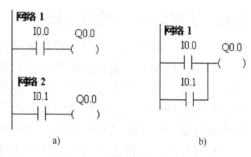

图 1-86　双线圈输出的程序图

a) 不正确梯形图　b) 正确梯形图

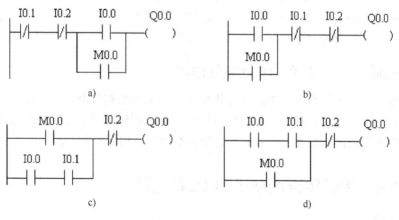

图 1-87　合理化程序设计图

a) 串联触点放置不当梯形图　b) 串联触点放置正确梯形图　c) 并联触点放置不当梯形图　d) 并联触点放置正确梯形图

6）遇到不可编程的梯形图时，可根据信号流的流向规则，自左而右、自上而下，对原梯形图重新设计，以便程序的执行，如图 1-88 所示。

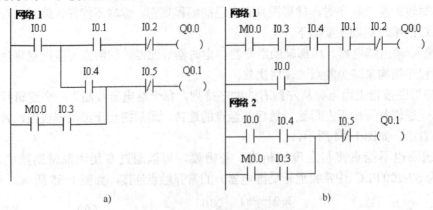

图 1-88　不符合编程规则的程序图

a) 不正确梯形图　b) 正确梯形图

7）两个或两个以上的线圈可以并联输出，如图 1-89 所示。

### 1.6.3　实训交流——电气互锁

在很多工程应用中，经常需要电动机可逆运行，即正反向旋转，需要正转时不能反转，反转时不能正转，否则会造成电源短路。在继电器-接触器控制系统中通过使用机械互锁和电气互锁来解决此问题。在 PLC 控制系统中，虽然可通过软件实现程序互锁，即正反两输出线圈不能同时得

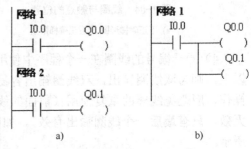

图 1-89　多线圈并联输出程序图

a) 复杂的梯形图　b) 简化的梯形图

电，但不能从根本上杜绝电源短路现象的发生（如一个接触器线圈虽失电，若其触点因熔焊或受卡等原因不能分离，此时另一个接触器线圈若得电，主电路就会发生电源短路现象），所以必须在接触器的线圈回路中串联对方的辅助常闭触点（见图 1-81），即程序互锁代替不了电气互锁，在工程应用中电气互锁必须不能省略。

### 1.6.4　技能训练——工作台的自动往复控制

磨床在起动后，工作台的左右运动使机械零件表面不断被打磨，当工作台向左运动碰到左限位时会自动往右运动，然后工作台向右运动碰到右限位时又会自动往左运动，如此循环往复，直至按下停止按钮。此工作台的动力源为小功率三相异步电动机。

## 1.7　实训 4　物料传送电动机的 PLC 控制

【实训目的】
- 掌握定时器指令；
- 掌握定时范围的扩展方法；
- 掌握堆栈的作用及堆栈指令；

● 掌握不同电压负载 PLC 的硬件连接。

**【实训任务】**

使用 S7-200 PLC 实现物料传送电动机的控制。

**【任务分析】**

在使用多级皮带传送物料时，为了防止物料的堆积，常需要多级传送物料的电动机进行有顺序的起停。为了简化控制程序，本任务以两级皮带传送物料为例。即在起动传送物料任务时，第一级皮带电动机先起动，一段时间后（如 5s）后第二级皮带电动机再起动，在停止传送物料任务时，第二级皮带电动机先停止，一段时间后（如 5s）第一级皮带电动机再停止。系统还应具备在物料传送过程中若任何一级皮带电动机过载，两级皮带电动机均应立即停止运行的功能，同时系统也应具有两级皮带电动机的运行指示。

## 1.7.1 关联指令

本实训任务涉及的 PLC 指令有：定时器指令及堆栈指令。

## 1.7.2 任务实施

### 1. I/O 地址分配

此实训任务中起动按钮、停止按钮、热继电器作为 PLC 的输入元器件，交流接触器和指示灯作为 PLC 的输出元器件，其相应的 I/O 地址分配如表 1-7 所示。

表 1-7　物料传送电动机的 PLC 控制的 I/O 分配表

| 输入 | | 输出 | |
|---|---|---|---|
| 输入继电器 | 元器件 | 输出继电器 | 元器件 |
| I0.0 | 起动按钮 SB1 | Q0.0 | M1 运行交流接触器 KM1 |
| I0.1 | 停止按钮 SB2 | Q0.1 | M2 运行交流接触器 KM2 |
| I0.2 | M1 过载保护热继电器 FR1 | Q0.2 | M1 运行指示灯 HL1 |
| I0.3 | M2 过载保护热继电器 FR2 | Q0.3 | M2 运行指示灯 HL2 |

### 2. 电气接线图绘制

物料传送电动机在此仍以小功率三相异步电动机为例，其主电路为两个相同的三相异步电动机直接起动电路，可参考图 1-72a；本任务 PLC 的 I/O 端子连接如图 1-90 所示。从图 1-90 中可以看到，指示灯电压为交流 220V，与交流接触器线圈电压类型和大小等级一致，并且占用 PLC 的两个输出端口，在 PLC 输出端口紧缺的情况下，同种电压类型和大小等级的指示灯可以与同时动作的接触器线圈并联，这样可节省 PLC 的输出点数。为了节省 PLC 的输出点数，指示灯与同时动作的接触器线圈不在电压类型或大小等级方面相同时，可通过接触器常开触点驱动的方法，或使用 PLC 的另一输出组的方法实现指示灯的指示功能。

### 3. 创建项目

双击 STEP 7-Micro/WIN 软件图标，启动软件，选择菜单栏中的"文件"→"保存"命令，在"文件名"栏对该文件进行命名，在此命名为"物料传送电动机的 PLC 控制"，然后再选择文件保存的位置，最后单击"保存"按钮即可。

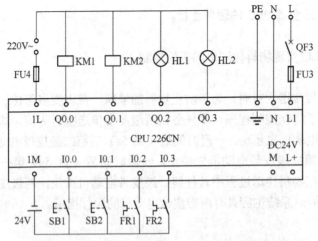

图 1-90　物料传送电动机的 PLC 控制 I/O 端子连接图

### 4．编制程序

（1）程序的编制

根据控制要求编制的程序如图 1-91 所示，从中可以看出常闭触点 I0.2 和 I0.3 每个网络中都必须要设置，否则无法实现物料在传送过程中若任何一级皮带电动机过载两台皮带电动机均立即停止的功能。若将 3 个网络通过提取"同类项"合并为一个网络，则需将常闭触点 I0.2 和 I0.3 提取到程序的最前端，程序功能会变得简洁，但会导致一个网络程序比较复杂，若使用语句表编制其程序时，则必须使用堆栈指令，读者可自行完成。

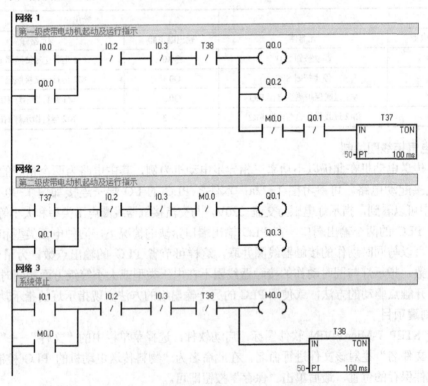

图 1-91　物料传送电动机的 PLC 控制程序

（2）定时时间的扩展

在工业现场应用中设备动作延时的时间可能比较长，而 S7-200 PLC 中定时器的最长定时时间为 3 276.7s，如果需要更长的定时时间该如何实现？可以采用多个定时器串联来延长定时范围。

图 1-92 所示的梯形图中，当 I0.0 接通时，定时器 T37 中有信号流流过，定时器开始定时。当 SV=18 000 时，定时器 T37 的延时时间 0.5h 到，T37 的常开触点由断开变为接通，定时器 T38 中有信号流流过，开始计时。当 SV=18 000 时，定时器 T38 延时时间 0.5h 到，T38 的常开触点由断开变为接通，线圈 Q0.0 有信号流流过。当 I0.0 断开时，T37、T38 的常开触点被立即复位断开。这种延长定时范围的方法形象地被称为接力定时法。

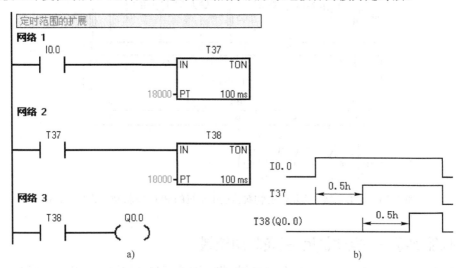

图 1-92  两个定时器延长定时范围

a) 梯形图  b) 时序图

**5．调试程序**

将编译无误的程序下载到 PLC 中，单击工具条中的"运行"按钮使程序处于运行状态，然后按下起动按钮，观察第一级皮带电动机是否起动及运行指示灯是否点亮。过 5s 后观察第二级皮带电动机是否起动及运行指示灯是否点亮。若顺序起动功能实现，再按下停止按钮，观察第二级皮带电动机是否立即停止运行且运行指示灯熄灭。过 5s 观察第一级皮带电动机是否停止运行且运行指示灯熄灭。若逆序停止功能实现，再次按下起动按钮，起动两级皮带电动机，然后再模拟皮带电动机在运行过程中发生过载情况，两台皮带电动机是否立即停止运行，若此功能实现，则本任务硬件连接及程序编制正确。

## 1.7.3  实训交流——不同电压等级的负载

从图 1-90 中可以看到，两级皮带电动机所用指示灯的电压为交流 220V，在大多数工业现场，从安全角度考虑，作为指示用的指示灯额定电压一般选用直流 24V。若本任务要求使用直流 24V 指示灯，则此电压类型和大小等级和交流接触器线圈不一致，PLC 的输出又该如何硬件连接？

S7-200 PLC 为用户提供多组输出端子，以便适应不同负载工作电压的需要。对于 CPU

226 型的 PLC 输出端子来说，Q0.0～Q0.3 为一组、Q0.4～Q1.0 为一组、Q1.1～Q1.7 为一组，使用时应特别注意，不得将电压类型或大小等级不相同的负载连接在 PLC 的同一组输出端子上，否则会导致设备损坏或人身安全事故的发生。

如图 1-93 所示，两级皮带电动机的运行指示选用的是 DC 24V 的指示灯，程序部分请读者自行修改。也可使用交流接触器的常开触点去驱动指示灯电路，这部分电路原理图请读者自行绘制。

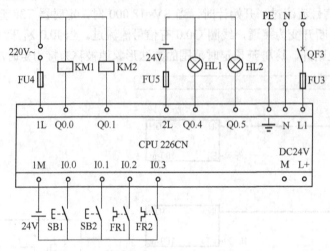

图 1-93　用 DC 24V 指示灯的物料传送电动机的 PLC 控制 I/O 端子连接图

### 1.7.4　技能训练——电动机星-三角起动控制

用 PLC 实现电动机的星-三角降压起动控制，即按下起动按钮，电动机星形起动（定子绕组连接为星形）；起动结束后（起动时间设为 5s 左右），电动机切换成三角形运行（定子绕组连接为三角形）；若按下停止按钮，电动机停止运行。系统要求起动和运行时有相应指示灯，同时电路还必须具有短路保护、过载保护等功能。

## 1.8　实训 5　液体搅拌电动机的 PLC 控制

【实训目的】
● 掌握计数器指令；
● 掌握跳变指令；
● 掌握计数范围的扩展方法；
● 掌握特殊位存储器的使用。

【实训任务】
使用 S7-200 PLC 实现液体搅拌电动机的控制。

【任务分析】
在多种液体混合时，或为了使液体中存在的固体不沉淀时，经常需要搅拌机进行不停地搅拌使其介质分布均匀。搅拌的方式一般为运行一段时间，停止一段时间，如此循环数次；

或正向运行一段时间，停止一段时间，反向运行一段时间，停止一段时间，如此循环数次。本实训任务为了简化控制程序，采用上述第一种搅拌方式，即系统起动后，电动机运行并开始计时，定时时间到达后停止运行，停止时间到达后为搅拌一次，搅拌次数到达后电动机停止运行，同时警示指示灯以秒级闪烁，直至按下停止按钮，以提示操作者搅拌过程完成。

### 1.8.1 关联指令

本实训任务涉及的 PLC 指令有：计数器指令、跳变指令、特殊位寄存器指令。

### 1.8.2 任务实施

#### 1. I/O 地址分配

此实训任务中起动按钮、停止按钮、热继电器作为 PLC 的输入元器件，交流接触器和指示灯作为 PLC 的输出元器件，其相应的 I/O 地址分配如表 1-8 所示。

表 1-8　液体搅拌电动机的 PLC 控制的 I/O 分配表

| 输入 | | 输出 | |
|---|---|---|---|
| 输入继电器 | 元器件 | 输出继电器 | 元器件 |
| I0.0 | 起动按钮 SB1 | Q0.0 | 交流接触器 KM |
| I0.1 | 停止按钮 SB2 | Q0.4 | M 运行指示灯 HL1 |
| I0.2 | 热继电器 FR | Q0.5 | 闪烁指示灯 HL2 |

#### 2. 电气接线图绘制

液体搅拌电动机仍以小功率三相异步电动机为例，其主电路为三相异步电动机直接起动电路，可参考图 1-72a；本任务 PLC 的 I/O 端子连接如图 1-94 所示。

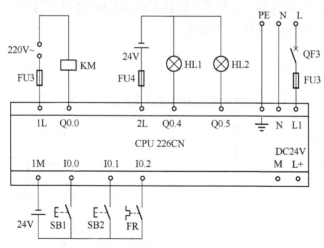

图 1-94　液体搅拌电动机的 PLC 控制的 I/O 端子连接图

#### 3. 创建项目

双击 STEP 7-Micro/WIN 软件图标，启动软件，选择菜单栏中的"文件"→"保存"命令，在"文件名"栏对该文件进行命名，在此命名为"液体搅拌电动机的 PLC 控制"，然后再选择文件保存的位置，最后单击"保存"按钮即可。

**4. 编制程序**

（1）特殊位存储器

在 S7-200PLC 中有些辅助存储器具有特殊功能或存储系统的状态变量、有关的控制参数和信息，称之为特殊标志存储器。用户可以通过特殊标志实现 PLC 与被控对象之间的沟通，如读取程序运行过程中的设备状态和运算结果信息，利用这些信息程序可实现一定的控制动作。用户也可直接设置某些特殊标志存储器位使设备实现某种功能。

特殊标志存储器用"SM"表示，特殊标志存储器区根据功能和性质不同具有多种操作方式。其中 SM0.0～SM1.7 为系统状态位，只能读取其中的状态数据，不能改写，标志位说明如表 1-9 所示。

表 1-9　特殊位存储器及含义

| 位号 | 含义 | 位号 | 含义 |
| --- | --- | --- | --- |
| SM0.0 | 该位始终为 1 | SM1.0 | 操作结果为 0 时置 1 |
| SM0.1 | 首次扫描时为 1，以后为 0 | SM1.1 | 结果溢出或非法数值时置 1 |
| SM0.2 | 保持数据丢失时为 1 | SM1.2 | 结果为负数时置 1 |
| SM0.3 | 开机上电运行模式时为 1 一个扫描周期 | SM1.3 | 被 0 除时置 1 |
| SM0.4 | 时钟脉冲：周期为 1min，30s 闭合/30s 断开 | SM1.4 | 超出表范围时置 1 |
| SM0.5 | 时钟脉冲：周期为 1s，0.5s 闭合/0.5s 断开 | SM1.5 | 空表时置 1 |
| SM0.6 | 时钟脉冲：闭合一个扫描周期，断开一个扫描周期 | SM1.6 | BCD 到二进制转换出错时置 1 |
| SM0.7 | 开关放置在运行模式时为 1 | SM1.7 | ASCII 到十六进制转换出错时置 1 |

（2）程序的编制

根据控制要求使用定时器、计数器、位特殊存储器编制的程序如图 1-95 所示，在此以电动机运行 15s，停止 10s，循环 5 次为例。

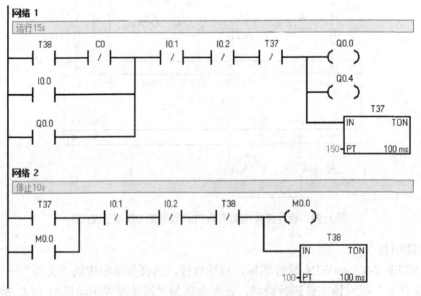

图 1-95　液体搅拌电动机的 PLC 控制程序

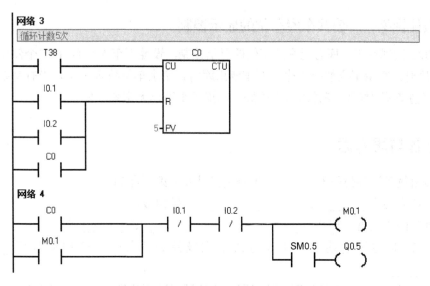

图 1-95 液体搅拌电动机的 PLC 控制程序（续）

（3）计数扩展

在工业生产中，常需要对加工零件进行计数，若采用 S7-200 PLC 中计数器进行计数只能计 32 767 个零件，远远达不到计数要求，那如何拓展计数范围呢？只需要将多个计数器进行串联即可解决计数器范围拓展问题，即第一个计数器计到某个数（如 30 000），再触发第二个计数器，将其当前值加 1，当其计数到 30 000 时，计数范围已扩大到 9 亿。如若不够可再触发第三个计数器，这样串联使用，可将计数范围拓展到无限大。同样可以使用 SM0.4（或定时器）与计数器共同使用来进行定时时间的扩展。

**5．调试程序**

将编译无误的程序下载到 PLC 中，单击工具条中的"运行"按钮使程序处于运行状态，然后按下起动按钮，观察搅拌电动机是否起动及运行指示灯是否点亮。过 15s 后观察搅拌电动机是否停止运行且运行指示灯熄灭。10s 后搅拌电动机是否再自行起动及运行指示灯是否点亮。如此循环 5 次后搅拌电动机是否停止不再自行起动，此时警示指示灯是否以秒级闪烁。无论何时按下停止按钮或搅拌电动机过载，搅拌过程是否立即停止搅拌。若上述功能实现，则本任务硬件连接及程序编制正确。

## 1.8.3　实训交流——切换时防短路方法

若此任务要求先正向搅拌一段时间，然后反向搅拌一段时间，如此循环数次，若为此种搅拌模式，电动机在转向切换时易引起短路现象。若硬件电路连接和程序均为正确，为何又会发生此现象？究其原因，是因为电动机方向切换时，某方向的接触器在断开时产生的电弧使得主电路仍然接通，同时另一方向接触器又迅速接通，使得主电路发生短路现象。这种情况下该如何解决呢？一是更新接触器；二是优化程序设计，在正反向切换时，先断开某一方向接触器数百毫秒后再接通另一方向接触器。上述方法亦可用于防止电动机−三角起动时发生的短路现象。

### 1.8.4 技能训练——公共车库车位的显示控制

用 PLC 实现地下车库有无空余车位的显示控制，设地下车库共有 100 个停车位。要求有车辆入库时，空余车位数少 1 个，有车辆出库时，空余车位数多 1 个，当有空余车位时绿灯亮，无空余车位时红灯亮并以秒级闪烁，以提示车库已无空余车位。

## 1.9 习题与思考题

1. 美国数字设备公司于_____年研制出世界上第一台 PLC。

2. PLC 主要由_____、_____、_____等组成。

3. PLC 的常用语言有_____、_____、_____、_____等。

4．PLC 是通过周期扫描工作方式来完成控制任务，每个周期包括_____、_____、_____。

5. 输出指令（对应于梯形图中的线圈）不能用于过程映像_____寄存器。

6．特殊存储器 SMB0 中的位_____在首次扫描时为 ON，SM0.0 则一直为_____。

7．接通延时定时器 TON 的使能（IN）输入电路_____时开始定时，当前值大于等于预设值时其定时器位变为_____，梯形图中常开触点_____，常闭触点_____。使能输入电路_____时被复位，复位后梯形图中其常开触点_____，常闭触点_____，当前值等于_____。

8．带记忆接通延时定时器 TONR 的使能输入电路_____时开始定时，使能输入电路断开时，当前值_____。必须用_____指令来复位 TONR。

9．断开延时定时器 TOF 的使能输入电路接通时，定时器位立即变为_____，当前值被_____。使能输入电路断开时，当前值从 0 开始_____。当前值等于预设值时，定时器位为_____，梯形图中其常开触点_____，常闭触点_____，当前值_____。

10．若增计数器的计数输入端 CU_____、复位输入端 R_____，计数器的当前值加 1。当前值 SV 大于等于预设值 PV 时，梯形图中其常开触点_____，常闭触点_____。复位输入电路_____时，计数器_____被复位，复位后梯形图中其常开触点_____，常闭触点_____，当前值_____。

11. PLC 内部的"软继电器"能提供多少对触点供编程使用？

12. 输入继电器有无输出线圈？

13．设计用一个转换开关控制两盏直流 24V 指示灯，以指示控制系统运行时所处的"自动"或"手动"状态，即向左旋转转换开关，其中一盏灯亮表示控制系统当前处于"自动"状态；向右旋转转换开关，另一盏灯亮表示控制系统当前处于"手动"状态。

14．使用场效应晶体管输出型的 CPU 设计两地均能控制同一台电动机的起动和停止。

15．用 S、R 指令或 SR 触发器指令编程实现电动机的星-三角起动控制。

16．设计两台_____电动机的顺序起动和顺序停止控制。即按下起动按钮第一台电动机立即起动，10s 后第二台电动机方能起动；按下停止按钮后，第一台电动机立即停止，15s 后第二电动机方能停止。

17．设计两台电动机的有序起停控制：当转换开关处于左侧时两台电动机实现顺起逆停控制，即按下起动按钮第一台电动机立即起动，10s 后第二台电动机自行起动，按下停止按钮后，第二台电动机立即停止，15s 后第一台电动机自行停止；当转换开关处于右侧时两台电动机实现顺起顺停控制，即按下起动按钮第一台电动机立即起动，10s 后第二台电动机自行起动，按下停止按钮后，第一台电动机立即停止，15s 后第二台电动机自行停止。

18．设计两台电动机轮休控制：长按起动按钮 3s 以上第一台电动机起动并运行，运行10h 后停止，同时第二台电动机自行起动并运行，运行 15h 后停止，同时第一台电动机自行起动并运行，如此循环。电动机在运行过程中，若发生过载，另一台电动机自动投入运行，同时过载的电动机报警指示灯以秒级闪烁，以提示操作人员尽快维修。

# 第2章 功能指令及应用

可编程序控制器（PLC）因能对工业控制现场中多种数据类型的数据进行处理和运算而得到较为广泛的应用，只有理解和掌握好 PLC 中的数据处理指令才能更好地对诸多机床设备及自动生产线进行功能升级和改造。本章主要学习 PLC 中的数据类型及寻址方式、传送指令、比较指令、移位指令、转换指令、算术运算指令、逻辑运算指令、函数运算指令、跳转指令、子程序指令、中断指令等功能指令及其应用。

## 2.1 数据类型及寻址方式

### 1. 数据类型

在 S7-200 PLC 的编程语言中，大多数指令要与具有一定大小的数据对象一起进行操作。不同的数据对象具有不同的数据类型，不同的数据类型具有不同的数制和格式选择。对程序中所用的数据可指定一种数据类型。在指定数据类型时，要确定数据大小和数据位结构。

S7-200 PLC 的数据类型有字符串、布尔型（0 或 1）、整型和实型（浮点数）等类型。任何类型的数据都是以一定格式采用二进制的形式保存在存储器内。一位二进制数称为 1 位（bit），包括"0"或"1"两种状态，位是表示处理数据的最小单位。可以用一位二进制数的两种不同取值（"0"或"1"）来表示开关量的两种不同状态。对应于 PLC 中的编程元件，如果该位为"1"，则表示梯形图中对应编程元件的线圈有信号流流过，其常开触点接通，常闭触点断开；如果该位为"0"，则表示梯形图中对应编程元件的线圈没有信号流流过，其常开触点断开，常闭触点接通。

数据从数据长度上可分为位、字节、字或双字等。8 位二进制数组成 1 个字节（Byte），其中第 0 位为最低位（LSB），第 7 位为最高位（MSB）。两个字节组成 1 个字（Word），两个字组成 1 个双字（Double Word）。一般用二进制补码形式表示有符号数，其最高位为符号位。最高位为 0 时表示正数，为 1 时表示负数，最大的 16 位正数为 16#7FFF，16#表示十六进制数。

S7-200 PLC 的基本数据类型及范围如表 2-1 所示。

表 2-1　S7-200 PLC 的基本数据类型及范围

| 基本数据类型 | 位数 | 范围 |
|---|---|---|
| 布尔型 Bool | 1 | 0 或 1 |
| 字节型 Byte | 8 | 0～255 |
| 字型 Word | 16 | 0～65535 |
| 双字型 Dword | 32 | 0～($2^{32}-1$) |
| 整型 Int | 16 | −32768～+32767 |
| 双整型 Dint | 32 | $-2^{31}$～($2^{31}-1$) |
| 实数型 Real | 32 | IEEE 浮点数 |

读者通过扫描二维码 2-1 进行"存储器的数据类型"视频相关知识的学习。

**2．寻址方式**

二维码 2-1

S7-200 PLC 每条指令由两部分组成：第一部分为操作码，另一部分是操作数。操作码指出指令的功能，操作数则指明了操作码操作的对象。所谓寻址，就是寻找操作数的过程。S7-200 PLC CPU 的寻址分 3 种：立即寻址、直接寻址、间接寻址。

（1）立即寻址

在一条指令中，如果操作数本身就是操作码所需要处理的具体数据，这种操作的寻址方式就是立即寻址。如：

$$\text{MOVW} \quad 16\#1234， \quad \text{VW10}$$

该指令为双操作数指令，第一个操作数称为源操作数，第二个操作数称为目的操作数，该指令的功能是将十六进制数 1234 传送到变量存储器 VW10 中，指令中的源操作数 16#1234 即为立即数，其寻址方式就是立即寻址方式。

（2）直接寻址

在一条指令中，如果操作数是以其所在地址形式出现的，这种指令的寻址方式就叫直接寻址。如：

$$\text{MOVB} \quad \text{VB40}， \quad \text{VB50}$$

该指令的功能是将 VB40 中的字节数据传给 VB50，指令中的源操作数的数值在指令中并未给出，只给出了存储操作数的地址 VB40，寻址时要到该地址 VB40 中寻找操作数，这种以给出操作数地址形式的寻址方式是直接寻址。

1）位寻址方式。

位存储单元的地址由字节地址和位地址组成，例如 I1.2，其中区域标识符"I"表示输入，字节地址为 1，位地址为 2，如图 2-1 所示。这种存取方式也称为"字节.位"寻址方式。

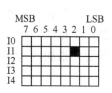

图 2-1 位数据的存放

2）字节、字和双字寻址方式。

对字节、字和双字数据，直接寻址时需指明区域标识符、数据类型和存储区域内的首字节地址。例如：输入字节 IB2（B 是 Byte 的缩写）是由 I2.7～I2.0 的 8 位二进制数据组成。相邻的两个字节组成一个字，VW10 表示由 VB10 和 VB11 组成的 1 个字，VW10 中的 V 为变量存储区域标识符，W 表示字（W 是 Word 的缩写），10 为起始字节的地址。VD10 表示由 VB10～VB13 组成的双字，V 为变量存储区域标识符，D 表示双字（D 是 Double Word 的缩写），10 为起始字节的地址。同一地址的字节、字和双字存取操作的比较如图 2-2 所示。

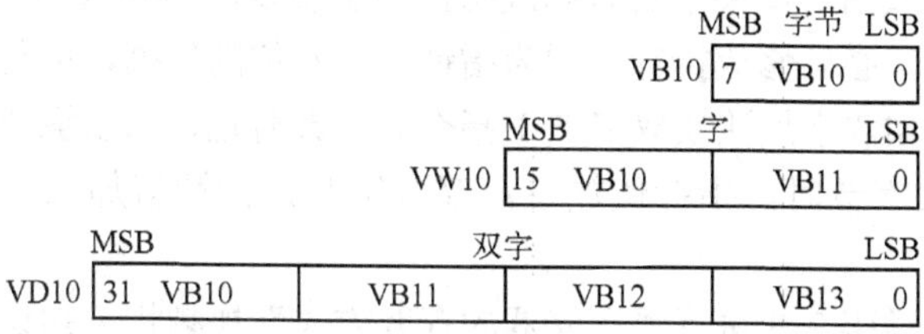

图 2-2 对同一地址进行字节、字和双字存取操作的比较

可以用直接方式进行寻址的存储区有：输入映像存储区 I、输出映像存储区 Q、变量存储区 V、位存储区 M、定时器存储区 T、计数器存储区 C、高速计数器 HC、累加器 AC、特殊存储器 SM、局部存储器 L、模拟量输入映像区 AI、模拟量输出映像区 AQ、顺序控制继电器 S。

读者通过扫描二维码 2-2 进行"变量存储区"视频相关知识的学习。

二维码 2-2

（3）间接寻址

在一条指令中，如果操作数是以操作数所在地址的地址形式出现的，这种指令的寻址方式就是间接寻址。操作数地址的地址形式也称为地址指针。地址指针前加"*"。如：

MOVW　2010，*VD20

该指令中，*VD20 就是地址指针，在 VD20 中存放的是一个地址值，而该地址则是源操作数 2010 应存储的地址。如 VD20 中存入的是 VW0，则该指令的功能是将十进制数 2010 传送到 VW0 地址中。

可以用间接方式进行寻址的存储区有：输入映像存储区 I、输出映像存储区 Q、变量存储区 V、位存储区 M、顺序控制继电器 S、定时器存储区 T、计数器存储区 C，其中 T 和 C 仅仅是对于当前值进行间接寻址，而对独立的位值和模拟量值不能进行间接寻址。

使用间接寻址对某个存储器单元进行读、写时，首先要建立地址指针。指针为双字长，用来存入另一个存储器的地址，只能用 V、L 或累加器 AC 作指针。建立指针后必须用双字传送指令（MOVD）将需要间接寻址的存储器地址送到指针中，例如：MOVD &VB200, AC1。指针也可以为子程序传递参数。**&VB200** 表示 VB200 的地址，而不是 VB200 中的值。

1）用指针存取数据。

用指针存取数据时，操作数前加"*"号，表示该操作数为一个指针。图 2-3 中的 AC1 是一个指针，*AC1 是 AC1 所指的地址中的数据。此例中，存于 VB200 和 VB201 的数据被传送到累加器 AC0 的低 16 位。

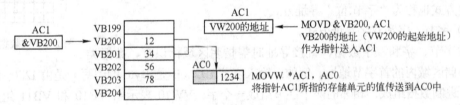

图 2-3　使用指针的间接寻址

2）修改指针。

在间接寻址方式中，指针指示了当前存取数据的地址。连续存取指针所指的数据时，当一个数据已经存入或取出，如果不及时修改指针会出现以后的存取仍使用已用过的地址，为了使存取地址不重复，必须修改指针。因为指针是 32 位的数据，应使用双字指令来修改指针值，例如双字加法或双字加 1 指令。修改时记住需要调整的存储器地址的字节数：存取字节时，指针值加 1；存取字时，指针值加 2；存取双字时，指针值加 4。

读者通过扫描二维码 2-3 进行"存储器的存取方式"视频相关知识的学习。

二维码 2-3

## 2.2 数据处理指令

### 2.2.1 传送指令

#### 1. 数据传送指令

数据传送指令包括字节、字、双字和实数传送指令，其梯形图及语句表如表2-2所示。

表2-2 数据传送指令的梯形图及语句表

| 梯形图 | 语句表 | 指令名称 |
|---|---|---|
| MOV_B<br>EN ENO<br>IN OUT | MOVB IN, OUT | 字节传送指令 |
| MOV_W<br>EN ENO<br>IN OUT | MOVW IN, OUT | 字传送指令 |
| MOV_DW<br>EN ENO<br>IN OUT | MOVD IN, OUT | 双字传送指令 |
| MOV_R<br>EN ENO<br>IN OUT | MOVR IN, OUT | 实数传送指令 |

字节传送（MOVB）、字传送（MOVW）、双字传送（MOVD）和实数传送（MOVR）指令在不改变原值的情况下，将IN中的值传送到OUT中。

【例2-1】 触点I0.0接通时，将十六进制数C0F2传送到QW0寄存器中。

本例程序如图2-4所示，当常开触点I0.0接通时，有信号流流入MOVW指令的使能输入端EN，字传送指令将十六进制数C0F2，不经过任何改变地传送到输出过程映像寄存器QW0中。

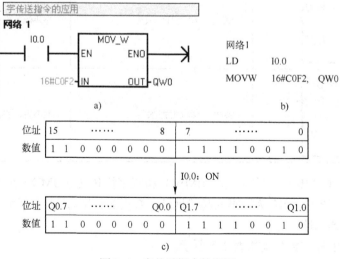

图2-4 字传送指令的应用

a) 梯形图　b) 语句表　c) 指令功能图

数据传送指令的操作数范围如表2-3所示。

表2-3　数据传送指令的操作数范围

| 指令 | 输入或输出 | 操作数 |
|---|---|---|
| 字节传送指令 | IN | IB、QB、VB、MB、SMB、SB、LB、AC、*VD、*LD、*AC、常数 |
| | OUT | IB、QB、VB、MB、SMB、SB、LB、AC、*VD、*LD、*AC |
| 字传送指令 | IN | IW、QW、VW、MW、SMW、SW、T、C、LW、AC、AIW、*VD、*AC、*LD、常数 |
| | OUT | IW、QW、VW、MW、SMW、SW、T、C、LW、AC、AQW、*VD、*AC、*LD |
| 双字传送指令 | IN | ID、QD、VD、MD、SMD、SD、LD、HC、&IB、&QB、&VB、&MB、&SMB、&SB、&T、&C、&AIW、&AQW、AC、*VD、*AC、*LD、常数 |
| | OUT | ID、QD、SD、MD、SMD、VD、LD、AC、*VD、*LD、*AC |
| 实数传送指令 | IN | ID、QD、SD、MD、SMD、VD、LD、AC、*VD、*LD、*AC、常数 |
| | OUT | ID、QD、SD、MD、SMD、VD、LD、AC、*VD、*LD、*AC |

读者通过扫描二维码2-4进行"数据传送指令"视频相关知识的学习。

**2. 块传送指令**

块传送指令的梯形图及语句表如表2-4所示。

二维码2-4

表2-4　块传送指令的梯形图及语句表

| 梯形图 | 语句表 | 指令名称 |
|---|---|---|
| BLKMOV_B<br>EN　ENO<br>IN　OUT<br>N | BMB　IN, OUT, N | 字节块传送指令 |
| BLKMOV_W<br>EN　ENO<br>IN　OUT<br>N | BMW　IN, OUT, N | 字块传送指令 |
| BLKMOV_D<br>EN　ENO<br>IN　OUT<br>N | BMD　IN, OUT, N | 双字块传送指令 |

字节块传送（BMB）、字块传送（BMW）和双字块传送（BMD）指令传送指定数量的数据到一个新的存储区，IN为数据的起始地址，数据的长度为N个字节、字或双字，OUT为新存储区的起始地址。

块传送指令的操作数范围如表2-5所示。

表 2-5　块传送指令的操作数范围

| 指令 | 输入或输出 | 操作数 |
|---|---|---|
| 字节块传送指令 | IN | IB、QB、VB、MB、SMB、SB、LB、AC、*VD、*LD、*AC |
| | OUT | |
| | N | IB、QB、VB、MB、SMB、SB、LB、AC、*VD、*LD、*AC、常数 |
| 字块传送指令 | IN | IW、QW、VW、MW、SMW、SW、LW、AIW、AQW、AC、HC、T、C、*VD、*LD、*AC |
| | OUT | |
| | N | IB、QB、VB、MB、SMB、SB、LB、AC、*VD、*LD、*AC |
| 双字块传送指令 | IN | ID、QD、VD、MD、SMD、SD、LD、AC、*VD、*LD、*AC |
| | OUT | |
| | N | IB、QB、VB、MB、SMB、SB、LB、AC、*VD、*LD、*AC、常数 |

读者通过扫描二维码 2-5 进行"块传送指令"视频相关知识的学习。

**3. 字节交换指令**

字节交换（SWAP）指令，专用于对 1 个字长的字型数据进行处理，指令功能是将字型输入数据 IN 的高位字节与低位字节进行交换，因此又可称为半字节交换指令，其梯形图及语句表如图 2-5 所示。

二维码 2-5

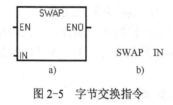

图 2-5　字节交换指令

a) 梯形图　b) 语句表

**4. 字节立即传送（读和写）指令**

字节立即传送（读和写）指令的梯形图及语句表如表 2-6 所示。

表 2-6　字节立即传送（读和写）指令的梯形图及语句表

| 梯形图 | 语句表 | 指令名称 |
|---|---|---|
| MOV_BIR<br>EN　ENO<br>IN　OUT | BIR　IN, OUT | 字节立即读指令 |
| MOV_BIW<br>EN　ENO<br>IN　OUT | BIW　IN, OUT | 字节立即写指令 |

字节立即传送指令允许在物理 I/O 和存储器之间立即传送一个字节数据。

字节立即读（BIR）指令读取物理输入（IN），并将结果存入内存地址（OUT），但过程映像寄存器并不刷新。

字节立即写（BIW）指令从内存地址（IN）中读取数据，写入物理输出（OUT），同时刷新相应的过程映像寄存器。

字节立即传送（读和写）指令的操作数范围如表2-7所示。

表2-7  字节立即传送（读和写）指令的操作数范围

| 指令 | 输入或输出 | 操作数 |
|------|-----------|--------|
| 字节立即读指令 | IN | IB、*VD、*LD、*AC |
| | OUT | IB、QB、VB、MB、SMB、SB、LB、AC、*VD、*LD、*AC |
| 字节立即写指令 | IN | IB、QB、VB、MB、SMB、SB、LB、AC、*VD、*LD、*AC、常数 |
| | OUT | QB、*VD、*LD、*AC |

## 2.2.2  比较指令

比较指令用于比较两个相同数据类型的有符号或无符号数 IN1 和 IN2 之间的比较。字节比较操作是无符号的，整数、双整数和实数比较操作都是有符号的。

比较运算符有：等于（＝＝）、大于等于（＞＝）、小于等于（＜＝）、大于（＞）、小于（＜）、不等于（＜＞）。

在梯形图中，比较指令是以动合触点的形式编程的，在动合触点的中间注明比较参数和比较运算符。当比较的结果为真时，该动合触点闭合。

在功能块图中，比较指令以功能框的形式编程：当比较结果为真时，输出接通。

在语句表中，比较指令与基本逻辑指令 LD、A 和 O 进行组合编程：当比较结果为真时，PLC 将栈顶置1。

比较指令的梯形图及语句表如表2-8所示。

表2-8  比较指令的梯形图及语句表

| 梯形图 | 语句表 | 指令名称 |
|--------|--------|----------|
| IN1<br>——\|==B\|——<br>IN2 | LDB＝ IN1, IN2<br>AB＝ IN1, IN2<br>OB＝ IN1, IN2 | |
| IN1<br>——\|<>B\|——<br>IN2 | LDB<> IN1, IN2<br>AB<> IN1, IN2<br>OB<> IN1, IN2 | |
| IN1<br>——\|>=B\|——<br>IN2 | LDB>＝ IN1, IN2<br>AB>＝ IN1, IN2<br>OB>＝ IN1, IN2 | |
| IN1<br>——\|<=B\|——<br>IN2 | LDB<＝ IN1, IN2<br>AB<＝ IN1, IN2<br>OB<＝ IN1, IN2 | 字节比较指令 |
| IN1<br>——\|>B\|——<br>IN2 | LDB> IN1, IN2<br>AB> IN1, IN2<br>OB> IN1, IN2 | |
| IN1<br>——\|<B\|——<br>IN2 | LDB< IN1, IN2<br>AB< IN1, IN2<br>OB< IN1, IN2 | |

| 梯形图 | 语句表 | 指令名称 |
|---|---|---|
| IN1<br>==\|<br>IN2 | LDW= IN1, IN2<br>AW= IN1, IN2<br>OW= IN1, IN2 | 整数比较指令 |
| IN1<br><>\|<br>IN2 | LDW<> IN1, IN2<br>AW<> IN1, IN2<br>OW<> IN1, IN2 | |
| IN1<br>>=\|<br>IN2 | LDW>= IN1, IN2<br>AW>= IN1, IN2<br>OW>= IN1, IN2 | |
| IN1<br><=\|<br>IN2 | LDW<= IN1, IN2<br>AW<= IN1, IN2<br>OW<= IN1, IN2 | |
| IN1<br>>\|<br>IN2 | LDW> IN1, IN2<br>AW> IN1, IN2<br>OW> IN1, IN2 | |
| IN1<br><\|<br>IN2 | LDW< IN1, IN2<br>AW< IN1, IN2<br>OW< IN1, IN2 | |
| IN1<br>==D<br>IN2 | LDD= IN1, IN2<br>AD= IN1, IN2<br>OD= IN1, IN2 | 双整数比较指令 |
| IN1<br><>D<br>IN2 | LDD<> IN1, IN2<br>AD<> IN1, IN2<br>OD<> IN1, IN2 | |
| IN1<br>>=D<br>IN2 | LDD>= IN1, IN2<br>AD>= IN1, IN2<br>OD>= IN1, IN2 | |
| IN1<br><=D<br>IN2 | LDD<= IN1, IN2<br>AD<= IN1, IN2<br>OD<= IN1, IN2 | |
| IN1<br>>D<br>IN2 | LDD> IN1, IN2<br>AD> IN1, IN2<br>OD> IN1, IN2 | |
| IN1<br><D<br>IN2 | LDD< IN1, IN2<br>AD< IN1, IN2<br>OD< IN1, IN2 | |
| IN1<br>==R<br>IN2 | LDR= IN1, IN2<br>AR= IN1, IN2<br>OR= IN1, IN2 | 实数比较指令 |
| IN1<br><>R<br>IN2 | LDR<> IN1, IN2<br>AR<> IN1, IN2<br>OR<> IN1, IN2 | |
| IN1<br>>=R<br>IN2 | LDR>= IN1, IN2<br>AR>= IN1, IN2<br>OR>= IN1, IN2 | |

| 梯形图 | 语句表 | 指令名称 |
|---|---|---|
| IN1<br>┤<=R├<br>IN2 | LDR<= IN1, IN2<br>AR<= IN1, IN2<br>OR<= IN1, IN2 | |
| IN1<br>┤>R├<br>IN2 | LDR> IN1, IN2<br>AR> IN1, IN2<br>OR> IN1, IN2 | 实数比较指令 |
| IN1<br>┤<R├<br>IN2 | LDR< IN1, IN2<br>AR< IN1, IN2<br>OR< IN1, IN2 | |

【例 2-2】 将变量存储器 VW10 中的数值与十进制 30 相比较，当变量存储器 VW10 中的数值等于 30 时，线圈 Q0.0 得电。

本例程序如图 2-6 所示。

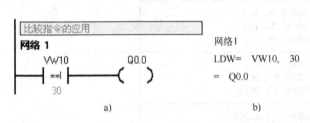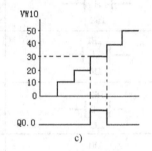

图 2-6  比较指令的应用

a) 梯形图   b) 语句表   c) 指令功能图

比较指令的操作数范围如表 2-9 所示。

表 2-9  比较指令的操作数范围

| 指令 | 输入或输出 | 操作数 |
|---|---|---|
| 字节比较指令 | IN1、IN2 | IB、QB、VB、MB、SMB、SB、LB、AC、*VD、*LD、*AC、常数 |
| | OUT | I、Q、V、M、SM、S、L、T、C、信号流 |
| 整数比较指令 | IN1、IN2 | IW、QW、VW、MW、SMW、SW、LW、AIW、AC、T、C、*VD、*LD、*AC、常数 |
| | OUT | I、Q、V、M、SM、S、L、T、C、信号流 |
| 双整数比较指令 | IN1、IN2 | ID、QD、VD、MD、SMD、SD、LD、AC、HC、*VD、*LD、*AC、常数 |
| | OUT | I、Q、V、M、SM、S、L、T、C、信号流 |
| 实数比较指令 | IN1、IN2 | ID、QD、VD、MD、SMD、SD、LD、AC、*VD、*LD、*AC、常数 |
| | OUT | I、Q、V、M、SM、S、L、T、C、信号流 |

读者通过扫描二维码 2-6 进行"字节比较指令"视频相关知识的学习。
读者通过扫描二维码 2-7 进行"整数比较指令"视频相关知识的学习。
读者通过扫描二维码 2-8 进行"双整数比较指令"视频相关知识的学习。
读者通过扫描二维码 2-9 进行"实数比较指令"视频相关知识的学习。

| 二维码 2-6 | 二维码 2-7 | 二维码 2-8 | 二维码 2-9 |

### 2.2.3 移位指令

**1．移位指令**

移位指令包括左移位（SHL，Shift Left）和右移位（SHR，Shift Right）指令，分为字节、字、双字三种数据类型，其梯形图及语句表如表 2-10 所示。

表 2-10　移位指令的梯形图及语句表

| 梯形图 | 语句表 | 指令名称 |
|---|---|---|
| 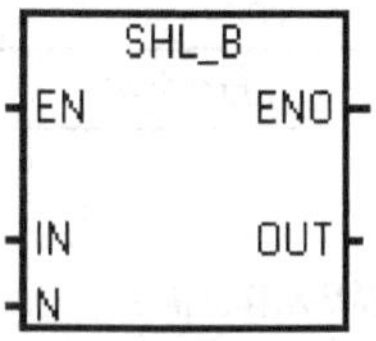 SHL_B<br>EN　ENO<br>IN　OUT<br>N | SLB  OUT, N | 字节左移位指令 |
| 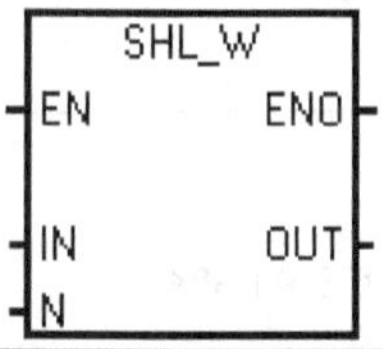 SHL_W<br>EN　ENO<br>IN　OUT<br>N | SLW  OUT, N | 字左移位指令 |
| 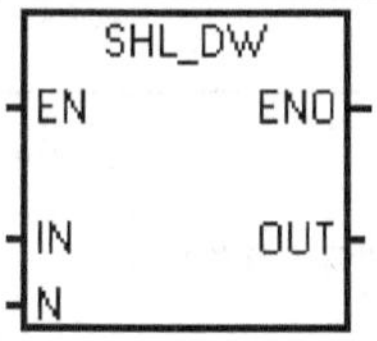 SHL_DW<br>EN　ENO<br>IN　OUT<br>N | SLD  OUT, N | 双字左移位指令 |
| 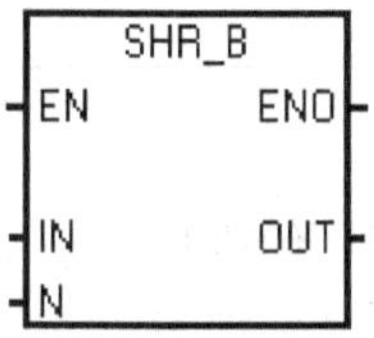 SHR_B<br>EN　ENO<br>IN　OUT<br>N | SRB  OUT, N | 字节右移位指令 |
| 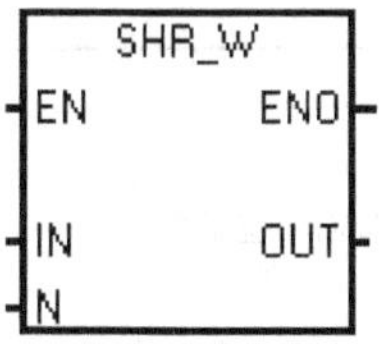 SHR_W<br>EN　ENO<br>IN　OUT<br>N | SRW  OUT, N | 字右移位指令 |
| 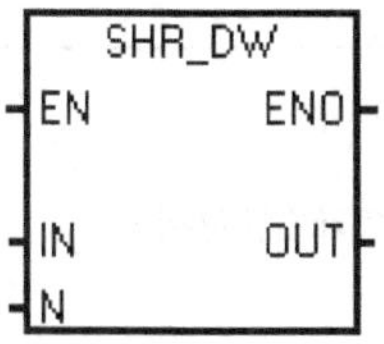 SHR_DW<br>EN　ENO<br>IN　OUT<br>N | SRD  OUT, N | 双字右移位指令 |

移位指令是将输入 IN 中的各位数值向左或向右移动 N 位后，将结果送给输出 OUT 中。移位指令对移出的位自动补 0，如果移动的位数 N 大于或等于最大允许值（对于字节操作为 8 位，对于字操作为 16 位，对于双字操作为 32 位），实际移动的位数为最大允许值。如果移位次数大于 0，则溢出标志位（SM1.1）中就是最后一次移出位的值；如果移位操作的结果为 0，则零标志位（SM1.0）被置为 1。

另外，字节操作是无符号的。对于字和双字操作，当使用符号数据类型时，符号位也被移位。

读者通过扫描二维码 2-10 进行"移位指令"视频相关知识的学习。

**2．循环移位指令**

循环移位指令包括循环左移位（ROL，Rotate Left）和循环右移位（ROR，Rotate Right）指令，按数据类型分为字节、字、双字三种，其梯形图及语句表如表 2-11 所示。

表 2-11　循环移位指令的梯形图及语句表

| 梯形图 | 语句表 | 指令名称 |
|---|---|---|
| 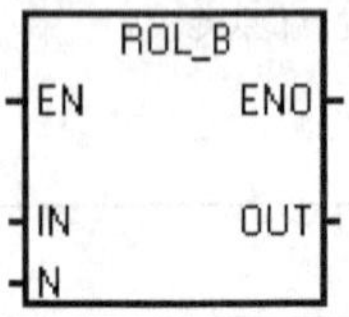 ROL_B<br>EN　ENO<br>IN　OUT<br>N | RLB　OUT，N | 字节循环左移位指令 |
| 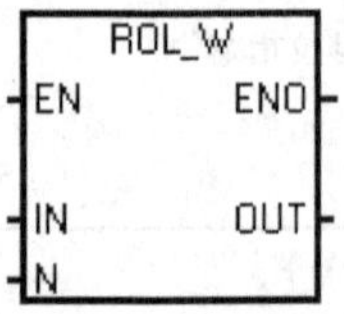 ROL_W<br>EN　ENO<br>IN　OUT<br>N | RLW　OUT，N | 字循环左移位指令 |
| 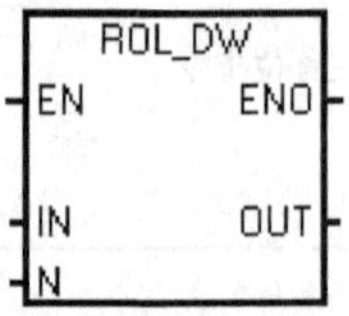 ROL_DW<br>EN　ENO<br>IN　OUT<br>N | RLD　OUT，N | 双字循环左移位指令 |
| 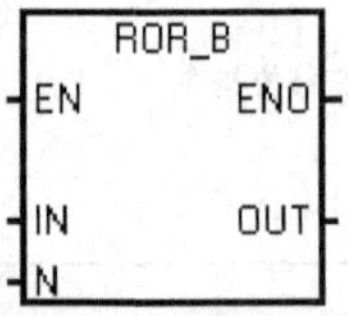 ROR_B<br>EN　ENO<br>IN　OUT<br>N | RRB　OUT，N | 字节循环右移位指令 |
| 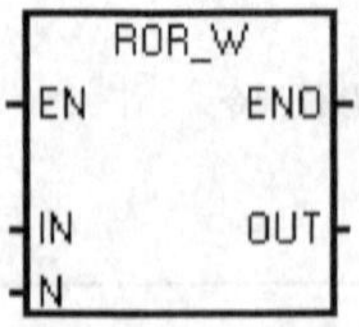 ROR_W<br>EN　ENO<br>IN　OUT<br>N | RRW　OUT，N | 字循环右移位指令 |
| 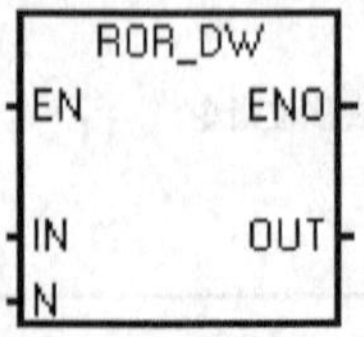 ROR_DW<br>EN　ENO<br>IN　OUT<br>N | RRD　OUT，N | 双字循环右移位指令 |

循环移位指令将输入 IN 中的各位数向左或向右循环移动 N 位后，将结果送给输出 OUT 中。循环移位是环形的，即被移出来的位将返回到另一端空出来的位置。如果移动的位数 N 大于或等于最大允许值（对于字节操作为 8 位，对于字操作为 16 位，对于双字操作为 32 位），执行循环移位之前先对 N 进行取模操作（例如对于字移位，将 N 除以 16 后取余数），从而得到一个有效的移位位数。移位位数的取模操作结果，对于字节操作是 0~7，对于字操作为 0~15，对于双字操作为 0~31。如果取模操作的结果为 0，则不进行循环移位操作。

循环移位指令被执行时，移出的最后一位的数值会被复制到溢出标志位（SM1.1）中。如果实际移位次数为 0 时，零标志位（SM1.0）被置为 1。

另外，字节操作是无符号的，对于字和双字操作，当使用有符号数据类型时，符号位也被移位。

【例 2-3】 当 I0.0 接通时，将累加器 AC0 中的数据向左移动 2 位，同时将变量存储器 VW100 中的数据向右循环移动 3 位。

本例程序如图 2-7 所示。若累加器 AC0 中的数据为 0100 0010 0001 1000，则向左移动 2 位后变成 0000 1000 0110 0000；若变量存储器 VW100 中的数据为 1101 1100 0011 0100，向右循环移动 3 位后变为 1001 1011 1000 0110。

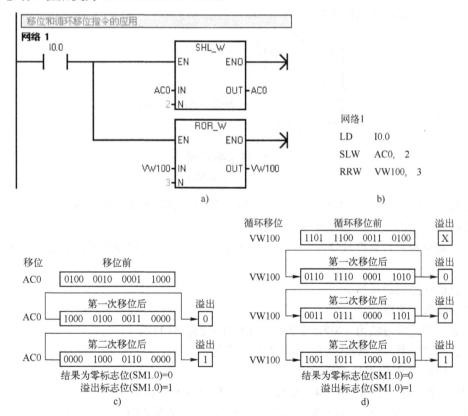

图 2-7　移位和循环移位指令的应用

a) 梯形图　b) 语句表　c) 左移位指令功能图　d) 右循环移位功能图

移位和循环移位指令的操作数范围如表 2-12 所示。

表 2-12 移位和循环移位指令的操作数范围

| 指令 | 输入或输出 | 操作数 |
|---|---|---|
| 字节左或右移位指令<br>字节循环左或右移位指令 | IN | IB、QB、VB、MB、SMB、SB、LB、AC、*VD、*LD、*AC、常数 |
| | OUT | IB、QB、VB、MB、SMB、SB、LB、AC、*VD、*LD、*AC |
| | N | IB、QB、VB、MB、SMB、SB、LB、AC、*VD、*LD、*AC、常数 |
| 字左或右移位指令<br>字循环左或右移位指令 | IN | IW、QW、VW、MW、SMW、SW、T、C、LW、AC、AIW、*VD、*AC、*LD、常数 |
| | OUT | IW、QW、VW、MW、SMW、SW、T、C、LW、AC、*VD、*AC、*LD |
| | N | IB、QB、VB、MB、SMB、SB、LB、AC、*VD、*LD、*AC、常数 |
| 双字左或右移位指令<br>双字循环左或右移位指令 | IN | ID、QD、VD、MD、SMD、SD、LD、AC、HC、*VD、*AC、*LD、常数 |
| | OUT | ID、QD、VD、MD、SMD、SD、LD、AC、HC、*VD、*AC、*LD |
| | N | IB、QB、VB、MB、SMB、SB、LB、AC、*VD、*LD、*AC、常数 |

读者通过扫描二维码 2-11 进行"循环移位指令"视频相关知识的学习。

二维码 2-11

**3. 移位寄存器指令**

移位寄存器（SHRB，Shift Register Bit）指令常用于顺序控制或步进控制中，其梯形图和语句表如图 2-8 所示。

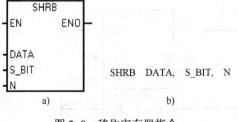

图 2-8 移位寄存器指令

a) 梯形图 b) 语句表

在梯形图中，有 3 个数据输入端：DATA（移位寄存器的数据输入端）；S_BIT（组成移位寄存器的最低位）；N（移位寄存器的长度）。

移位寄存器的数据类型分为无字节型、字型、双字型，移位寄存器的长度 N≤64，由程序指定。

移位寄存器的组成如下。

最低位为 S_BIT；

最高位的计算方法为：MSB=[|N|-1+（S_BIT 的位号）]/8；

最高位的字节号：MSB 的商+S_BIT 的字节号；

最高位的位号：MSB 的余数。

例如：S_BIT=V33.4，N=14，那么 MSB=（14-1+4)/8=17/8=2…1，

则最高位的字节号：33+2=35，最高位的位号：1，即最高位为：V35.1。

移位寄存器的组成：V33.4～V33.7，V34.0～V34.7，V35.0～V35.1，共 14 位。

N>0 时，为正向移位，即从最低位向最高位移位；N<0 时，为反向移位，即从最高位向最低位移位。

移位寄存器指令的功能是：当允许输入端 EN 有效时，如果 N>0，则在每个 EN 的前

沿，将数据输入 DATA 的状态移入移位寄存器的最低位 S_BIT；如果 N<0，则在每个 EN 的前沿，将数据输入 DATA 的状态移入移位寄存器的最高位，移位寄存器的其他位按照 N 指定的方向（正向或反向），依次串行移位。

移位寄存器的移出端与 SM1.1（溢出）连接。

移位寄存器指令被执行时，移出的最后一位的数值会被复制到溢出标志位（SM1.1）。如果移位结果为 0 时，零标志位（SM1.0）被置为 1。

【例 2-4】 当 I0.0 接触时，将位 I0.1 中的数据移到 VB20 的低四位中。

本例程序如图 2-9 所示。

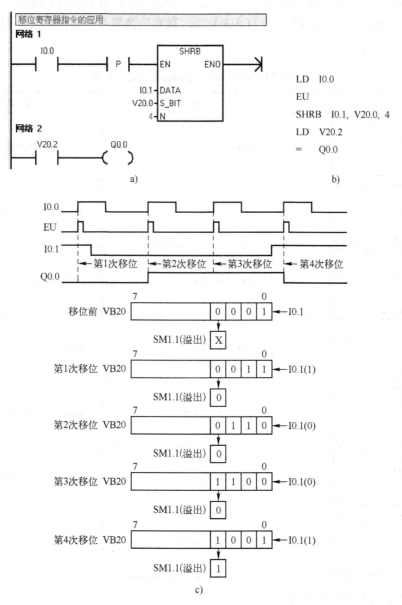

图 2-9 移位寄存器指令的应用

a) 梯形图  b) 语句表  c) 指令功能图

## 2.2.4 转换指令

### 1. 数制转换指令

S7-200 PLC 中的主要数据类型包括字节、整数、双整数和实数。主要数制有 BCD 码、ASCII 码、十进制和十六进制等。不同指令对操作数的类型要求不同，因此在指令使用前需要将操作数转化成相应的类型，数制转换指令可以完成这样的功能。数制转换指令包括：数据类型之间的转换、数制之间的转换、数据与码制之间的转换等。

数制转换指令包括：BCD 码转换成整数（BCD_I）、整数转换成 BCD 码（I_BCD）、字节转换成整数（B_I）、整数转换成字节（I_B）、整数转换成双整数（I_DI）、双整数转换成整数（DI_I）和双整数转换成实数（DI_R）等。数制转换指令的梯形图及语句表如表 2-13 所示。

表 2-13　数制转换指令的梯形图及语句表

| 梯形图 | 语句表 | 指令名称 |
|---|---|---|
| 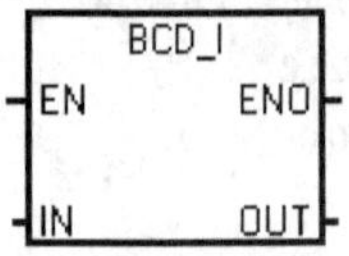 BCD_I<br>EN ENO<br>IN OUT | BCDI OUT | BCD 码转换成整数指令 |
| 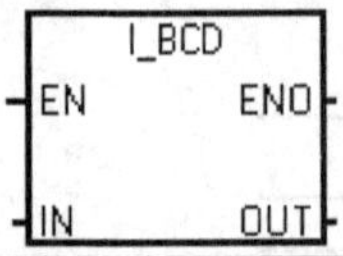 I_BCD<br>EN ENO<br>IN OUT | IBCD OUT | 整数转换成 BCD 码指令 |
| 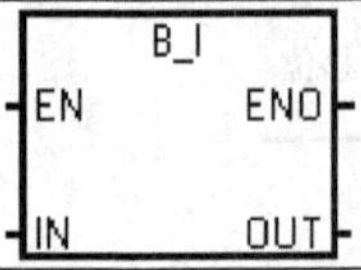 B_I<br>EN ENO<br>IN OUT | BTI IN, OUT | 字节转换成整数指令 |
| 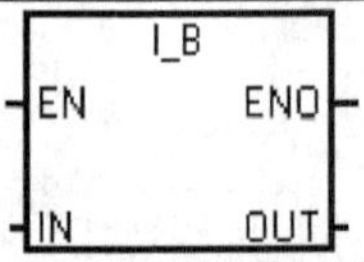 I_B<br>EN ENO<br>IN OUT | ITB IN, OUT | 整数转换成字节指令 |
| 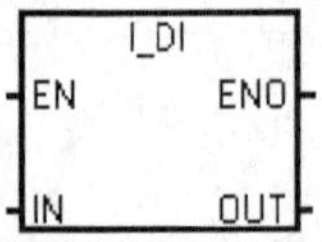 I_DI<br>EN ENO<br>IN OUT | ITD IN, OUT | 整数转换成双整数指令 |
| 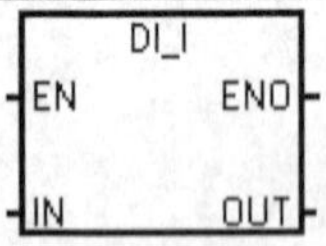 DI_I<br>EN ENO<br>IN OUT | DTI IN, OUT | 双整数转换成整数指令 |
| 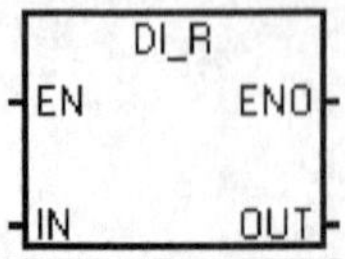 DI_R<br>EN ENO<br>IN OUT | DTR IN, OUT | 双整数转换成实数指令 |

（1）BCD 码转换成整数指令

BCD 码转换成整数指令是将输入的 BCD 码形式数据转换成整数类型，并且将结果存到输出指定的变量中。输入的 BCD 码数据有效范围为 0~9 999。该指令输入和输出的数据类型均为字型。

（2）整数转换成 BCD 码指令

整数转换成 BCD 码指令是将输入的整数类型数据转换成 BCD 码形式的数据，并且将结果存到输出指定的变量中。输入的整数类型数据的有效范围是 0～9 999。该指令输入和输出的数据类型均为字型。

（3）字节转换成整数指令

字节转换成整数指令是将输入的字节型数据转换成整数型，并且将结果存到输出指定的变量中。字节型数据是无符号的，所以没有符号扩展位。

（4）整数转换成字节指令

整数转换成字节指令是将输入的整数类型数据转换成字节型，并且将结果存到输出指定的变量中。只有 0～255 之间的输入数据才能被转换，超出字节范围会产生溢出。

（5）整数转换成双整数指令

整数转换成双整数指令是将输入的整数类型数据转换成双整数类型，并且将结果存到输出指定的变量中。

（6）双整数转换成整数指令

双整数转换成整数指令是将输入的双整数类型数据转换成整数类型，并且将结果存到输出指定的变量中。输出数据如果超出整数范围则产生溢出。

（7）双整数转换成实数指令

双整数转换成实数指令是将输入的 32 位有符号整数类型数据转换成 32 位实数，并且将结果存到输出指定的变量中。

数制转换指令的操作数范围如表 2-14 所示。

表 2-14　数制转换指令的操作数范围

| 指令 | 输入或输出 | 操作数 |
| --- | --- | --- |
| BCD 码转换成整数指令 | IN | IW、QW、VW、MW、SMW、SW、LW、T、C、AIW、AC、*VD、*LD、*AC、常数 |
| | OUT | IW、QW、VW、MW、SMW、SW、LW、T、C、AC、*VD、*LD、*AC |
| 整数转换成 BCD 码指令 | IN | IW、QW、VW、MW、SMW、SW、LW、T、C、AIW、AC、*VD、*LD、*AC、常数 |
| | OUT | IW、QW、VW、MW、SMW、SW、LW、T、C、AC、*VD、*LD、*AC |
| 字节转换成整数指令 | IN | IB、QB、VB、MB、SMB、SB、LB、AC、*VD、*LD、*AC、常数 |
| | OUT | IW、QW、VW、MW、SMW、SW、LW、T、C、AC、*VD、*LD、*AC |
| 整数转换成字节指令 | IN | IW、QW、VW、MW、SMW、SW、LW、T、C、AIW、AC、*VD、*LD、*AC、常数 |
| | OUT | IB、QB、VB、MB、SMB、SB、LB、AC、*VD、*LD、*AC |
| 整数转换成双整数指令 | IN | IW、QW、VW、MW、SMW、SW、LW、T、C、AIW、AC、*VD、*LD、*AC、常数 |
| | OUT | ID、QD、VD、MD、SMD、SD、LD、AC、*VD、*LD、*AC |
| 双整数转换成整数指令 | IN | ID、QD、VD、MD、SMD、SD、LD、HC、AC、*VD、*LD、*AC、常数 |
| | OUT | IW、QW、VW、MW、SMW、SW、LW、T、C、AC、*VD、*LD、*AC |
| 双整数转换成实数指令 | IN | ID、QD、VD、MD、SMD、SD、LD、HC、AC、*VD、*LD、*AC、常数 |
| | OUT | ID、QD、VD、MD、SMD、SD、LD、AC、*VD、*LD、*AC |

读者通过扫描二维码 2-12 进行"BCD 码与整数的转换"视频相关知识的学习。

读者通过扫描二维码 2-13 进行"整数、双整数与实数的转换"视频相关知识的学习。

二维码 2-12　　二维码 2-13

### 2. ASCII 码转换指令

ASCII 码转换指令用于标准字符 ASCII 码与十六进制数、整数、双整数及实数之间的转换，分为 ASCII 码转换成十六进制数指令、十六进制数转换成 ASCII 码指令、整数转换成 ASCII 码指令、双整数转换成 ASCII 码指令和实数转换成 ASCII 码指令。ASCII 码转换指令的梯形图及语句表如表 2-15 所示。

表 2-15　ASCII 码转换指令的梯形图及语句表

| 梯形图 | 语句表 | 指令名称 |
|---|---|---|
| ATH<br>EN　ENO<br>IN　OUT<br>LEN | ATH IN, OUT, LEN | ASCII 码转换成十六进制数指令 |
| HTA<br>EN　ENO<br>IN　OUT<br>LEN | HTA IN, OUT, LEN | 十六进制数转换成 ASCII 码指令 |
| ITA<br>EN　ENO<br>IN　OUT<br>FMT | ITA IN, OUT, FMT | 整数转换成 ASCII 码指令 |
| DTA<br>EN　ENO<br>IN　OUT<br>FMT | DTA IN, OUT, FMT | 双整数转换成 ASCII 码指令 |
| RTA<br>EN　ENO<br>IN　OUT<br>FMT | RTA IN, OUT, FMT | 实数转换成 ASCII 码指令 |

（1）ASCII 码与十六进制数之间的转换

该指令就是从输入指定的地址单元开始、长度为 LEN（字节型，最大长度为 255）的一个 ASCII 码字符串（或十六进制数）被转换成十六进制数（或 ASCII 码），并且存入到以输出指定的地址开始的变量中。

可进行转换的 ASCII 码为 30～39 和 41～46，对应的十六进制数为 0～9 和 A～F。

如果输入数据中有非法的 SACII 字符，则终止转换操作，特殊存储器 SM1.7 置 1。

ATH 的指令举例为：ATH VB10，VB20，3，其指行结果如表 2-16 所示。

表 2-16 ATH 指令的执行结果

| 首地址 | 字节 1 | 字节 2 | 字节 3 | 说明 |
|---|---|---|---|---|
| VB10 | 0011 0010（2） | 0011 0100（4） | 0101 0101（E） | 原信息的存储形式及 ASCII 码 |
| VB20 | 24 | EX | XX | 转换结果信息编码，X 表示原内容不变 |

（2）数值与 ASCII 码之间的转换

该指令的作用就是将输入的一个整数（或双整数、实数）转换成 ASCII 码字符串，并且存放到以输出指定的地址开始的 8 个（或 12 个、3～5 个）连续的字节变量中，格式操作数 FMT 指定小数点部分的位数和小数点的表示方法。

整数转换成 ASCII 码指令的格式操作数 FMT 的说明如图 2-10 所示，图中 FMT=16#03（即二进制数 0000 0011），即小数部分有 3 位，小数部分的分隔符为小数点。其中 nnn 表示输出缓冲区中小数部分的位数，nnn 的有效数为 0～5。如果 nnn=0，则显示整数；如果 nnn>5，则输出缓冲区会被空格键的 ASCII 码（空格键的 ASCII 码为 20）填充。c 指定用逗号（c=1）或小数点（c=0）作为整数和小数部分的分隔符。格式操作数 FMT 的高 4 位必须为 0。

输入缓冲区的格式符合以下规则。

1）正数小数点被输出缓冲区时没有符号位；

2）负数被写入输出缓冲区时带负号；

3）小数点左侧开头的 0（靠近小数点的除外）被隐藏；

4）输出缓冲区中的数值右对齐。

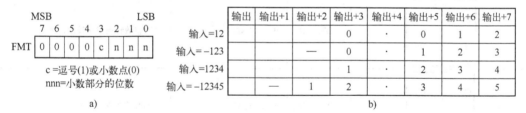

图 2-10 整数转换成 ASCII 码指令的格式操作数 FMT 说明

a) 指令格式 b) 缓冲区格式

ASCII 码转换指令的操作数范围如表 2-17 所示。

表 2-17 ASCII 码转换指令的操作数范围

| 指令 | 输入或输出 | 操作数 |
|---|---|---|
| ASCII 码转换成<br>十六进制数指令 | IN | IB、QB、VB、MB、SMB、SB、LB、*VD、*LD、*AC |
|  | OUT | IB、QB、VB、MB、SMB、SB、LB、*VD、*LD、*AC |
|  | LEN | IB、QB、VB、MB、SMB、SB、LB、AC、*VD、*LD、*AC、常数 |
| 十六进制数转换<br>成 ASCII 码指令 | IN | IB、QB、VB、MB、SMB、SB、LB、*VD、*LD、*AC |
|  | OUT | IB、QB、VB、MB、SMB、SB、LB、*VD、*LD、*AC |
|  | LEN | IB、QB、VB、MB、SMB、SB、LB、AC、*VD、*LD、*AC、常数 |

| 指令 | 输入或输出 | 操作数 |
|---|---|---|
| 整数转换成<br>ASCII 码指令 | IN | IW、QW、VW、MW、SMW、SW、LW、AIW、T、C、AC、*VD、*LD、<br>*AC、常数 |
| | OUT | IB、QB、VB、MB、SMB、SB、LB、*VD、*LD、*AC |
| | FMT | IB、QB、VB、MB、SMB、SB、LB、AC、*VD、*LD、*AC、常数 |
| 双整数转换成<br>ASCII 码指令 | IN | ID、QD、VD、MD、SMD、SD、LD、HC、AC、*VD、*LD、*AC、常数 |
| | OUT | IB、QB、VB、MB、SMB、SB、LB、*VD、*LD、*AC |
| | FMT | IB、QB、VB、MB、SMB、SB、LB、AC、*VD、*LD、*AC、常数 |
| 实数转换成<br>ASCII 码指令 | IN | ID、QD、VD、MD、SMD、SD、LD、AC、*VD、*LD、*AC、常数 |
| | OUT | IB、QB、VB、MB、SMB、SB、LB、*VD、*LD、*AC |
| | FMT | IB、QB、VB、MB、SMB、SB、LB、AC、*VD、*LD、*AC、常数 |

### 3. 字符串转换指令

字符串转换指令是分别将整数、双整数和实数转换成 ASCII 码字符串；或者是将从偏移量 INDX 开始的子字符串转换成整数、双整数和实数，并且存放到输出指定的地址中。

字符串转换指令的梯形图及语句表如表 2-18 所示。

**表 2-18  字符串转换指令的梯形图及语句表**

| 梯形图 | 语句表 | 指令名称 |
|---|---|---|
| I_S<br>EN  ENO<br>IN  OUT<br>FMT | ITS  IN, OUT, FMT | 整数转换成字符串指令 |
| DI_S<br>EN  ENO<br>IN  OUT<br>FMT | DTS  IN, OUT, FMT | 双整数转换成字符串指令 |
| R_S<br>EN  ENO<br>IN  OUT<br>FMT | RTS  IN, OUT, FMT | 实数转换成字符串指令 |
| S_I<br>EN  ENO<br>IN  OUT<br>INDX | STI  IN, INDX, OUT | 字符串转换成整数指令 |
| S_DI<br>EN  ENO<br>IN  OUT<br>INDX | STD  IN, INDX, OUT | 字符串转换成双整数指令 |
| S_R<br>EN  ENO<br>IN  OUT<br>INDX | STR  IN, INDX, OUT | 字符串转换成实数指令 |

#### 4. 四舍五入取整及截位取整指令

四舍五入取整及截位取整指令的梯形图及语句表如表 2-19 所示。

表 2-19　四舍五入取整及截位取整指令的梯形图及语句表

| 梯形图 | 语句表 | 指令名称 |
|---|---|---|
| ROUND<br>EN　ENO<br>IN　OUT | ROUND　IN，OUT | 四舍五入取整指令 |
| TRUNC<br>EN　ENO<br>IN　OUT | TRUNC　IN，OUT | 截位取整指令 |

（1）四舍五入取整指令

四舍五入取整指令是将输入的实数型数据转换成双整数，并且将结果存入到输出指定的变量中，对于实数的小数部分将进行四舍五入操作。

（2）截位取整指令

截位取整指令是将输入的实数型数据转换成双整数，并且将结果存入到输出指定的变量中，只有实数的整数部分被转换，小数部分则被舍去。

四舍五入取整和截位取整指令的操作数范围如表 2-20 所示。

表 2-20　四舍五入取整和截位取整指令的操作数范围

| 指令 | 输入和输出 | 操作数 |
|---|---|---|
| 四舍五入<br>取整指令 | IN | ID、QD、VD、MD、SMD、SD、LD、AC、*VD、*LD、*AC、常数 |
| | OUT | ID、QD、VD、MD、SMD、SD、LD、AC、*VD、*LD、*AC |
| 截位取整指令 | IN | ID、QD、VD、MD、SMD、SD、LD、AC、*VD、*LD、*AC、常数 |
| | OUT | ID、QD、VD、MD、SMD、SD、LD、AC、*VD、*LD、*AC |

#### 5. 译码和编码指令

译码和编码指令的梯形图及语句表如表 2-21 所示。

表 2-21　译码和编码指令的梯形图及语句表

| 梯形图 | 语句表 | 指令名称 |
|---|---|---|
| DECO<br>EN　ENO<br>IN　OUT | DECO　INT，OUT | 译码指令 |
| ENCO<br>EN　ENO<br>IN　OUT | ENCO　INT，OUT | 编码指令 |

（1）译码指令

译码指令 DECO（Decode）是将字节型输入数据的低 4 位内容译成位号，并将输出字的该位置 1，输出字的其他位清 0。

（2）编码指令

编码指令 ENCO（Encode）是将字型输入数据的最低有效位（其值为 1）的位号进行编码后，送到输出字节的低 4 位。

**【例 2-5】** I0.0 接通时，将累加器 AC0 中的数译码后存放到 VW10 中，对累加器 AC1 中的数进行编码并存放在 VB20 中。

本例程序如图 2-11a 和 b 所示，累加器 AC0 和 AC1 中的数据如图 2-11c 所示。

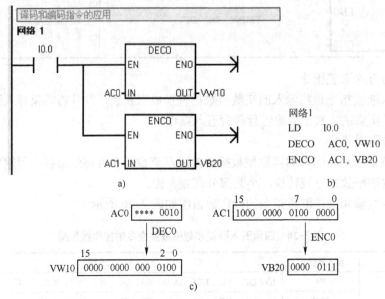

图 2-11　译码和编码指令的应用

a) 梯形图　b) 语句表　c) 指令功能图

### 6. 段译码指令

段（Segment）译码 SEG 指令将输入字节（IN）的低 4 位确定的十六进制数（16#0～16#F）转换生成点亮七段数码管各段的代码，并送到输出字节（OUT）指定的变量中。七段数码管上的 a～g 段分别对应于输出字节的最低位（第 0 位）～第 6 位，某段点亮时输出字节中对应的位为 1，反之为 0。段译码指令的梯形图和语句表如表 2-22 所示，七段译码转换表如表 2-23 所示。

表 2-22　段译码指令的梯形图和语句表

| 梯形图 | 语句表 | 指令名称 |
|---|---|---|
| SEG<br>EN　　ENO<br><br>IN　　OUT | SEG　IN, OUT | 段译码指令 |

表 2-23 七段译码转换表

| 输入的数据 | | 七段码组成 | 输出的数据 | | | | | | | 七段码显示 |
|---|---|---|---|---|---|---|---|---|---|---|
| 十六进制 | 二进制 | | a | b | c | d | e | f | g | |
| 16#00 | 2#0000 0000 | | 1 | 1 | 1 | 1 | 1 | 1 | 0 | 0 |
| 16#01 | 2#0000 0001 | | 0 | 1 | 1 | 0 | 0 | 0 | 0 | 1 |
| 16#02 | 2#0000 0010 | | 1 | 1 | 0 | 1 | 1 | 0 | 1 | 2 |
| 16#03 | 2#0000 0011 | | 1 | 1 | 1 | 1 | 0 | 0 | 1 | 3 |
| 16#04 | 2#0000 0100 | | 0 | 1 | 1 | 0 | 0 | 1 | 1 | 4 |
| 16#05 | 2#0000 0101 | | 1 | 0 | 1 | 1 | 0 | 1 | 1 | 5 |
| 16#06 | 2#0000 0110 | | 1 | 0 | 1 | 1 | 1 | 1 | 1 | 6 |
| 16#07 | 2#0000 0111 | | 1 | 1 | 1 | 0 | 0 | 0 | 0 | 7 |
| 16#08 | 2#0000 1000 | | 1 | 1 | 1 | 1 | 1 | 1 | 1 | 8 |
| 16#09 | 2#0000 1001 | | 1 | 1 | 1 | 0 | 0 | 1 | 1 | 9 |
| 16#0A | 2#0000 1010 | | 1 | 1 | 1 | 0 | 1 | 1 | 1 | A |
| 16#0B | 2#0000 1011 | | 0 | 0 | 1 | 1 | 1 | 1 | 1 | b |
| 16#0C | 2#0000 1100 | | 1 | 0 | 0 | 1 | 1 | 1 | 0 | C |
| 16#0D | 2#0000 1101 | | 0 | 1 | 1 | 1 | 1 | 0 | 1 | d |
| 16#0E | 2#0000 1110 | | 1 | 0 | 0 | 1 | 1 | 1 | 1 | E |
| 16#0F | 2#0000 1111 | | 1 | 0 | 0 | 0 | 1 | 1 | 1 | F |

**【例 2-6】** I0.0 接通时，对十六进制数 2 进行段译码。

本例程序如图 2-12 所示。

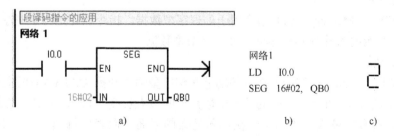

图 2-12 段译码指令的应用

a) 梯形图 b) 语句表 c) 数码管显示

读者通过扫描二维码 2-14 进行"段译码指令"视频相关知识的学习。

## 2.2.5 表格指令

表格指令分为填充指令、填表指令、先进先出指令、后进后出指令和查表指令 4 种，其相应的梯形图及语句表如表 2-24 所示。

表 2-24 表格指令的梯形图及语句表

| 梯形图 | 语句表 | 指令名称 |
|---|---|---|
| 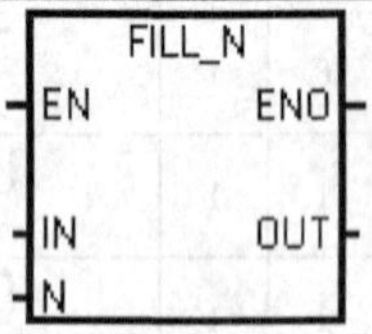 FILL_N<br>EN    ENO<br>IN    OUT<br>N | FILL IN, OUT, N | 填充指令 |
| 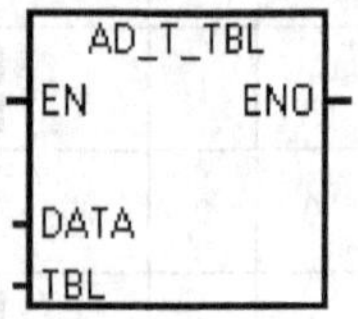 AD_T_TBL<br>EN    ENO<br>DATA<br>TBL | ATT DATA, TBL | 填表指令 |
| 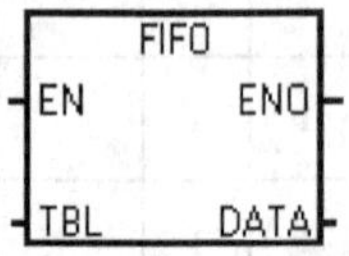 FIFO<br>EN    ENO<br>TBL    DATA | FIFO TBL, DATA | 先进先出指令 |
| 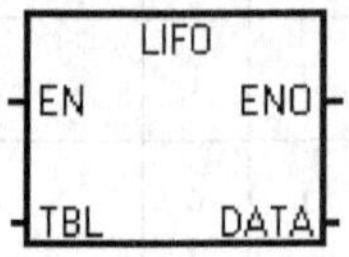 LIFO<br>EN    ENO<br>TBL    DATA | LIFO TBL, DATA | 后进后出指令 |
| 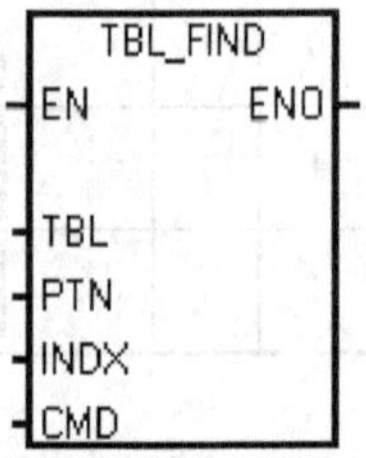 TBL_FIND<br>EN    ENO<br>TBL<br>PTN<br>INDX<br>CMD | FND= TBL, PTN, INDX<br>FND<> TBL, PTN, INDX<br>FND< TBL, PTN, INDX<br>FND> TBL, PTN, INDX | 查表指令 |

### 1. 填充指令

填充（FILL，Memory Fill）指令用于处理字型数据，指令功能是将字型输入数据 IN 填充到从 OUT 开始的 N 个字存储单元。N 为字节型数据。

### 2. 填表指令

填表（ATT，Add to Table）指令的功能是将字型输入数据 DATA 填加到首地址为 TBL 的表格中，如图 2-13 所示。表内的第一个数是表的最大长度（TL），第二个数是表内实际的项数（EC），新数据被放入表内上一次填入的数的后面，向表内每填入一个新的数据，EC 自动加 1。除了 TL 和 EC 外，表最多可以装入 100 个数据。TBL 为字型，DATA 为整数型。

填入表的数据过多（溢出）时，SM1.4 将被置 1。

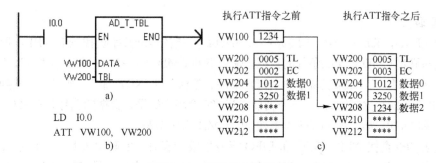

图 2-13 填表指令的应用

a) 梯形图 b) 语句表 c) 指令功能图

### 3．先进先出指令

先进先出（FIFO，First In First Out）指令从表（TBL）中移走最先放进去的第一个数据（数据 0），并将它送入 DATA 指定的地址，如图 2-14 所示。表中剩下的各项依次向上移动一个位置。每次执行此指令，表中的项数 EC 减 1。TBL 为整数型，DATA 为字型。

如果从空表中移走数据，错误标志 SM1.5 将被置 1。

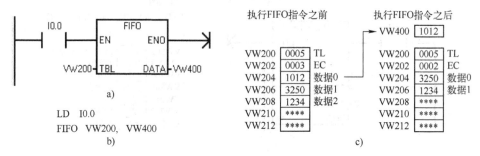

图 2-14 先进先出指令的应用

a) 梯形图 b) 语句表 c) 指令功能图

### 4．后进先出指令

后进先出（LIFO，Last In First Out）指令从表（TBL）中移走最后放进的数据，并将它送入 DATA 指定的地址，如图 2-15 所示。每次执行此指令，表中的项数 EC 减 1。TBL 为整数型，DATA 为字型。

如果从空表中移走数据，错误标志 SM1.5 将被置 1。

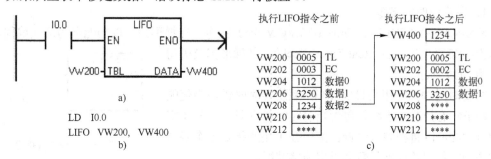

图 2-15 后进先出指令的应用

a) 梯形图 b) 语句表 c) 指令功能图

### 5. 查表指令

查表（FND，Table Find）指令从指针 INDX 所指的地址开始查找表格 TBL，搜索与数据 PTN 的关系满足 CMD 定义的条件的数据。命令参数 CMD = 1~4，分别表示"="、"<>（不等于)"、"<"、">"。如果发现了一个符合条件的数据，则 INDX 加 1。如果没有找到符合条件的数据，INDX 的数据等于 EC。一个表最多有 100 个填表数据，数据的编号为 0~99。

TBL 和 INDX 为字型，PTN 为整数型，CMD 为字节型。

用查表指令查找 ATT、FIFO 和 LIFO 指令生成的表时，实际填表数 EC 和输入的数据相对应。查表指令并不需要 ATT、FIFO 和 LIFO 指令中的最大填表数 TL。因此，查表指令的 TBL 操作数应比 ATT、FIFO 和 LIFO 指令的 TBL 操作数高两个字节。

图 2-16 中的 I0.0 为 ON 时，从 EC 的地址为 VW202 的表中查找等于（CMD=1）16#3210 的数。为了从头开始查找，AC0 的初值为 0。查表指令执行后，AC0=2，找到了满足条件的数据 2。在查表中剩余的数据之前，AC0（INDX）应加 1。第二次执行后，AC0=4，找到了满足条件的数据 4，将 AC0 再次加 1。第 3 次执行后，AC0 等于表中填入的项数 6（EC），表示表已查完，没有找到符合条件的数据。再次查表之前，应将 INDX 清零。

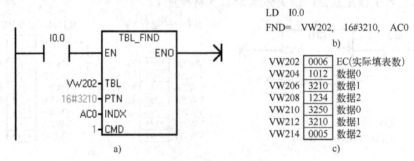

图 2-16  查表指令的应用

a) 梯形图  b) 语句表  c) 指令功能图

## 2.2.6  时钟指令

利用时钟指令可以实现调用系统实时时钟或根据需要设定时钟，这对于实现控制系统的运行监视、运行记录以及所有和实时时间有关的控制等十分方便。实用的时钟操作指令有写实时时钟和读实时时钟两种。

### 1. 写实时时钟指令

写实时时钟（TODW，Time of Day Write）指令，在梯形图中以功能框的形式编程，指令名为：SET_RTC（Set Real-Time Clock），其梯形图及语句表如图 2-17 所示。

写实时时钟指令用来设定 PLC 系统实时时钟。当使能输入端 EN 有效时，系统将包含当前时间和日期，一个 8 字节的时钟缓冲区将被装入时钟。操作数 T 用来指定 8 个字节时钟缓冲区的起始地址，数据类型为字节型。

时钟缓冲区的格式如表 2-25 所示。

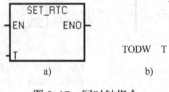

图 2-17  写时钟指令

a) 梯形图  b) 语句表

表 2-25  时钟缓冲区的格式

| 字节 | T | T+1 | T+2 | T+3 | T+4 | T+5 | T+6 | T+7 |
|------|------|------|------|------|------|------|------|------|
| 含义 | 年 | 月 | 日 | 小时 | 分钟 | 秒 | 0 | 星期 |
| 范围 | 00～99 | 01～12 | 01～31 | 00～23 | 00～59 | 00～59 | 0 | 01～07 |

#### 2. 读实时时钟指令

读实时时钟（TODR，Time of Day Read）指令，在梯形图中以功能框的形式编程，指令名为：READ_RTC（Read Real-Time Clock），其梯形图及语句表如图 2-18 所示。

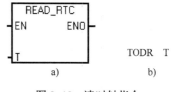

图 2-18  读时钟指令

a) 梯形图  b) 语句表

读实时时钟指令用来读出 PLC 系统实时时钟。当使能输入端 EN 有效时，系统读当前日期和时间，并把它装入一个 8 字节的时钟缓冲区。操作数 T 用来指定 8 个字节时钟缓冲区的起始地址，数据类型为字节型。缓冲区格式同表 2-25。

如何将一个没有使用过时钟的 PLC 赋上实时时间呢？在使用时钟指令前，打开编程软件菜单栏"PLC"→"实时时钟"界面，在该界面中可读出 PC 的时钟，然后可把 PC 的时钟设置成 PLC 的实时时钟，也可重新进行时钟的调整。PLC 时钟设定后才能开始使用时钟指令。时钟可以设成与 PC 中的一样，也可用 TODW 指令自由设定，但必须先对时钟存储单元赋值，才能使用 TODW 指令。

注意：硬件时钟在 CPU 224 以上的 CPU 中才有。

【例 2-7】  当 I0.0 接通时，把时间 2018 年 10 月 8 日星期五早上 8 点 16 分 28 秒写入到 PLC 中，并把当前的时间从 VB100～VB107 中以十六进制读出。

本例程序如图 2-19 所示。

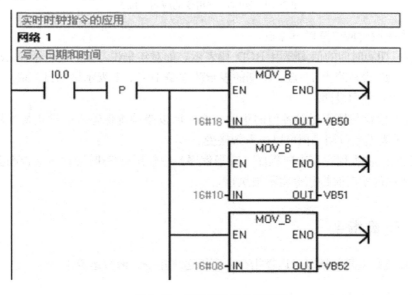

图 2-19  实时时钟指令的应用

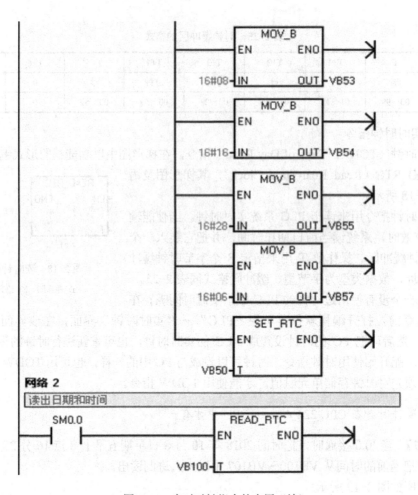

图 2-19  实时时钟指令的应用（续）

时钟指令使用时应注意以下几点。

1）所有日期和时间的值均要用 BCD 码表示。如对年来说，16#18 表示 2018 年；对于小时来说，16#23 表示晚上 11 点。星期的表示范围是 1～7，1 表示星期日，依次类推，7 表示星期六，0 表示禁用星期。

2）系统不检查与核实时钟各值的正确与否，所以必须确保输入的设定数据是正确的。如 2 月 31 日虽为无效日期，但可以被系统接受。

3）不能同时在主程序和中断程序（或子程序）中使用读/写时钟指令，否则会产生致命错误，中断程序的实时时钟指令将不被执行。

## 2.3  数学运算指令

数学运算指令主要包括算术运算指令、逻辑运算指令、函数运算指令。

### 2.3.1  算术运算指令

算术运算指令主要包括整数、双整数和实数的加、减、乘、除、加 1、减 1 指令，还包

括整数乘法产生双整数指令和带余数的整数除法指令。算术运算指令的梯形图及语句表
如表 2-26 所示。

表 2-26 算术运算指令的梯形图及语句表

| 梯形图 | 语句表 | 指令名称 |
|---|---|---|
| 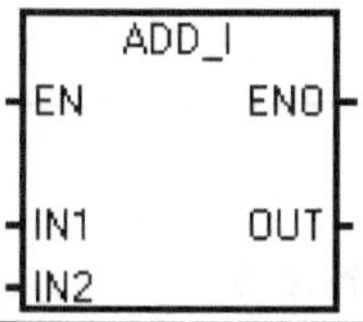 ADD_I<br>EN ENO<br>IN1 OUT<br>IN2 | +I IN1, OUT | 整数加法指令 |
| 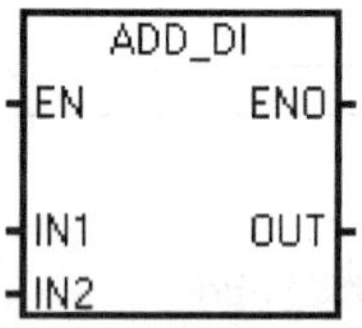 ADD_DI<br>EN ENO<br>IN1 OUT<br>IN2 | +D IN1, OUT | 双整数加法指令 |
| 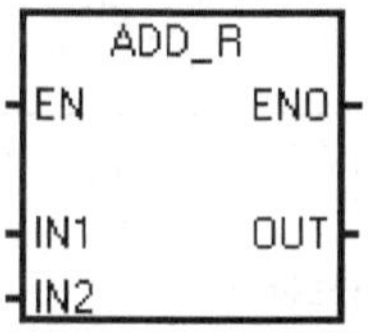 ADD_R<br>EN ENO<br>IN1 OUT<br>IN2 | +R IN1, OUT | 实数加法指令 |
| 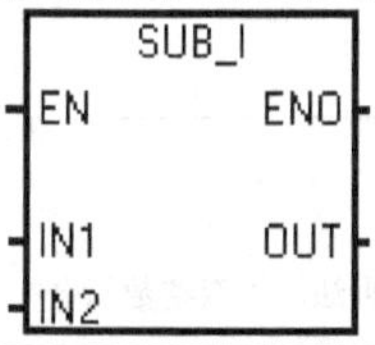 SUB_I<br>EN ENO<br>IN1 OUT<br>IN2 | -I IN1, OUT | 整数减法指令 |
| 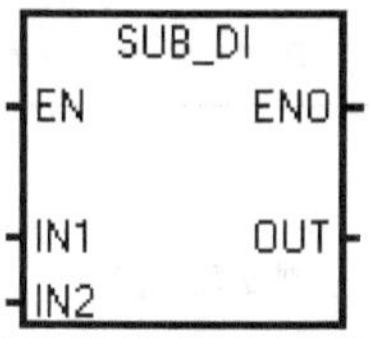 SUB_DI<br>EN ENO<br>IN1 OUT<br>IN2 | -D IN1, OUT | 双整数减法指令 |
| 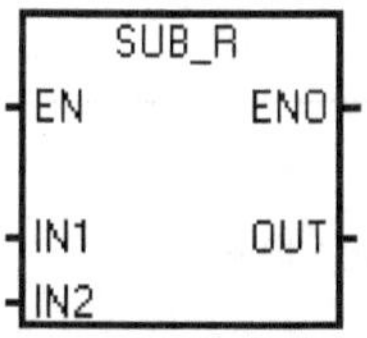 SUB_R<br>EN ENO<br>IN1 OUT<br>IN2 | -R IN1, OUT | 实数减法指令 |
| 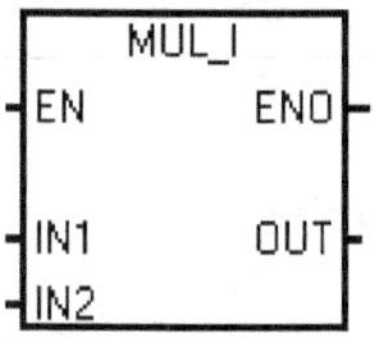 MUL_I<br>EN ENO<br>IN1 OUT<br>IN2 | *I IN1, OUT | 整数乘法指令 |
| 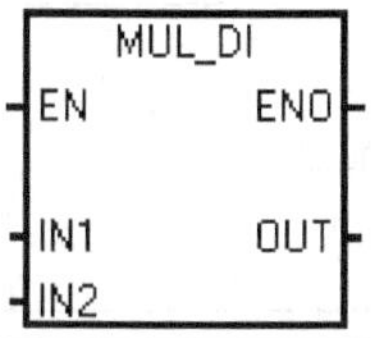 MUL_DI<br>EN ENO<br>IN1 OUT<br>IN2 | *D IN1, OUT | 双整数乘法指令 |

| 梯形图 | 语句表 | 指令名称 |
|---|---|---|
|  MUL_R<br>EN  ENO<br>IN1  OUT<br>IN2 | *R  IN1, OUT | 实数乘法指令 |
| 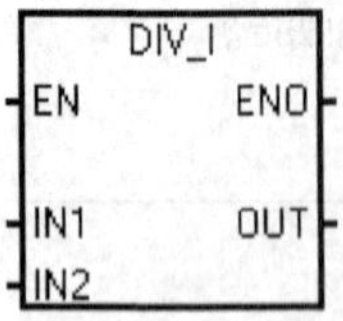 DIV_I<br>EN  ENO<br>IN1  OUT<br>IN2 | /I  IN1, OUT | 整数除法指令 |
| 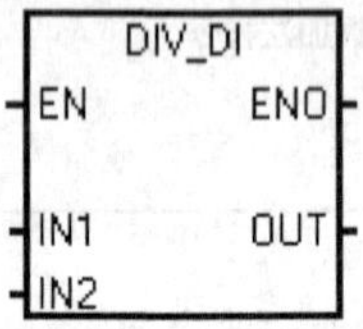 DIV_DI<br>EN  ENO<br>IN1  OUT<br>IN2 | /D  IN1, OUT | 双整数除法指令 |
| 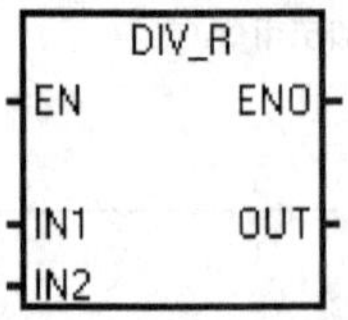 DIV_R<br>EN  ENO<br>IN1  OUT<br>IN2 | /R  IN1, OUT | 实数除法指令 |
| 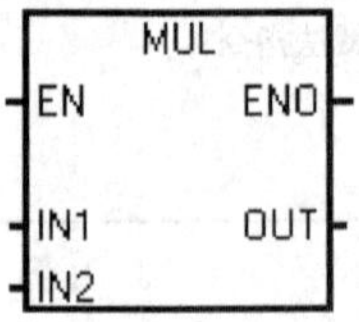 MUL<br>EN  ENO<br>IN1  OUT<br>IN2 | MUL  IN1, OUT | 整数乘法产生双整数指令 |
| 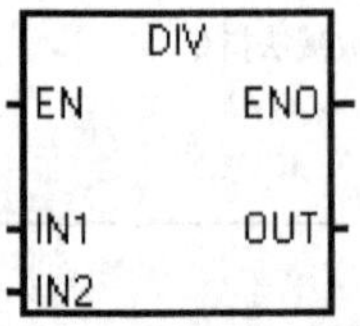 DIV<br>EN  ENO<br>IN1  OUT<br>IN2 | DIV  IN1, OUT | 带余数的整数除法指令 |
| 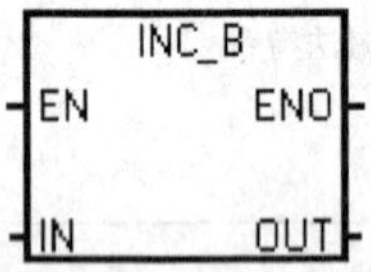 INC_B<br>EN  ENO<br>IN  OUT | INCB  IN | 字节加1指令 |
| 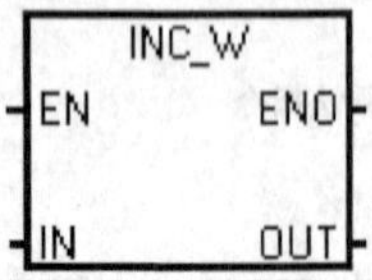 INC_W<br>EN  ENO<br>IN  OUT | INCW  IN | 字加1指令 |
| 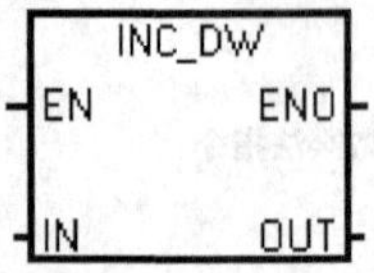 INC_DW<br>EN  ENO<br>IN  OUT | INCD  IN | 双字加1指令 |

| 梯形图 | 语句表 | 指令名称 |
|---|---|---|
| DEC_B<br>EN ENO<br>IN OUT | DECB IN | 字节减 1 指令 |
| DEC_W<br>EN ENO<br>IN OUT | DECW IN | 字减 1 指令 |
| DEC_DW<br>EN ENO<br>IN OUT | DECD IN | 双字减 1 指令 |

在梯形图中，整数、双整数和实数的加、减、乘、除、加 1、减 1 指令分别执行下列运算：

IN1+IN2＝OUT　IN1-IN2＝OUT　IN1*IN2＝OUT

IN1/IN2＝OUT　IN+1＝OUT　IN-1＝OUT

在语句表中，整数、双整数和实数的加、减、乘、除、加 1、减 1 指令分别执行下列运算：

IN1+OUT＝OUT　OUT-IN1＝OUT　IN1*OUT＝OUT

OUT/IN1＝OUT　OUT+1＝OUT　OUT-1＝OUT

**1．整数的加、减、乘、除运算指令**

整数的加、减、乘、除运算指令是将两个 16 位整数进行加、减、乘、除运算，产生一个 16 位的结果，而除法的余数不保留。

**2．双整数的加、减、乘、除运算指令**

双整数的加、减、乘、除运算指令是将两个 32 位整数进行加、减、乘、除运算，产生一个 32 位的结果，而除法的余数不保留。

**3．实数的加、减、乘、除运算指令**

实数的加、减、乘、除运算指令是将两个 32 位整数进行加、减、乘、除运算，产生一个 32 位的结果。

**4．整数乘法产生双整数指令**

整数乘法产生双整数（MUL，Multiply Integer to Double Integer）指令是将两个 16 位整数相乘，产生一个 32 位的结果。在语句表中，32 位 OUT 的低 16 位被用作乘数。

**5．带余数的整数除法指令**

带余数的整数除法（DIV，Divide Integer with Remainder）是将两个 16 位整数相除，产生一个 32 位的结果，其中高 16 位为余数，低 16 位为商。在语句表中，32 位 OUT 的低 16 位被用作被除数。

**6．算术运算指令使用说明**

1）表 2-26 中指令执行将影响特殊存储器 SM 中的 SM1.0（零）、SM1.1（溢出）、SM1.2（负）、SM1.3（除数为 0）。

2）若运算结果超出允许的范围，溢出位置1。

3）若在乘除法操作中溢出位置1，则运算结果不写到输出，且其他状态位均清0。

4）若除法操作中，除数为0，则其他状态位不变，操作数也不改变。

5）字节的加1和减1操作是无符号的，字和双字的加1和减1操作是有符号的。

算术运算指令的操作数范围如表2-27所示。

表2-27　算术运算指令的操作数范围

| 指令 | 输入和输出 | 操作数 |
|---|---|---|
| 整数加、减、乘、除指令 | IN1、IN2 | IW、QW、VW、MW、SMW、SW、LW、AIW、AC、T、C、*VD、*LD、*AC、常数 |
| | OUT | IW、QW、VW、MW、SMW、SW、LW、AC、T、C、*VD、*LD、*AC |
| 双整数加、减、乘、除指令 | IN1、IN2 | ID、QD、VD、MD、SMD、SD、LD、AC、HC、*VD、*LD、*AC、常数 |
| | OUT | ID、QD、VD、MD、SMD、SD、LD、AC、*VD、*LD、*AC |
| 实数加、减、乘、除指令 | IN1、IN2 | ID、QD、VD、MD、SMD、SD、LD、AC、*VD、*LD、*AC、常数 |
| | OUT | ID、QD、VD、MD、SMD、SD、LD、AC、*VD、*LD、*AC |
| 整数乘法产生双整数指令和带余数的整数除法 | IN1、IN2 | IW、QW、VW、MW、SMW、SW、LW、AIW、AC、T、C、*VD、*LD、*AC、常数 |
| | OUT | ID、QD、VD、MD、SMD、SD、LD、AC、*VD、*LD、*AC |
| 字节加1和减1指令 | IN | IB、QB、VB、MB、SMB、SB、LB、AC、*VD、*LD、*AC、常数 |
| | OUT | IB、QB、VB、MB、SMB、SB、LB、AC、*VD、*LD、*AC |
| 字加1和减1指令 | IN | IW、QW、VW、MW、SMW、SW、LW、AIW、AC、T、C、*VD、*LD、*AC、常数 |
| | OUT | IW、QW、VW、MW、SMW、SW、LW、AC、T、C、*VD、*LD、*AC |
| 双字加1和减1指令 | IN | ID、QD、VD、MD、SMD、SD、LD、AC、HC、*VD、*LD、*AC、常数 |
| | OUT | ID、QD、VD、MD、SMD、SD、LD、AC、*VD、*LD、*AC |

读者通过扫描二维码2-15进行"整数运算指令"视频相关知识的学习。

二维码2-15

## 2.3.2　逻辑运算指令

逻辑运算指令主要包括字节、字、双字的与、或、异或和取反逻辑运算指令，逻辑运算指令的梯形图及语句表如表2-28所示。

表2-28　逻辑运算指令的梯形图及语句表

| 梯形图 | 语句表 | 指令名称 |
|---|---|---|
| WAND_B<br>EN　ENO<br>IN1　OUT<br>IN2 | ANDB IN1, OUT | 字节与指令 |
| WAND_W<br>EN　ENO<br>IN1　OUT<br>IN2 | ANDW IN1, OUT | 字与指令 |

| 梯形图 | 语句表 | 指令名称 |
|---|---|---|
| 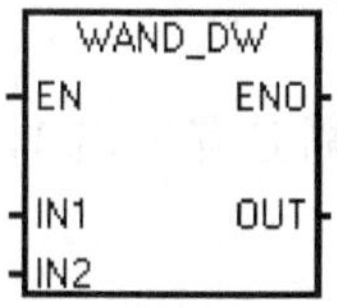 WAND_DW<br>EN ENO<br>IN1 OUT<br>IN2 | ANDD  IN1, OUT | 双字与指令 |
| 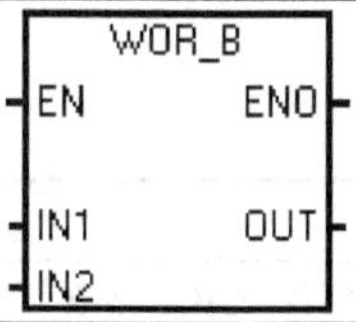 WOR_B<br>EN ENO<br>IN1 OUT<br>IN2 | ORB  IN1, OUT | 字节或指令 |
| 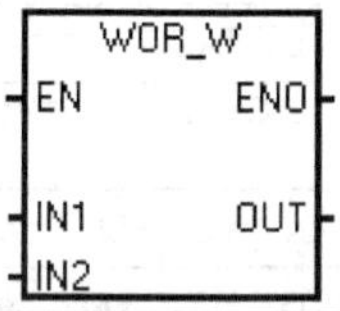 WOR_W<br>EN ENO<br>IN1 OUT<br>IN2 | ORW  IN1, OUT | 字或指令 |
|  WOR_DW<br>EN ENO<br>IN1 OUT<br>IN2 | ORD  IN1, OUT | 双字或指令 |
| 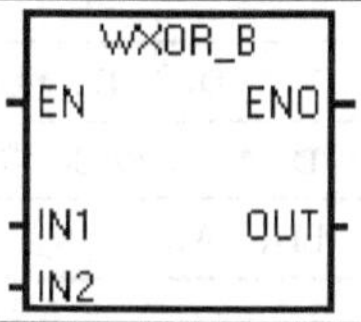 WXOR_B<br>EN ENO<br>IN1 OUT<br>IN2 | XORB  IN1, OUT | 字节异或指令 |
| 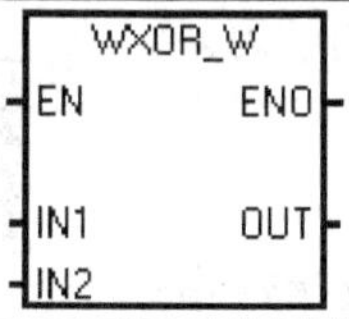 WXOR_W<br>EN ENO<br>IN1 OUT<br>IN2 | XORW  IN1, OUT | 字异或指令 |
| 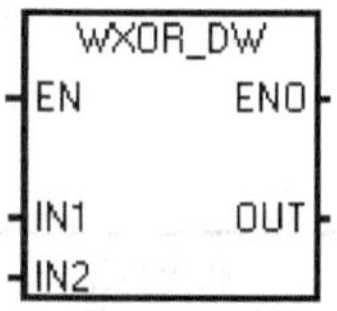 WXOR_DW<br>EN ENO<br>IN1 OUT<br>IN2 | XORD  IN1, OUT | 双字异或指令 |
| 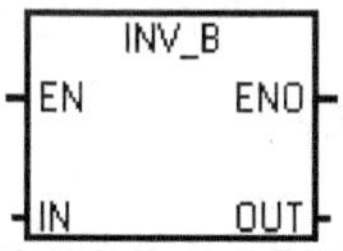 INV_B<br>EN ENO<br>IN OUT | INVB  OUT | 字节取反指令 |
| 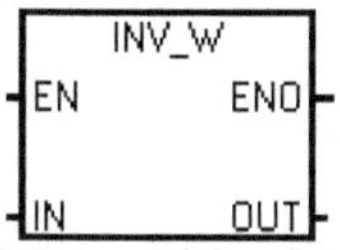 INV_W<br>EN ENO<br>IN OUT | INVW  OUT | 字取反指令 |
| 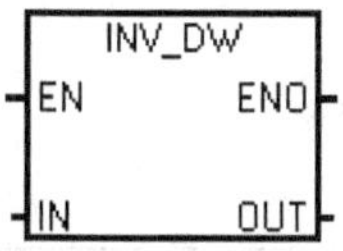 INV_DW<br>EN ENO<br>IN OUT | INVD  OUT | 双字取反指令 |

梯形图中的与、或、异或指令是对两个输入量 IN1 和 IN2 进行逻辑运算，运算结果均存放在输出量中；取反指令是对输入量的二进制数逐位取反，即二进制数的各位由 0 变为 1，由 1 变为 0，并将运算结果存放在输出量中。

　　两二进制数逻辑与就是有 0 出 0，全 1 出 1；两二进制数逻辑或就是有 1 出 1，全 0 出 0；两二进制数逻辑异或就是相同出 0，相异出 1。

　　逻辑运算指令的操作数范围如表 2-29 所示。

表 2-29　逻辑运算指令的操作数范围

| 指令 | 输入和输出 | 操作数 |
|---|---|---|
| 字节与、或、异或指令 | IN | IB、QB、VB、MB、SMB、SB、LB、AC、*VD、*LD、*AC、常数 |
| | OUT | IB、QB、VB、MB、SMB、SB、LB、AC、*VD、*LD、*AC |
| 字与、或、异或指令 | IN | IW、QW、VW、MW、SMW、SW、LW、AIW、AC、T、C、*VD、*LD、*AC、常数 |
| | OUT | IW、QW、VW、MW、SMW、SW、LW、AC、T、C、*VD、*LD、*AC |
| 双字与、或、异或指令 | IN | ID、QD、VD、MD、SMD、SD、LD、AC、HC、*VD、*LD、*AC、常数 |
| | OUT | ID、QD、VD、MD、SMD、SD、LD、AC、*VD、*LD、*AC |
| 字节取反指令 | IN | IB、QB、VB、MB、SMB、SB、LB、AC、*VD、*LD、*AC、常数 |
| | OUT | IB、QB、VB、MB、SMB、SB、LB、AC、*VD、*LD、*AC |
| 字取反指令 | IN | IW、QW、VW、MW、SMW、SW、LW、AIW、AC、T、C、*VD、*LD、*AC、常数 |
| | OUT | IW、QW、VW、MW、SMW、SW、LW、AC、T、C、*VD、*LD、*AC |
| 双字取反指令 | IN | ID、QD、VD、MD、SMD、SD、LD、AC、HC、*VD、*LD、*AC、常数 |
| | OUT | ID、QD、VD、MD、SMD、SD、LD、AC、*VD、*LD、*AC |

　　读者通过扫描二维码 2-16 进行"逻辑运算指令"视频相关知识的学习。

### 2.3.3　函数运算指令

　　函数运算指令主要包括正弦、余弦、正切、平方根、自然对数及指数指令等，其梯形图及语句表如表 2-30 所示。

二维码 2-16

表 2-30　函数运算指令的梯形图及语句表

| 梯形图 | 语句表 | 指令名称 |
|---|---|---|
| SIN<br>EN　ENO<br>IN　OUT | SIN　IN, OUT | 正弦指令 |
| COS<br>EN　ENO<br>IN　OUT | COS　IN, OUT | 余弦指令 |
| TAN<br>EN　ENO<br>IN　OUT | TAN　IN, OUT | 正切指令 |

| 梯形图 | 语句表 | 指令名称 |
|---|---|---|
| SQRT<br>EN　ENO<br>IN　OUT | SQRT IN, OUT | 平方根指令 |
| LN<br>EN　ENO<br>IN　OUT | LN IN, OUT | 自然对数指令 |
| EXP<br>EN　ENO<br>IN　OUT | EXP IN, OUT | 指数指令 |

正弦、余弦和正切指令是计算输入角度值（以弧度为单位）的三角函数值，并且将结果存放在输出中；自然对数指令是计算输入值的自然对数，并且将结果存放在输出中；指数指令是计算输入值以 e 为底的指数，并且将结果存放在输出中；平方根指令是将输入的 32 位实数开平方，得到 32 位实数结果并存放在输出中。

表 2-30 中指令影响 SM1.0、SM1.1 和 SM1.2。SM1.1 用于指示溢出错误和非法数值。如果 SM1.1 被设置，那么 SM1.0 和 SM1.2 的状态不是有效的，原输入操作数不改变。如果 SM1.1 没有被设置，那么运算操作带着有效的结果完成，SM1.0 和 SM1.2 包含有效的状态。

函数运算指令的操作数范围如表 2-31 所示。

**表 2-31　函数运算指令的操作数范围**

| 指令 | 输入和输出 | 操作数 |
|---|---|---|
| 函数指令 | IN | ID、QD、VD、MD、SMD、SD、LD、AC、*VD、*LD、*AC、常数 |
| | OUT | ID、QD、VD、MD、SMD、SD、LD、AC、*VD、*LD、*AC |

## 2.4　控制指令

### 2.4.1　跳转指令

跳转的实现使 PLC 的程序灵活性和智能性大大提高，可以使主机根据对不同条件的判断，选择不同的程序段执行。

跳转的实现是通过跳转指令和标号指令配合实现的。跳转及标号指令的梯形图和语句表如表 2-32 所示。操作数 N 为 0~255。

**表 2-32　跳转及标号指令的梯形图及语句表**

| 梯形图 | 语句表 | 指令名称 |
|---|---|---|
| N<br>—( JMP ) | JMP N | 跳转指令 |
| N<br>LBL | LBL N | 标号指令 |

跳转指令的应用如图 2-20 所示。当触发信号接通时，跳转指令 JMP 线圈有信号流流过，跳转指令使程序流程跳转到与 JMP 指令编号相同的标号 LBL 处，顺序执行标号指令以下的程序，而跳转指令与标号指令之间的程序不执行。若触发信号断开时，跳转指令 JMP 线圈没有信号流流过，顺序执行跳转指令与标号指令之间的程序。

编号相同的两个或多个 JMP 指令可以在同一程序里。但在同一程序中，不能使用相同编号的两个或多个 LBL 指令。

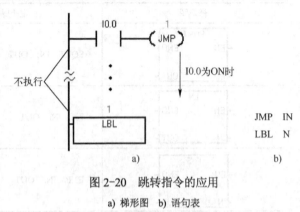

图 2-20　跳转指令的应用

a) 梯形图　b) 语句表

## 2.4.2　子程序指令

### 1. 子程序指令

S7-200 PLC 的控制程序由主程序、子程序和中断程序组成。STEP 7-Micro/WIN 在程序编辑窗口里为每个 POU（程序组织单元）提供一个独立的页。主程序总是第 1 页，后面是子程序和中断程序。

在程序设计时，经常需要反复执行同一段程序，为了简化程序结构、减少程序编写工作量，在程序结构设计时常将需要反复执行的程序编写为一个子程序，以便多次调用。子程序的调用是有条件的，未调用它时不会执行子程序中的指令，因此使用子程序可以减少扫描时间。

在编写复杂的 PLC 程序时，最好把全部控制功能划分为几个符合工艺控制规律的子功能块，每个子功能块由一个或多个子程序组成。子程序使程序结构简单清晰，易于调试、查错和维护。在子程序中尽量使用局部变量，避免使用全局变量，这样可以很方便地将子程序移植到其他项目中。

（1）建立子程序

可通过以下两种方法进行建立子程序。

1）运行编程软件，选择菜单栏"编辑"→"插入"→"子程序"命令，如图 2-21 所示。

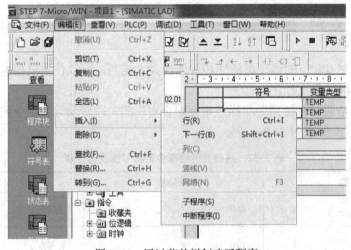

图 2-21　通过菜单栏创建子程序

2）在程序编辑器视窗中右击，在弹出的快捷菜单中选择"插入"→"子程序"命令，如图 2-22 所示。

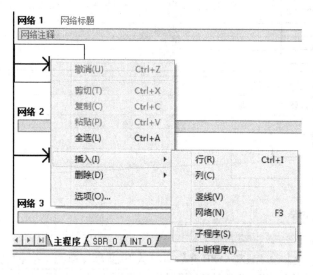

图 2-22　通过右击创建子程序

新建子程序后，在指令树窗口可以看到新建的子程序图标，默认的程序名是 SBR_N，编号 N 从 0 开始按递增顺序生成，系统自带一个子程序，如图 2-23 所示。

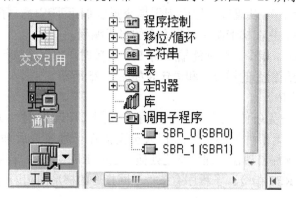

图 2-23　新建子程序

注意：S7-200 PLC CPU226 的项目中最多可以创建 128 个子程序，S7-200 PLC 的其他CPU 可以创建 64 个子程序。

单击 POU（程序组织单元）中相应的页图标就可以进入相应的程序单元，在此单击图标 SBR_0 即可进入子程序编辑窗口，如图 2-24 所示。双击主程序图标"主程序"可切换回主程序编辑窗口。

若子程序需要接收（传入）调用程序传递的参数，或者需要输出（传出）参数给调用程序，则可以在子程序中设置参变量。子程序参变量应在子程序编辑窗口的子程序局部变量表中定义，如图 2-24 中上部分所示。

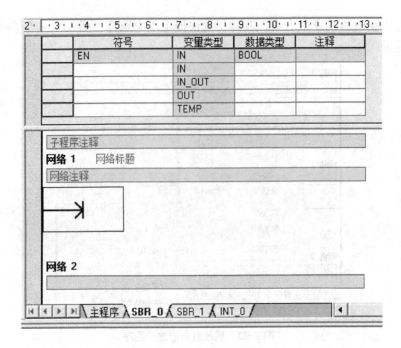

图 2-24　子程序编程窗口

（2）子程序调用指令

在子程序建立后，可以通过子程序调用指令反复调用子程序。子程序的调用可以带参数，也可以不带参数。它在梯形图中以指令盒的形式编程。

子程序调用 CALL 指令。当使能输入端 EN 有效时，将程序执行转移至编号为 SBR_0 的子程序。子程序调用指令的梯形图和语句表如图 2-25 所示。

（3）子程序返回指令

子程序返回指令分无条件返回 RET 和有条件返回 CRET 两种。子程序在执行完时必须返回到调用程序，如无条件返回表示编程人员无需在子程序最后插入任何返回指令，由 STEP 7-Micro/WIN 软件自动在子程序结尾处插入返回 RET 指令；若为有条件返回则必须在子程序的最后插入 CRET 指令。子程序有条件返回指令的梯形图和语句表如图 2-26 所示。

a)

CALL　SBR_0:　SBR0

b)

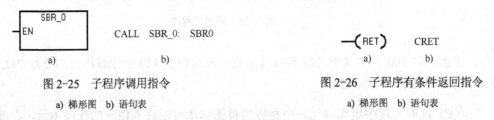

图 2-25　子程序调用指令

a) 梯形图　b) 语句表

a)

CRET

b)

图 2-26　子程序有条件返回指令

a) 梯形图　b) 语句表

（4）子程序的调用

可以在主程序、其他子程序或中断程序中调用子程序。调用子程序时将执行子程序中的指令，直至子程序结束，然后返回调用它的程序中该子程序调用指令的下一条指令处。

（5）子程序嵌套

如果在子程序的内部又对另一个子程序执行调用指令，这种调用称为子程序的嵌套。子程序最多可以嵌套 8 级。

当一个子程序被调用时，系统自动保存当前的堆栈数据，并把栈顶置"1"，堆栈中的其他位置为"0"，子程序占有控制权。子程序执行结束，通过返回指令自动恢复原来的逻辑堆栈值，调用程序又重新取得控制权。

子程序在使用时应注意以下几点。

1）当子程序在一个周期内被多次调用时，不能使用上升沿、下降沿、定时器和计数器指令；

2）在中断服务程序调用的子程序中不能再出现子程序嵌套调用。

读者通过扫描二维码 2-17 进行"不带参数的子程序"视频相关知识的学习。

二维码 2-17

**2. 带参数的子程序调用**

子程序中可以有参变量，带参数的子程序调用扩大了子程序的使用范围，增加了调用的灵活性。子程序的调用过程如果存在数据的传递，则在调用指令中应包含相应的参数。

（1）子程序参数

子程序最多可以传递 16 个参数，参数在子程序的局部变量表中加以定义。参数包含下列信息：变量名、变量类型和数据类型。

1）变量名。最多用 8 个字符表示，第一个字符不能是数字。

2）变量类型。变量类型是按变量对应数据的传递方向来划分的，可以是传入子程序参数（IN），传入/传出子程序参数（INI_OUT）、传出子程序参数（OUT）和暂时变量（TEMP）4 种类型。4 种变量类型的参数在局部变量表中的位置必须按以下先后顺序。

① IN 类型：传入子程序参数。它可以是直接寻址数据（如 VB100）、间接寻址数据（如 AC1）、立即数（如 16#2344）和数据的地址值（如&VB106）。

② IN_OUT 类型：传入/传出子程序参数。调用时将指定地址的参数值传到子程序，返回时从子程序得到的结果值被返回到同一地址。参数可以采用直接和间接寻址，但立即数（如 16#1234）和地址值（如&VB100）不能作为参数。

③ OUT 类型：传出子程序参数。它将从子程序返回的结果值送到指定的参数位置。输出参数可以采用直接和间接寻址，但不能是立即数或地址编号。

④ TEMP 类型：暂时变量类型。它用来在子程序内部暂时存储数据，不能与主程序传递参数数据。

3）数据类型。局部变量表中还要对数据类型进行声明。数据类型可以是能流、布尔型、字节型、字型、双字型、整数型、双整型和实型。

（2）局部变量表的使用

按照子程序指令的调用顺序，将参数值分配到局部变量存储器，起始地址是 L0.0。使用编程软件时，地址分配是自动的。

在语句表中，带参数的子程序调用指令格式为

CALL 子程序，参数 1，参数 2，...参数 n

其中，IN 为传递到子程序中的参数，IN_OUT 为传递到子程序的参数、子程序的结果值返回到的位置，OUT 为子程序结果返回到指定的参数位置。

（3）局部存储器（L）

局部存储器用来存放局部变量。局部存储器是局部有效的，局部有效是指某一局部存储

器只有在某一程序分区（主程序、子程序或中断程序）中使用。S7-200 PLC 提供 64 个字节局部存储器，局部存储器可用作暂时存储器或为子程序传递参数。可以按位、字节、字、双字的形式访问局部存储器。可以把局部存储器作为间接寻址的指针，但是不能作为间接寻址的存储器区。局部存储器 L 的寻址格式同存储器 M 和存储器 V，范围为 LB0～LB63。

二维码 2-18

读者通过扫描二维码 2-18 进行"带参数的子程序"视频相关知识的学习。

**3. 子程序重命名**

在子程序较多的控制系统中，如果子程序均命名为 SBR_N，不便于程序的阅读及系统程序的维护和优化。每个特定功能的子程序名最好能"望文生义"，那子程序如何重命名呢？右击指令树中的"子程序"图标，在弹出的快捷菜单中选择"重命名"命令，可以更改其名称；或右击编辑器最下方的子程序名，选择"重命名"命令，或双击编辑器最下方的子程序名，待原子程序名选中后便可重命名。

使用子程序时应注意以下几点。

1）停止调用子程序时，线圈在子程序内的位元件的 ON/OFF 状态保持不变。

2）如果在停止调用时子程序中的定时器正在定时，其位元件和当前值是否还保持不变呢？若为 100ms 定时器则停止定时，当前值保持不变，重新调用时继续定时；若为 1ms 定时器和 10ms 定时器则继续定时，定时时间到时，它们的定时器位变为 1 状态，并且可以在子程序之外起作用。

## 2.4.3　中断指令

中断在计算机技术中应用较为广泛。中断是由设备或其他非预期的急需处理的事件引起的，它使系统暂时中断现在正在执行的程序，进行有关数据保护，然后转到中断服务程序去处理这些事件。处理完毕后，立即恢复现场，将保存起来的数据和状态重新装入，返回到原程序继续执行。

**1. 中断类型**

S7-200 PLC 的中断大致分为通信中断、输入/输出中断和时基中断 3 类。

（1）通信中断

通信中断指的是 PLC 的通信端口 0 或端口 1 在接收字符、发送完成、接收信息完成时所产生的中断。PLC 的通信端口可由程序来控制，通信中的这种操作模式称为自由通信模式。在这种模式下，用户可以编程来设置波特率、奇偶校验和通信协议等参数。

（2）输入/输出中断

输入/输出中断包括外部输入中断、高速计数器中断和脉冲串输出中断。

1）外部输入中断是系统利用 I0.0 到 I0.3 的上升沿或下降沿产生的中断，这些输入点可被用作连接某些一旦发生而必须引起注意的外部事件。

2）高速计数器中断可以响应当前值等于预置值、计数方向的改变、计数器外部复位等事件所引起的中断。

3）脉冲串输出中断可以用来响应给定数量的脉冲输出的完成所引起的中断。

（3）时基中断

时基中断包括定时中断和定时器中断。

1）定时中断。可用来支持一个周期性的活动，周期时间以 1ms 为计量单位，周期时间范围为 1～255ms（对于 CPU21×系列，周期时间范围为 5～255ms）。对于定时中断 0，把周期时间值写入 SMB34，对于定时中断 1，把周期时间值写入 SMB35。每当达到定时时间值，相关定时器溢出，执行中断处理程序，如果更改定时周期，则先分离相应的定时中断，修改完周期值后，再连接相应的定时中断，否则系统不承认新的时间基准。定时中断可以用固定的时间间隔作为采样周期来对模拟量输入进行采样，也可以用来执行一个 PID 控制回路。

2）定时器中断。可以利用定时器来对一个指定的时间段产生中断。这类中断只能使用 1ms 通电和断电延时定时器 T32 和 T96。当所用定时器的当前值等于预置值时，在主机正常的定时刷新中，执行中断程序。

**2．中断事件号**

S7-200 PLC 具有 34 个中断源，中断源即中断事件发生中断请求的来源。每个中断源都分配一个编号用以识别，称为中断事件号。34 个中断事件包括：8 个输入信号引起的中断事件，6 个通信口引起的中断事件，4 个定时器引起的中断事件，14 个高速计数器引起的中断事件，2 个脉冲输出指令引起的中断事件。S7-200 PLC 的中断事件如表 2-33 所示。

表 2-33　S7-200 PLC 的中断事件

| 事件号 | 中断描述 | CPU221 | CPU222 | CPU224 | CPU226 |
|---|---|---|---|---|---|
| 0 | I0.0 上升沿 | 有 | 有 | 有 | 有 |
| 1 | I0.0 下降沿 | 有 | 有 | 有 | 有 |
| 2 | I0.1 上升沿 | 有 | 有 | 有 | 有 |
| 3 | I0.1 下降沿 | 有 | 有 | 有 | 有 |
| 4 | I0.2 上升沿 | 有 | 有 | 有 | 有 |
| 5 | I0.2 下降沿 | 有 | 有 | 有 | 有 |
| 6 | I0.3 上升沿 | 有 | 有 | 有 | 有 |
| 7 | I0.3 下降沿 | 有 | 有 | 有 | 有 |
| 8 | 端口 0 接收字符 | 有 | 有 | 有 | 有 |
| 9 | 端口 0 发送字符 | 有 | 有 | 有 | 有 |
| 10 | 定时中断 0（SMB34） | 有 | 有 | 有 | 有 |
| 11 | 定时中断 1（SMB35） | 有 | 有 | 有 | 有 |
| 12 | HSC0 当前值=预置值 | 有 | 有 | 有 | 有 |
| 13 | HSC1 当前值=预置值 | | | 有 | 有 |
| 14 | HSC1 输入方向改变 | | | 有 | 有 |
| 15 | HSC1 外部复位 | | | 有 | 有 |
| 16 | HSC2 当前值=预置值 | | | 有 | 有 |
| 17 | HSC2 输入方向改变 | | | 有 | 有 |
| 18 | HSC2 外部复位 | | | 有 | 有 |
| 19 | PLS0 脉冲数完成中断 | 有 | 有 | 有 | 有 |
| 20 | PLS1 脉冲数完成中断 | 有 | 有 | 有 | 有 |
| 21 | T32 当前值=预置值 | 有 | 有 | 有 | 有 |

| 事件号 | 中断描述 | CPU221 | CPU222 | CPU224 | CPU226 |
|---|---|---|---|---|---|
| 22 | T96 当前值=预置值 | 有 | 有 | 有 | 有 |
| 23 | 端口 0 接收信息完成 | 有 | 有 | 有 | 有 |
| 24 | 端口 1 接收信息完成 | | | | 有 |
| 25 | 端口 1 接收字符 | | | | 有 |
| 26 | 端口 1 发送字符 | | | | 有 |
| 27 | HSC0 输入方向改变 | 有 | 有 | 有 | 有 |
| 28 | HSC0 外部复位 | 有 | 有 | 有 | 有 |
| 29 | HSC4 当前值=预置值 | 有 | 有 | 有 | 有 |
| 30 | HSC4 输入方向改变 | 有 | 有 | 有 | 有 |
| 31 | HSC4 外部复位 | 有 | 有 | 有 | 有 |
| 32 | HSC3 当前值=预置值 | 有 | 有 | 有 | 有 |
| 33 | HSC5 当前值=预置值 | 有 | 有 | 有 | 有 |

### 3. 中断事件的优先级

中断优先级是指中断源被响应和处理的优先等级。设置优先级的目的是为了在有多个中断源同时发生中断请求时，CPU 能够按照预定的顺序（如按事件的轻重缓急顺序）进行响应并处理。中断事件的优先级顺序如表 2-34 所示。

表 2-34　中断事件的优先级顺序

| 组优先级 | 组内类型 | 中断事件号 | 中断事件描述 | 组内优先级 |
|---|---|---|---|---|
| 通信中断<br>（最高级） | 通信口 0 | 8 | 接收字符 | 0 |
| | | 9 | 发送完成 | 0 |
| | | 23 | 接收信息完成 | 0 |
| | 通信口 1 | 24 | 接收信息完成 | 1 |
| | | 25 | 接收字符 | 1 |
| | | 26 | 发送完成 | 1 |
| 输入/输出中断<br>（次高级） | 脉冲串输出 | 19 | PTO0 脉冲输出完成中断 | 0 |
| | | 20 | PTO1 脉冲输出完成中断 | 1 |
| | 外部输入 | 0 | I0.0 上升沿中断 | 2 |
| | | 2 | I0.1 上升沿中断 | 3 |
| | | 4 | I0.2 上升沿中断 | 4 |
| | | 6 | I0.3 上升沿中断 | 5 |
| | | 1 | I0.0 下降沿中断 | 6 |
| | | 3 | I0.1 下降沿中断 | 7 |
| | | 5 | I0.2 下降沿中断 | 8 |
| | | 7 | I0.3 下降沿中断 | 9 |
| | 高速计数器 | 12 | HSC0 当前值等于预置值中断 | 10 |
| | | 27 | HSC0 输入方向改变中断 | 11 |
| | | 28 | HSC0 外部复位中断 | 12 |

| 组优先级 | 组内类型 | 中断事件号 | 中断事件描述 | 组内优先级 |
|---|---|---|---|---|
| 输入/输出中断<br>（次高级） | 高速计数器 | 13 | HSC1 当前值等于预置值中断 | 13 |
| | | 14 | HSC1 输入方向改变中断 | 14 |
| | | 15 | HSC1 外部复位中断 | 15 |
| | | 16 | HSC2 当前值等于预置值中断 | 16 |
| | | 17 | HSC2 输入方向改变中断 | 17 |
| | | 18 | HSC2 外部复位中断 | 18 |
| | | 32 | HSC3 当前值等于预置值中断 | 19 |
| | | 29 | HSC4 当前值等于预置值中断 | 20 |
| | | 30 | HSC4 输入方向改变中断 | 21 |
| | | 31 | HSC4 外部复位中断 | 22 |
| | | 33 | HSC5 当前值等于预置值中断 | 23 |
| 时基中断<br>（最低级） | 定时 | 10 | 定时中断 0 | 0 |
| | | 11 | 定时中断 1 | 1 |
| | 定时器 | 21 | 定时器 T32 当前值等预置值中断 | 2 |
| | | 22 | 定时器 T96 当前值等预置值中断 | 3 |

**4．中断程序的创建**

可以采用以下 3 种方法创建中断程序。

1）选择菜单栏"编辑"→"插入"→"中断程序"命令。

2）在程序的编辑器窗口中右击，在弹出的快捷菜单中选择"插入"→"中断程序"命令。

3）或者右击指令树上的"程序块"图标，在弹出的快捷菜单中选择"插入"→"中断程序"命令。

创建成功后程序编辑器将显示新的中断程序，程序编辑器底部出现标有新的中断程序的标签，可以对新的中断程序编程，新建中断名为 INT_N。

**5．中断指令**

中断调用相关的指令包括：中断允许（ENI，Enable Interrupt）指令、中断禁止（DISI，Disable Interrupt）指令、中断连接（ATCH，Attach）指令、中断分离（DTCH，Detach）指令、中断返回（RETI，Return Interrupt）指令和中断程序有条件返回（CRETI，Conditional Return Interrupt）指令。

（1）中断允许指令

中断允许 ENI 指令又称开中断指令，其功能是全局性地开放所有被连接的中断事件，允许 CPU 接收所有中断事件的中断请求，其指令如图 2-27 所示。

（2）中断禁止指令

中断禁止 DISI 指令又称关中断指令，其功能是全局性地关闭所有被连接的中断事件，禁止 CPU 接收所有中断事件的请求，其指令如图 2-28 所示。

（3）中断返回指令

中断返回 RETI/CRETI 指令的功能是当中断结束时，通过中断返回指令退出中断服务程序，返回到主程序。RETI 是无条件返回指令，即在中断程序的最后无需插入此指令，编程软件自动在程序结尾加上 RETI 指令；CRETI 是有条件返回指令，即中断程序的最后必须插入该指令，其指令如图 2-29 所示。

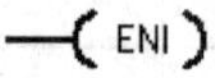

—( ENI ) ENI    —( DISI ) DISI    —( RETI ) CRETI

a)    b)        a)    b)        a)    b)

图 2-27 中断允许指令    图 2-28 中断禁止指令    图 2-29 中断有条件返回指令

a) 梯形图 b) 语句表    a) 梯形图 b) 语句表    a) 梯形图 b) 语句表

（4）中断连接指令

中断连接 ATCH 指令的功能是建立一个中断事件 EVNT 与一个标号 INT 的中断服务程序的联系，并对该中断事件开放，其指令如表 2-35 所示。

（5）中断分离指令

中断分离 DTCH 指令的功能是取消某个中断事件 EVNT 与所有中断程序的关联，并对该中断事件关闭，其指令如表 2-35 所示。

表 2-35 中断连接和分离指令的梯形图和语句表

| 梯形图 | 语句表 | 指令名称 |
| --- | --- | --- |
| 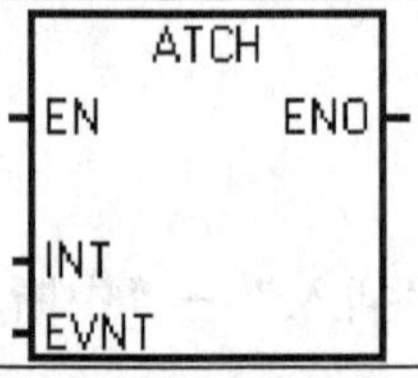 ATCH<br>EN   ENO<br>INT<br>EVNT | ATCH   INT, EVNT | 中断连接指令 |
| 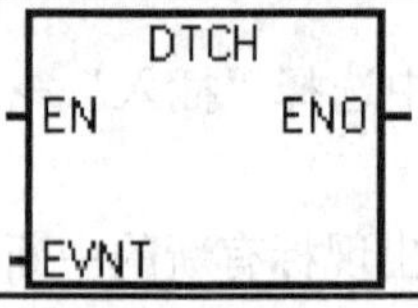 DTCH<br>EN   ENO<br>EVNT | DTCH   EVNT | 中断分离指令 |

**6. 中断的嵌套**

CPU 正在执行一个中断服务程序时，有另一个优先级较高的中断提出中断请求，这时 CPU 会暂时停止当前正在执行的级别较低的中断源的服务程序，转去处理级别较高的中断服务程序，待处理完毕后，再返回到被中断了的中断服务程序处继续执行，这个过程就是中断嵌套。

**7. 中断重命名**

在中断程序较多的控制系统中，如果中断程序均命名为 INT_N，不便于程序的阅读及系统程序的维护和优化。每个特定功能的中断程序名最好能"望文生义"，那中断程序如何重命名呢？或右击编辑器最下方中断程序名，选择"重命名"，或双击编辑器最下方中断程序名，待原中断程序名选中后便可重命名。

**8. 中断指令的应用**

在激活一个中断程序前，必须在中断事件和该事件发生时希望执行的那段程序间建立一种联系。中断连接指令指定某中断事件（由中断事件号指定）所要调用的程序段（由中断程序号指定）。多个中断事件可调用同一个中断程序，但一个中断事件号不能同时指定调用多个中断程序。

在中断允许时，当为某个中断事件指定其所对应的中断程序时，该中断事件会自动被允许。如该中断事件发生，则为该事件指定的中断程序被执行。如果用全局中断禁止指令禁止所有中断，则每个出现的中断事件就进入中断队列，直到用全局中断允许指令重新允许中断。

可以用中断分离指令截断中断事件和中断程序之间的联系，以单独禁止中断事件，中断分离指令使中断回到不激活或无效状态。

**注意**：中断程序应尽可能短小而简单，不宜延时过长。否则，意外的情况可能会引起由主程序控制的设备动作异常。对中断服务程序而言，经验上是"越短越好"。

【**例 2-8**】 在 I0.0 的上升沿通过中断使 Q0.0 置位；在 I0.2 的下降沿通过中断使 Q0.0 复位。若发现 I/O 有错误（如果显示任何 I/O 错误，位 SM5.0 接通），则禁止本中断，当 I0.5 接通时，禁止全局中断。

本例程序如图 2-30 所示。

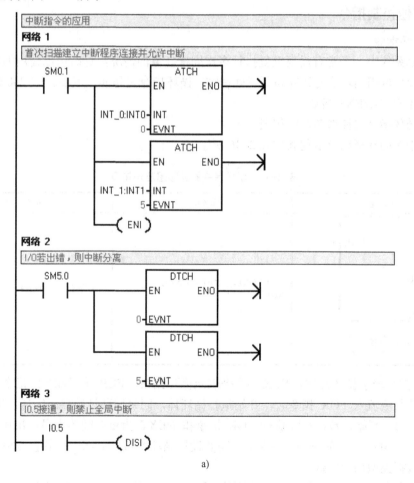

a)

图 2-30 中断指令的应用

a) 主程序

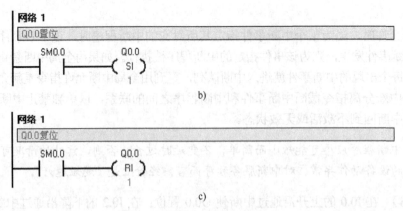

图 2-30 中断指令的应用（续）

b) 中断程序 0  c) 中断程序 1

### 2.4.4 其他控制指令

#### 1. 循环指令

在控制系统中，经常有需要重复执行多次同样任务的情况，这时可以使用循环指令。特别是在进行大量相同功能的计算和逻辑处理时，循环指令更是非常重要。S7-200 PLC 提供了计数型循环 FOR-NEXT 指令。

（1）循环指令的梯形图及语句表

循环指令的梯形图及语句表如表 2-36 所示。

表 2-36  循环指令的梯形图及语句表

| 梯形图 | 语句表 | 指令名称 |
|---|---|---|
| FOR<br>EN  ENO<br>INDX<br>INIT<br>FINAL<br>(NEXT) | FOR INDX, INIT, FINAL<br>NEXT | 循环及循环结束指令 |

FOR 指令表示循环开始，NEXT 指令表示循环结束，FOR 和 NEXT 指令必须成对出现。当有信号流流入 FOR 指令时，开始执行循环体，同时循环计数器的循环次数 INDX 从循环初值 INIT 开始计数，反复执行 FOR 指令和 NEXT 指令之间的程序，每执行一次循环体，INDX 的值加 1。在 FOR 指令中，需要设置循环次数 INDX、初始值 INIT 和终止值 FINAL，数据类型均为整数。

若给定初值为 1，终止值为 10。每次执行 FOR 和 NEXT 之间的程序后，当前循环计数器的值增加 1，并将结果与终止值比较。如果当前循环次数的值小于或等于终止值，则循环继续；如果当前循环次数的值大于终止值的值，则循环终止。那么，随着当前循环次数的值从 1 增加到 10，FOR 与 NEXT 之间的指令将被执行 10 次。如果初始值大于终止值，则不执行循环指令。

在循环执行过程中可以修改循环终止值，也可以在循环体内部用指令修改终止值。使能输入有效时，循环一直执行，直到循环结束。

每次使能输入重新有效时，指令自动将各参数复位。

循环指令的操作数范围如表 2-37 所示。

表 2-37　循环指令的操作数范围

| 指令 | 输入或输出 | 操作数 |
|------|-----------|--------|
| 循环指令 | INDX | IW、QW、VW、MW、SMW、SW、LW、AC、T、C、*VD、*LD、*AC、 |
| | INIT FINAL | IW、QW、VW、MW、SMW、SW、LW、AIW、AC、T、C、*VD、*LD、*AC、常数 |

（2）循环指令的嵌套

FOR—NEXT 循环内部可以再含有 FOR—NEXT 循环体，称为循环嵌套，如图 2-31 所示，嵌套最大深度为 8 层。

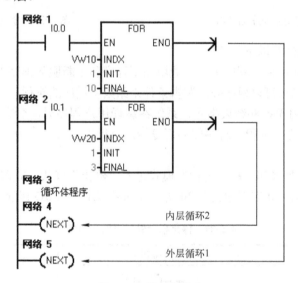

图 2-31　循环的嵌套

**2．结束指令**

S7-200 PLC 中有两条结束指令，即有条件结束指令和无条件结束指令，如表 2-38 所示。其作用是当执行结束指令后，系统结束主程序，返回主程序的起点。

表 2-38　结束指令的梯形图和语句表

| 指令名称 | 梯形图 | 语句表 | 备注 |
|----------|--------|--------|------|
| 有条件结束指令 | —( END ) | END | 用户使用 |
| 无条件结束指令 | —( MEND ) | MEND | 系统使用 |

结束指令主要作用如下。

1）可以利用有条件结束指令来提前结束主程序，改变主程序循环点，如图 2-32 所示。

2）在调试控制程序时，可以插入有条件结束指令来实现主程序的分段调试，如图 2-33 所示。

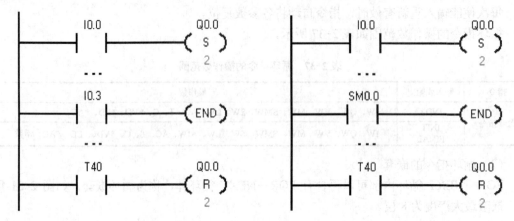

图 2-32  改变主程序循环点          图 2-33  分段调试程序

应用结束指令应注意以下几点。

1）结束指令只能用在主程序中，不能用在子程序和中断服务程序中。

2）有条件结束指令可以根据外部逻辑条件来结束主程序的执行。

3）用户不能使用无条件结束指令，系统在编译用户程序时，会在每一个主程序结尾自动加上无条件结束指令，使得主程序能周而复始地执行。

**3. 停止指令**

执行停止指令可使 CPU 从"运行"模式进入"停止"模式，立即终止程序的执行。停止指令如表 2-39 所示，其应用如图 2-34 所示（如果显示任何 I/O 错误，位 SM5.0 接通）。

表 2-39  停止指令的梯形图和语句表

| 指令名称 | 梯形图 | 语句表 |
|---|---|---|
| 停止指令 | —(STOP) | STOP |

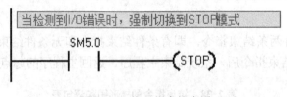

图 2-34  停止指令的应用

应用停止指令应注意如下几点。

1）STOP 指令可以用在主程序、子程序和中断程序中。

2）如果在中断程序中执行了 STOP 指令，中断程序立即终止，并忽略全部等待执行的中断，继续执行主程序的剩余部分，并在主程序的结束处，完成从"运行"方式至"停止"

方式的转换。

**4．看门狗指令**

在 PLC 中，为了避免程序出现死循环的情况，有一个专门监视扫描周期的警戒时钟，常称为看门狗定时器 WDT。WDT 有一个稍微大于程序扫描周期的定时值，在 S7-200 中 WDT 的设定值为 300ms。若出现某个扫描周期大于 WDT 设定值的情况，则 WDT 认为出现程序异常，发出信号给 CPU 作为异常处理。若希望程序扫描周期超过 300ms（有时在调用中断服务程序或子程序时，可能使得扫描周期超过 300ms），可用指令对看门狗定时器进行一次复位（刷新）操作，可以增加一次扫描时间，具有这种功能的指令称为看门狗 WDR 指令。

当使能输入有效时，WDR 指令将看门狗定时器复位。在看门狗指令没有出错的情况下，可以增加一次允许的扫描时间。若使能输入无效，看门狗定时器时间到，程序将终止当前指令的执行，重新启动，返回到第一条指令重新执行。注意：使用 WDR 指令时，要防止过度延迟扫描完成时间，否则在终止本扫描之前下列操作过程将被禁止（不予执行）：通信（自由端口方式除外）、I/O 更新（立即 I/O 除外）、强制更新、SM 更新（SMB0，SMB5～SMB29 不能被更新）、运行时间诊断、中断程序中的 STOP 指令等。当扫描时间超过 25s、10ms 和 100ms 的定时器将不能正确计时。看门狗指令应用如图 2-35 所示。

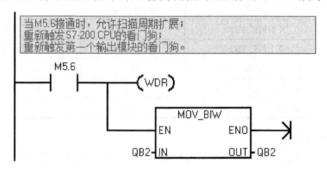

图 2-35　看门狗指令的应用

## 2.5　实训 6　抢答器的 PLC 控制

**【实训目的】**

● 掌握数据类型；

● 掌握传送指令；

● 掌握七段数码管的驱动方法。

**【实训任务】**

使用 S7-200 PLC 实现 3 组抢答器的控制，要求在主持人按下开始按钮后，3 组抢答按钮中按下任意一个按钮后，主持人前面的显示器能实时显示该组的编号，同时抢答成功组台前的指示灯亮起，同时锁住抢答器，使其他组按下抢答按钮无效。若主持人按下停止按钮，则不能进行抢答，且显示器无显示。

**【任务分析】**

在主持人按下开始抢答按钮后，若有任意一组抢答成功而其他组不能抢答，可通过程序"互锁"实现，要求使用七段数码管显示抢答成功的组号，可通过 MOVE 传送指令将需要显示的组号传送给七段数码管的驱动端（即按字符驱动），也可通过按段显示的方式实现组号的显示，该方法要注意避免双线圈输出。

### 2.5.1 关联指令

本实训任务涉及的 PLC 指令有：传送指令。

### 2.5.2 任务实施

**1. I/O 地址分配**

此实训任务中主持人开始按钮、停止按钮和 3 组抢答按钮作为 PLC 的输入元器件，指示灯、七段数码管作为 PLC 的输出元器件，其相应的 I/O 地址分配如表 2-40 所示。

表 2-40 抢答器的 PLC 控制的 I/O 分配表

| 输入 | | 输出 | |
|---|---|---|---|
| 输入继电器 | 元器件 | 输出继电器 | 元器件 |
| I0.0 | 开始按钮 SB1 | Q0.0～Q0.6 | 七段数码管 |
| I0.1 | 停止按钮 SB2 | Q1.0 | 第一组抢答成功指示灯 HL1 |
| I0.2 | 第一组抢答按钮 SB3 | Q1.1 | 第二组抢答成功指示灯 HL2 |
| I0.3 | 第二组抢答按钮 SB4 | Q1.2 | 第三组抢答成功指示灯 HL3 |
| I0.4 | 第三组抢答按钮 SB5 | | |

**2. 电气接线图绘制**

抢答器的 PLC 控制 I/O 端子连接如图 2-36 所示，在此采用共阴极七段数码管。

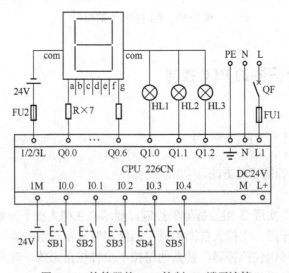

图 2-36 抢答器的 PLC 控制 I/O 端子连接

108

### 3．创建项目

双击 STEP 7-Micro/WIN 软件图标，启动软件，选择菜单栏中的"文件"→"保存"命令，在"文件名"栏对该文件进行命名，在此命名为"抢答器的 PLC 控制"，然后再选择文件保存的位置，最后单击"保存"按钮即可。

### 4．编制程序

（1）字符驱动

根据控制要求使用字符驱动（即使用传送指令）编制的程序如图 2-37 所示。

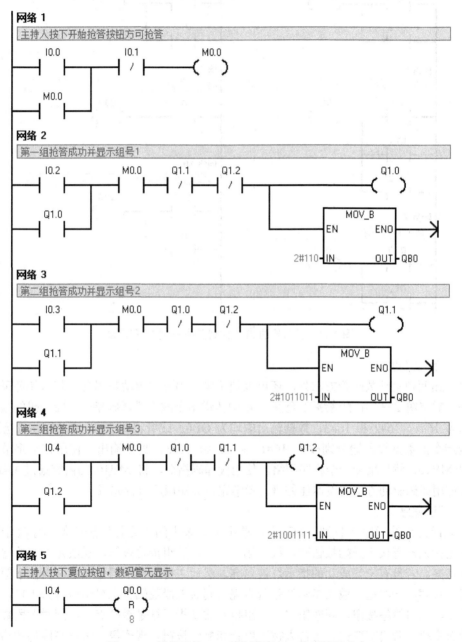

图 2-37　抢答器的 PLC 控制程序——按字符驱动

（2）字段驱动

按字段驱动数码管的程序中前 4 个网络与按字符驱动数码管的程序中前 4 个网络基本相同，需要将图 2-37 中的网络 2 至网络 4 中的传送指令去掉，然后增加图 2-38 所示的网络 5 至网络 10 程序段。

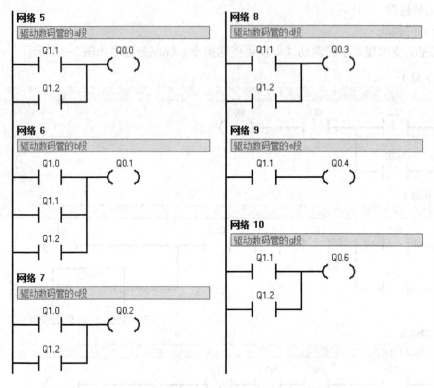

图 2-38　抢答器的 PLC 控制程序——按字段驱动

（3）译码驱动

除上述两种驱动数码管方法外，还可以使用段译码方法驱动数码管。若本任务采用段译码方法只需将图 2-37 中的网络 2 至网络 4 中传送指令改为段译码指令，段译码的数据输入端分别为 16#1、16#2 和 16#3，数据输出端均为 QB0。或者将图 2-37 中的网络 2 至网络 4 中传送指令的数据输入端分别改为 16#1、16#2 和 16#3，数据输出端使用某个字节型寄存器，如 MB10，然后增加一个程序网络，使用段译码指令，将 MB10 的内容通过 QB0 端口输出。使用译码驱动方法实现本任务请读者学完相关知识后自行完成。

**5．调试程序**

将编译无误的程序下载到 PLC 中，单击工具条中的"运行"按钮使程序处于运行状态，在主持人没有按下开始按钮时，按下第一、二、三组抢答按钮，观察是否有抢答成功指示灯被点亮。若没有抢答成功的指示灯被点亮，然后主持人按下开始按钮，再按下第一组抢答按钮，观察第一组抢答成功指示灯是否点亮，同时七段数码管上显示是否为"1"，再分别按下第二、三组抢答按钮，观察第二、三组抢答成功指示灯是否被点亮，同时七段数码管显示是否有变化。若没有变化，主持人按下停止和复位按钮，观察第一组抢答成功的指示灯是否熄灭，七段数码管上是否无显示。若第一组抢答功能正确，再用上述方法，调试第二组和第三组，若抢答功能符合本实训任务控制要求，则本任务硬件连接及程序编制正确。

### 2.5.3　实训交流——数字闪烁

若此任务要求抢答成功的组号以秒级闪烁，又如何实现？若采用按段驱动方法，只需在图 2-38 中的网络 5 至网络 10 的输出线圈 Q0.0 至 Q0.6 前加上 SM0.5 的常开或常闭触点即可；若采用按字符驱动方法，是否在图 2-37 中的网络 2 至网络 4 的传送指示前加上 SM0.5 的常开或常闭触点呢？读者可以试一下，即使加上 SM0.5 的常开或常闭触点，对应的数字也不会闪烁，因为在 SM0.5 触点导通时，QB0 中为相应的抢答成功的组号，在 SM0.5 触点断开时，QB0 中数据仍为相应的抢答成功的组号，即在 SM0.5 触点断开时 QB0 中数据并没有改变。那是否在 SM0.5 触点断开时将 QB0 中数据改写为"0"就实现秒级闪烁呢？读者试试便可知道，此时是抢答成功的组号和 0 以 1 秒为周期交替显示，并未实现抢答成功的组号的秒级闪烁。若想实现抢答成功的组号的秒级闪烁，则在 SM0.5 触点断开时将 Q0.0 至 Q0.6 复位，以网络 2 为例，如图 2-39 所示。

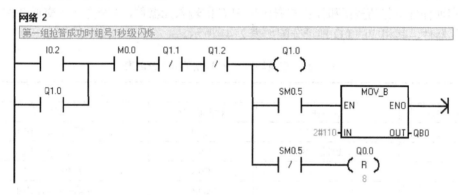

图 2-39　第一组抢答成功时组号 1 秒级闪烁示例

### 2.5.4　技能训练——限时抢答器的 PLC 控制

用 PLC 实现限时抢答器的控制，要求在主持人按下开始按钮后，3 组抢答按钮中在 10s 内按下任意一个按钮后，主持人前面的显示器能实时显示该组的编号（可使用段译码指令实现）并以秒级闪烁，同时抢答成功组台前的指示灯亮起，同时锁住抢答器，使其他组按下抢答按钮无效。若主持人按下停止按钮，则不能进行抢答，且显示器无显示。

## 2.6　实训 7　交通灯的 PLC 控制

【实训目的】
- 掌握比较指令；
- 掌握时钟指令；
- 掌握时间同步的方法。

【实训任务】
使用 S7-200 PLC 实现交通灯的控制，要求按下起动按钮后，东西方向绿灯亮 20s、秒级闪烁 3s，黄灯亮 3s，红灯亮 26s；同时，南北方向红灯亮 26s，绿灯亮 20s、秒级闪烁 3s，黄灯亮 3s，如此循环。无论何时按下停止按钮，4 个方向交通灯全部熄灭。

**【任务分析】**

本项任务的控制功能可以使用多个定时器来实现，程序相对来说比较繁琐，如果采用一个定时器再配合比较指令来实现则显得比较简洁易懂。该定时器延长的时间就是交通灯的循环周期（52s），在某个时间段，点亮某个方向某个颜色的交通灯便可实现本任务控制要求。同时，东西和南北方向绿灯有两种点亮方式，读者要注意避免双线圈输出。

### 2.6.1  关联指令

本实训任务涉及的 PLC 指令有：比较指令、时钟指令。

### 2.6.2  任务实施

#### 1. I/O 地址分配

此实训任务中起动按钮和停止按钮作为 PLC 的输入元器件，4 个方向的交通灯作为 PLC 的输出元器件，其相应的 I/O 地址分配如表 2-41 所示。

**表 2-41  交通灯的 PLC 控制的 I/O 分配表**

| 输入 | | 输出 | |
|---|---|---|---|
| 输入继电器 | 元器件 | 输出继电器 | 元器件 |
| I0.0 | 起动按钮 SB1 | Q0.0 | 东西方向绿灯 HL1 |
| I0.1 | 停止按钮 SB2 | Q0.1 | 东西方向黄灯 HL2 |
|  |  | Q0.2 | 东西方向红灯 HL3 |
|  |  | Q0.3 | 南北方向绿灯 HL4 |
|  |  | Q0.4 | 南北方向黄灯 HL5 |
|  |  | Q0.5 | 南北方向红灯 HL6 |

#### 2. 电气接线图绘制

交通灯的 PLC 控制 I/O 端子连接如图 2-40 所示，图中每个方向 3 种颜色的灯均只画出 1 个，在实际使用时为两个，在 I/O 连接时两个灯并联，或使用 PLC 的其他输出端口。

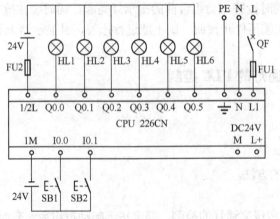

图 2-40  交通灯的 PLC 控制 I/O 端子连接图

**3. 创建项目**

双击 STEP 7-Micro/WIN 软件图标，启动软件，选择菜单栏中的"文件"→"保存"命令，在"文件名"栏对该文件进行命名，在此命名为"交通灯的 PLC 控制"，然后再选择文件保存的位置，最后单击"保存"按钮即可。

**4. 编制程序**

根据控制要求使用比较指令编制的程序如图 2-41 所示。

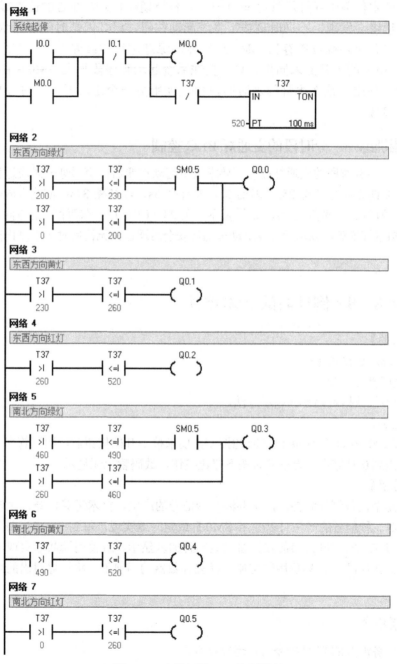

图 2-41  交通灯的 PLC 控制程序

**5. 调试程序**

将编译无误的程序下载到 PLC 中，单击工具条中的"运行"按钮使程序处于运行状态，按下起动按钮，观察东西和南北方向交通灯点亮的颜色顺序及时间是否符合控制要求，若与本实训任务控制要求一致，则本任务硬件连接及程序编制正确。

### 2.6.3 实训交流——时间同步

如何保证本任务中绿灯闪烁时间为一个完整周期（1s）？细心的读者或经过多次调试本任务的读者会发现，不同时刻按下系统起动按钮，绿灯闪烁时闪烁的状态可能都不一样，原因是使用特殊位寄存器 SM0.5 来控制绿灯进行秒级闪烁，按下系统起动按钮的时刻与 SM0.5 的上升沿未同步。只需要在系统起动程序段加上 SM0.5 的上升沿指令即可解决上述问题。或在绿灯闪烁时间段内，使用另一个定时器，定时周期为 1s，并用比较指令实现。

### 2.6.4 技能训练——分时段的交通灯 PLC 控制

用 PLC 实现分时段的交通灯控制，要求按下起动按钮后，交通灯分时段进行工作，在 6 点~23 点：东西方向绿灯亮 25s、闪动 3s，黄灯亮 3s，红灯亮 31s；南北方向红灯亮 31s，绿灯亮 25s、闪动 3s，黄灯亮 3s，如此循环；在 23 点~6 点：东西和南北方向黄灯均以秒级闪烁，其他指示灯熄灭，以示行人及机动车确认安全后通过。无论何时按下停止按钮，交通灯全部熄灭。

## 2.7 实训 8 9 s 倒计时的 PLC 控制

【实训目的】
- 掌握算术运算指令；
- 掌握逻辑运算指令；
- 掌握多位数据数码管的显示方法。

【实训任务】

使用 S7-200 PLC 实现 9s 倒计时的控制，要求按下开始按钮后，数码管显示 9，然后按每秒递减，减到 0 时停止。无论何时按下停止按钮，数码管上无显示。

【任务分析】

本任务是个位数倒计时控制，主要涉及秒信号的产生、算术运算指令、比较指令、段译码转换指令等。秒信号的产生可以使用 SM0.5 或定时器实现，每到 1s 将当前数据减 1（可用减法或减 1 指令），再将当前数据通过数码管加以显示。或使用计数器实现本任务，即每到 1s 计数器当前值加 1，然后用固定值 9 减去计数器的当前值，将计算得出的差值通过数码管加以显示。

### 2.7.1 关联指令

本实训任务涉及的 PLC 指令有：运算指令。

## 2.7.2 任务实施

### 1. I/O 地址分配

此实训任务中起动按钮和停止按钮作为 PLC 的输入元器件, 七段数码管作为 PLC 的输出元器件, 其相应的 I/O 地址分配如表 2-42 所示。

表 2-42 9s 倒计时的 PLC 控制的 I/O 分配表

| 输入 | | 输出 | |
|---|---|---|---|
| 输入继电器 | 元器件 | 输出继电器 | 元器件 |
| I0.0 | 开始按钮 SB1 | Q0.0~Q0.6 | 七段数码管 |
| I0.1 | 停止按钮 SB2 | | |

### 2. 电气接线图绘制

9s 倒计时的 PLC 控制 I/O 端子连接如图 2-42 所示, 在此采用共阴极七段数码管。

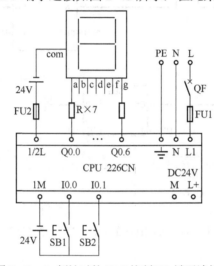

图 2-42 9s 倒计时的 PLC 控制 I/O 端子连接图

### 3. 创建项目

双击 STEP 7-Micro/WIN 软件图标, 启动软件, 选择栏中的 "文件" → "保存" 命令, 在 "文件名" 栏对该文件进行命名, 在此命名为 "9s 倒计时的 PLC 控制", 然后再选择文件保存的位置, 最后单击 "保存" 按钮即可。

### 4. 编制程序

根据控制要求使用比较指令编制的程序如图 2-43 所示。

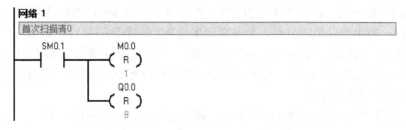

图 2-43 9s 倒计时的 PLC 控制程序

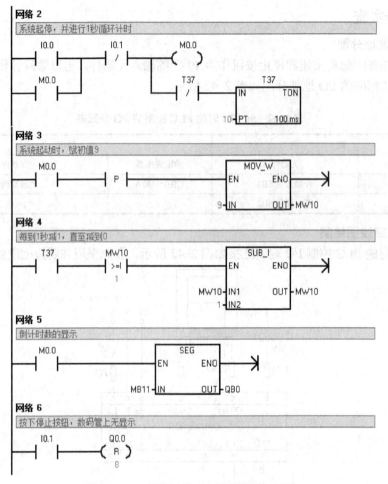

图 2-43    9s 倒计时的 PLC 控制程序（续）

**5．调试程序**

将编译无误的程序下载到 PLC 中，单击工具条中的"运行"按钮使程序处于运行状态，按下起动按钮，观察数码管上是否显示 9 并进行秒级倒计时，并倒计时到 0 后停止。若倒计时功能正常，按下停止按钮，数码管上是否无显示。若此功能正常，则再次按下起动按钮，在倒计时过程中，按下停止按钮，观察数码管上是否无显示。若上述功能与本实训任务控制要求一致，则本任务硬件连接及程序编制正确。

### 2.7.3  实训交流——多位数据的显示

细心的读者会发现，在图 2-43 的网络 5 中，将寄存器 MB11 中的数据传送给段设码指令实现 9s 倒计时中当时值的显示。如何显示多位数？一个数码管只能显示一位数据，显示多位数则需要多个数码管，若按图 2-42 所示接法，每个数码管至少需要占用 PLC 的 7～8个（带小数点的显示）输出端口，而 CPU 226CN 本机只有 16 个输出，就得扩展数字量输出模块，则会增加系统硬件成本。

如果需要将 $N$ 位数通过数码管显示，则需先将 $N$ 位数除以 $10^{N-1}$ 以分离出最高位（商），再将余数除以 $10^{N-2}$ 以分离出次高位（商），如此往下分离，直到除以 10 后为止，再配合 CD4513 芯片，便可实现多位数的显示。CD4513 驱动多个数码管电路如图 2-44 所示。

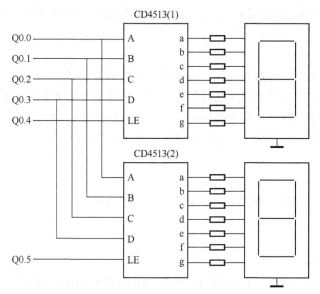

图 2-44 用 CD4513 减少输出点的电路图

数个 CD4513 的数据输入端 A～D 共用 PLC 的 4 个输出端，其中 A 为最低位，D 为最高位，LE 为高电平时，显示的数不受数据输入信号的影响。显然，$N$ 个显示器占用的输出点可降到 4+$N$ 点。

如果使用继电器输出模块，最好在与 CD4513 相连的 PLC 各输出端与"地"之间分别接上一个几千欧的电阻，以避免输出继电器输出触点断开时 CD4513 的输入端悬空。输出继电器的状态变化时，其触点可能会抖动，因此应先送数据输出信号，待信号稳定后，再用LE 信号的上升沿将数据锁存在 CD4513 中。

### 2.7.4　技能训练——15s 倒计时的 PLC 控制

用 PLC 实现 15s 倒计时的控制，要求按下开始按钮后，数码管显示 15，然后按每秒递减，减到 0 时停止。无论何时按下停止按钮，数码管上均显示 0。本任务要求使用两块CD4513 芯片，显示的数只通过 PLC 的 QB0 端输出（提示：先将两位数拆分成十位和个位，然后再将两位数通过逻辑运算指令合并成一个字节，将 CD4513 的 LE 端通过电阻接至直流电源正极性端）。

## 2.8　实训 9　闪光信号灯的 PLC 控制

【实训目的】
- 掌握跳转指令；
- 掌握子程序指令；
- 掌握带参子程序的编写方法。

【实训任务】
使用 S7-200 PLC 实现闪光信号灯的控制，要求系统起动后某烘箱当前温度在 50～60℃

时，信号灯常亮，当低于 50℃时，此信号灯闪烁频率为 1Hz，当高于 60℃时，此信号灯闪烁频率为 2Hz。无论何时按下停止按钮，闪光信号灯熄灭。本任务要求使用跳转指令和子程序指令分别实现。

**【任务分析】**

本任务若使用 3 盏信号灯来实现，相对来说比较容易，若使用 1 盏信号灯来实现，则需避免双线圈输出。本任务要求使用跳转指令和子程序指令分别实现，这样可大大提高程序的可读性，程序结构比较清晰，便于阅读和维护。在本任务中，使用两个按钮进行温度值的加减来模拟烘箱当前温度的变化（设温度可调范围为 40～70℃）。

### 2.8.1 关联指令

本实训任务涉及的 PLC 指令有：跳转指令、子程序指令。

### 2.8.2 任务实施

**1．I/O 地址分配**

此实训任务中起动按钮、停止按钮、烘箱当前温度值的加和减按钮作为 PLC 的输入元器件，闪光信号灯作为 PLC 的输出元器件，其相应的 I/O 地址分配如表 2-43 所示。

表 2-43　闪光信号灯的 PLC 控制的 I/O 分配表

| 输入 | | 输出 | |
|---|---|---|---|
| 输入继电器 | 元器件 | 输出继电器 | 元器件 |
| I0.0 | 开始按钮 SB1 | Q0.0 | 闪光信号灯 HL |
| I0.1 | 停止按钮 SB2 | | |
| I0.2 | 增加按钮 SB3 | | |
| I0.3 | 减少按钮 SB4 | | |

**2．电气接线图绘制**

闪光信号灯的 PLC 控制 I/O 端子连接如图 2-45 所示。

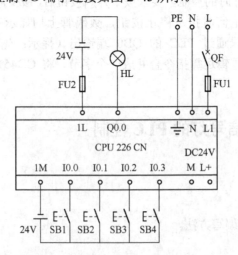

图 2-45　闪光信号灯的 PLC 控制 I/O 端子连接图

**3．创建项目**

双击 STEP 7-Micro/WIN 软件图标，启动软件，选择菜单栏中的"文件"→"保存"命令，在"文件名"栏对该文件进行命名，在此命名为"闪光信号灯的 PLC 控制"，然后再选择文件保存的位置，最后单击"保存"按钮即可。

**4．编制程序**

（1）跳转指令

根据控制要求使用跳转指令编制的程序如图 2-46 所示。

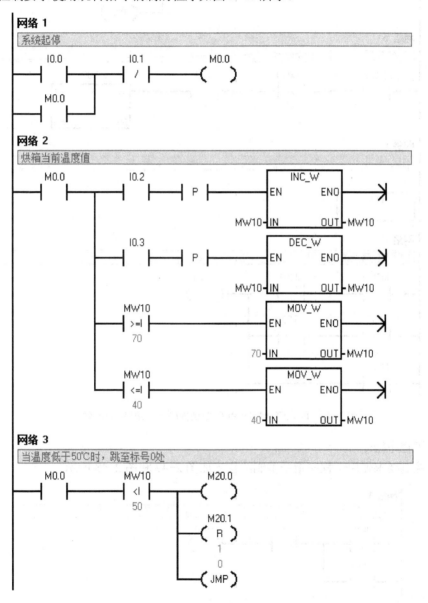

图 2-46　闪光信号灯的 PLC 控制程序——跳转指令

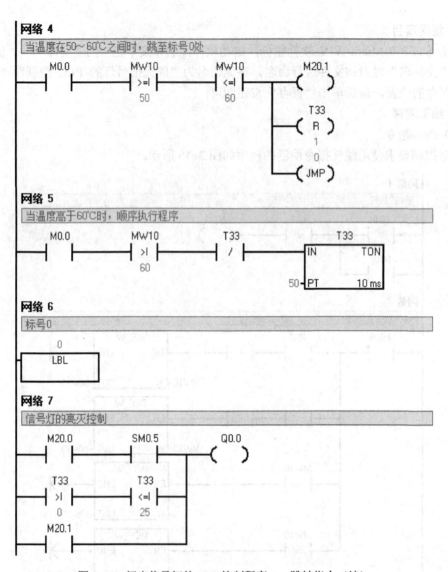

图 2-46 闪光信号灯的 PLC 控制程序——跳转指令（续）

（2）子程序指令

根据控制要求使用子程序指令编制的程序如图 2-47 和图 2-48 所示。

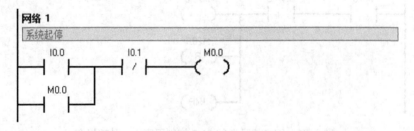

图 2-47 闪光信号灯的 PLC 控制程序——子程序指令（子程序的调用）

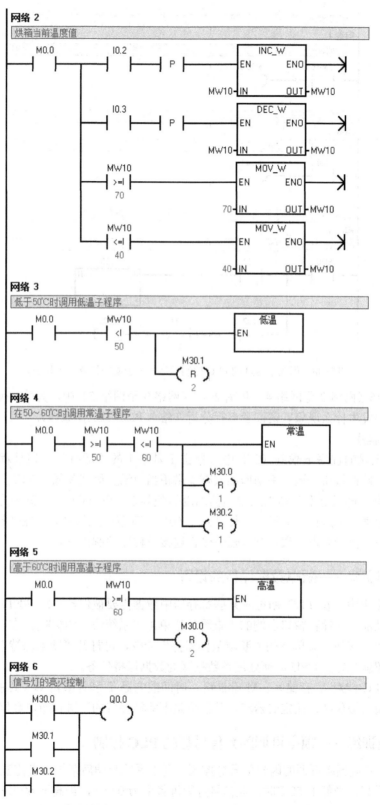

图 2-47　闪光信号灯的 PLC 控制程序——子程序指令（子程序的调用）（续）

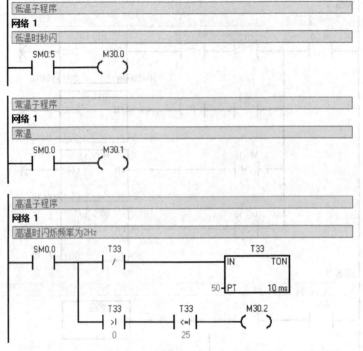

图 2-48　闪光信号灯的 PLC 控制程序——子程序指令（子程序）

在图 2-46（网络 3 至网络 4）和图 2-47（网络 3 至网络 5）中，为什么使用复位指令，若不使用，会发生什么现象？请读者自行分析（结合 PLC 的工作原理）。

**5. 调试程序**

将编译无误的程序下载到 PLC 中，单击工具条中的"运行"按钮使程序处于运行状态，同时按下监控按钮，通过手动增加或减少烘箱当前温度值使其低于 50℃，观察闪光信号灯的点亮频率，再通过手动增加烘箱当前温度值使其在 50～60℃，观察闪光信号灯是否常亮。再通过手动增加烘箱当前温度值使其高于 60℃，观察闪光信号灯的点亮频率。若上述功能与本实训任务控制要求一致，则本任务硬件连接及程序编制正确。

### 2.8.3　实训交流——断电数据保持的设置

在工程应用中，在 PLC 断电时某些寄存器中数据需要被保持。S7-200PLC 为用户提供了数据保持功能，在编程窗口左侧的"查看"栏单击"系统块"图标，在"系统块"对话框中，单击"系统块"菜单下的"断电数据保持"命令，可打开"断电保持"对话框。断电数据保持设置就是定义 CPU 如何处理各数据区的数据保持任务。

S7-200PLC 能对 V 存储区、M 存储区、时间继电器 T 和计数器 C（其中定时器和计数器只有当前值可被保持，而定时器和计数器位是不能被保持的）进行断电数据保持的设定。

### 2.8.4　技能训练——频率可调闪光信号灯的 PLC 控制

用 PLC 实现频率可调的闪光信号灯控制，要求系统起动后某烘箱当前温度在 50～60℃时，信号灯常亮，当低于 50℃时，此信号灯闪烁频率为 0.5Hz，当高于 60℃时，此信号灯闪烁频率为设置值（设置频率为 1Hz 或 2Hz）。无论何时按下停止按钮，闪光信号灯熄灭。要求使用带参数子程序实现高于 60℃时闪光信号灯闪烁频率的控制。

## 2.9 实训 10 天塔之光的 PLC 控制

【实训目的】
- 掌握中断指令；
- 掌握中断的编程步骤及方法；
- 掌握长时间定时中断的方法。

【实训任务】
使用 S7-200 PLC 实现天塔之光的控制，要求系统启动后天塔上有三层指示灯每秒由内向外点亮，如此循环，直至按下停止按钮。本项目要求分别使用定时中断和时基中断实现，而且灯的亮灭使用传送指令实现。

【任务分析】
本任务中假设最内层只有 1 盏红色彩灯，中间层有 3 盏绿色彩灯，最外层有 6 盏蓝色彩灯，每层指示灯均匀分布在那层的圆周上。本项目的核心就是如何产生秒信号并点亮每盏灯。定时器中断时间范围 1～32 767 ms，故可设定 1 000 ms；定时中断时间范围 1～255 ms，故可以定时 250 ms，中断 4 次便可产生 1s 信号；使用字传送指令时，只需将要被点亮的彩灯的相应位置 1，无需点亮的彩灯的相应位清 0 便可。

### 2.9.1 关联指令

本实训任务涉及的 PLC 指令有：中断指令。

### 2.9.2 任务实施

#### 1. I/O 地址分配

此实训项目中起动按钮、停止按钮作为 PLC 的输入元器件，指示灯作为 PLC 的输出元器件，其相应的 I/O 地址分配如表 2-44 所示。

表 2-44 天塔之光的 PLC 控制的 I/O 分配表

| 输入 | | 输出 | |
|---|---|---|---|
| 输入继电器 | 元器件 | 输出继电器 | 元器件 |
| I0.0 | 开始按钮 SB1 | Q0.0 | 最内层红色彩灯 HL1 |
| I0.1 | 停止按钮 SB2 | Q0.1 | 中间层绿色彩灯 HL2 |
| | | Q0.2 | 中间层绿色彩灯 HL3 |
| | | Q0.3 | 中间层绿色彩灯 HL4 |
| | | Q1.0 | 最外层蓝色彩灯 HL5 |
| | | Q1.1 | 最外层蓝色彩灯 HL6 |
| | | Q1.2 | 最外层蓝色彩灯 HL7 |
| | | Q1.3 | 最外层蓝色彩灯 HL8 |
| | | Q1.4 | 最外层蓝色彩灯 HL9 |
| | | Q1.5 | 最外层蓝色彩灯 HL10 |

**2. 电气接线图绘制**

天塔之光的 PLC 控制 I/O 端子连接如图 2-49 所示。

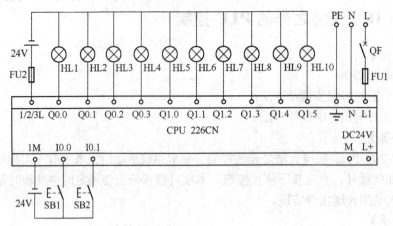

图 2-49　天塔之光的 PLC 控制 I/O 端子连接图

**3. 创建项目**

双击 STEP 7-Micro/WIN 软件图标，启动软件，选择菜单栏中的"文件"→"保存"命令，在"文件名"栏对该文件进行命名，在此命名为"天塔之光的 PLC 控制"，然后再选择文件保存的位置，最后单击"保存"按钮即可。

**4. 编制程序**

（1）定时器中断

根据控制要求使用定时器中断编制的程序如图 2-50 和图 2-51 所示。

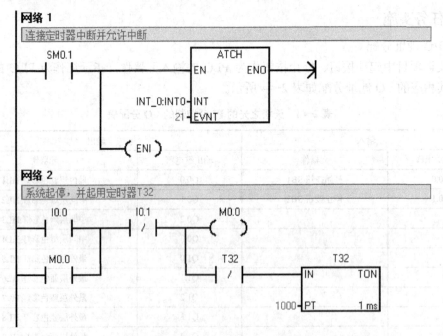

图 2-50　天塔之光的 PLC 控制程序——定时器中断（主程序）

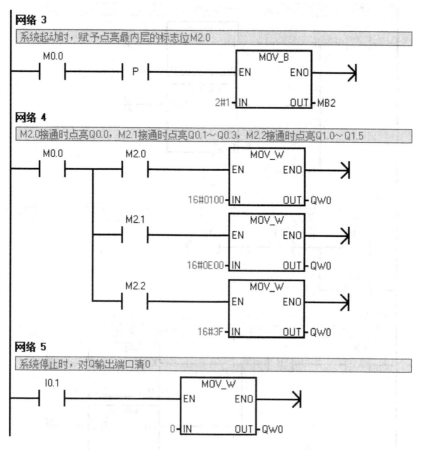

图 2-50  天塔之光的 PLC 控制程序——定时器中断（主程序）（续）

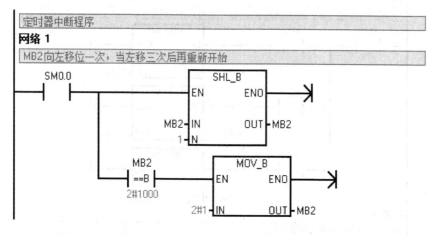

图 2-51  天塔之光的 PLC 控制程序——定时器中断（中断程序）

（2）定时中断

根据控制要求使用定时中断编制的程序如图 2-52 和图 2-53 所示。

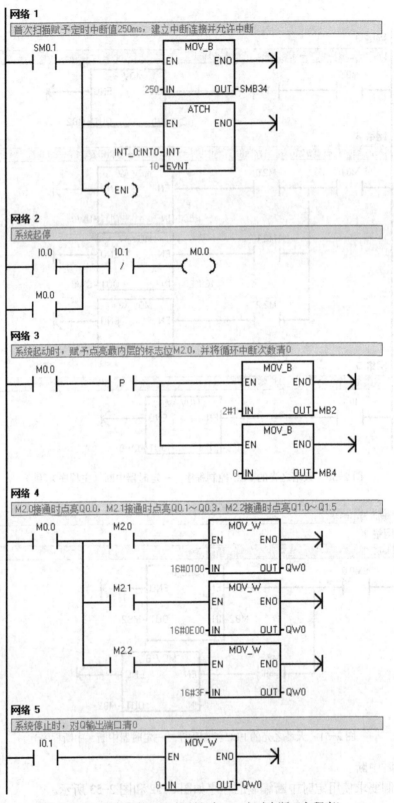

图 2-52 天塔之光的 PLC 控制程序——定时中断（主程序）

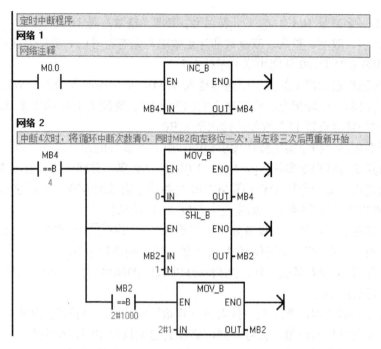

图 2-53　天塔之光的 PLC 控制程序——定时中断（中断程序）

**5. 调试程序**

将编译无误的程序下载到 PLC 中，单击工具条中的"运行"按钮使程序处于运行状态，按下起动按钮后观察天塔之光是否从最内层每隔 1s 向外扩散式的点亮，并不断循环。若上述功能与本实训任务控制要求一致，则本任务硬件连接及程序编制正确。

### 2.9.3　实训交流——时间可调的时基中断

时基中断中定时中断寄存器 SMB34 和 SMB35 的最大定时周期值为 255ms，如果某系统要求定时的时间超过 255ms 才中断一次；而定时器中断的最大时间为 32 767ms，时间值相对来说都比较短，如何实现长时间的时基中断呢？可用时基中断与计数器或算术运算指令等配合使用，可实现较长时间的时基中断，累计时间到达设置值时再触发相应动作。

### 2.9.4　技能训练——时间可调的天塔之光 PLC 控制

用 PLC 实现时间可调的天塔之光控制，彩灯的组成形式同本任务，要求彩灯向外扩散的时间可调节（0.5～2s），同时使用外部输入中断的方法实现。

## 2.10　习题与思考题

1. I1.5 是输入字节_____的第_____位。

2. MW2 是由_____、_____两个字节组成；_____是 MW0 的高字节，_____是 MW0 的低字节。

3. VD20 是由_____、_____、_____、_____字节组成。

4. WORD（字）是 16 位＿＿＿＿＿符号数，INT（整数）是 16 位＿＿＿＿＿符号数。

5. 字节、字、双字、整数、双整数和浮点数哪些是有符号的？哪些是无符号的？

6. &VB100 和 *VD200 分别用来表示什么？

7. 编程实现将累加器 1 的高字中内容送入 MW0，低字中内容送入 MW2。

8. 使用定时器及比较指令编程实现占空比为 1：2、周期为 1.2s 的连续脉冲输出信号。

9. 编程实现将浮点数 12.3 取整后传送至 MB0。

10. 使用循环移位指令实现接在输出 QW0 端口 16 盏灯的跑马灯往复点亮控制。

11. 使用算术运算指令实现[8+9×6/（12+10）]/（6-2）运算，并将结果保存在 MW10 中。

12. 使用逻辑运算指令将 MW0 和 MW10 合并后分别送到 MD20 的低字和高字中。

13. 用 MOV 指令实现电动机的星—三角降压起动控制。

14. 某设备有 3 台风机，当设备处于运行状态时，如果有 2 台或 2 台以上风机工作，则指示灯常亮，指示"正常"；如果仅有 1 台风机工作，则该指示灯以 0.5Hz 的频率闪烁，指示"一级报警"；如果没有风机工作，则指示灯以 2Hz 的频率闪烁，指示"严重报警"；当设备不运行时，指示灯不亮。

15. 3 组抢答器控制，要求在主持人按下开始按钮后，3 组抢答按钮中按下任意一个按钮后，显示器能及时显示该组的编号，同时锁住其他组抢答按钮。如果在主持人按下开始按钮之前进行抢答，则显示器显示该组编号，同时该组号以秒级闪烁以示违规，直至主持人按下复位按钮。若主持人按下开始按钮 10s 后无人抢答，则蜂鸣器响起，表示无人抢答，主持人按下复位按钮可消除此状态。

16. 用 PLC 实现由人工操作进行状态转换的交通灯控制，即操作人员没有按下转换按钮时，两方向交通灯保持当前状态，若操作人员按下一次转换按钮，当前方向为绿灯的交通信号灯闪烁 3s 后进入红灯状态，当前方向为红灯的交通信号灯延时 3s 后进入绿灯状态。

17. 使用 S7-200 PLC 实现 9s 循环倒计时的控制，要求按下开始按钮后，数码管显示 9，然后按每秒递减，减到 0 时再从 9s 开始循环倒计时，无论何时按下停止按钮，数码管上无显示。

18. 用 PLC 实现 15s 倒计时的控制，要求按下开始按钮后，数码管显示 15，然后按每秒递减，减到 0 时停止。无论何时按下停止按钮，数码管上均显示 0。同时增加一个"暂停"按钮，即按下暂停按钮时，数值保持当前值，再次按下暂停按钮后数值从当前值继续进行秒递减。

19. 分别用定时和定时器中断实现 9s 倒计时控制。

20. 使用 PLC 实现电动机轮休的控制。控制要求如下：按下起动按钮 SB1 起动系统，此时第 1 台电动机起动并工作 3h 后，第 2 台电动机开始工作，同时第 1 台电动机停止；当第 2 台电动机工作 3h 后，第 1 台电动机开始工作，同时第 2 台电动机停止，如此循环。当按下停止按钮 SB2 时，两台电动机立即停止。要求使用中断指令实现。

# 第3章 模拟量和脉冲量指令及应用

可编程序控制器（PLC）不仅能对数字量信号进行处理，还可以对模拟量信号进行识别和处理，如工业现场应用中实时采集的温度信号、压力信号、流量信号等，同时还可实现机构的变速运动和精准定位控制。本章主要学习模拟量模块的连接、寻址、地址分配、模拟值的表示及读写，PID 指令、高速计数器和 PLS 指令及其应用。

## 3.1 模拟量

模拟量是区别于数字量的一个连续变化的电压或电流信号。模拟量可作为 PLC 的输入或输出，PLC 通过传感器或控制设备对控制系统的温度、压力、流量等模拟量进行检测或控制。通过变送器可将传感器提供的电量或非电量转换为标准的直流电流（4～20mA、±20mA 等）或直流电压（0～5V、0～10V、±5V、±10V 等）信号。

变送器分为电流输出型和电压输出型。电压输出型变送器具有恒压源的性质，PLC 模拟量输入模块的电压输出端的输出阻抗很高。如果变送器距离 PLC 较远，则通过电路间的分布电容和分布电感所感应的干扰信号，在模块的输出阻抗上将产生较高的干扰电压，所以在远程传送模拟量电压信号时，抗干扰能力很差。电流输出具有恒流源的性质，恒流源的内阻很大，PLC 的模拟量输出模块输入电流时，输入阻抗较低。线路上的干扰信号在模块的输入阻抗上产生的干扰电压很低，所以模拟量电流信号适用于远程传送，最大传送距离可达 200m。并非所有模拟量模块都需要专门的变送器。

### 3.1.1 模拟量模块

S7-200 PLC 模拟量扩展模块主要有 3 种类型，每种扩展模块中 A-D、D-A 转换器的位数均为 12 位。模拟量输入/输出有多种量程可供用户选择，如 0～5V、0～10V、±100mV、±5V、±10V、4～20mA、0～100mA、±20mA 等。量程为 0～10V 时的分辨率为 2.5mV。

S7-200 PLC 模拟量扩展模块主要包括：EM231（模拟量输入模块）、EM232（模拟量输出模块）、EM235（模拟量混合模块）等，图 3-1 所示为 EM235 模块。

### 3.1.2 模拟量模块的接线

S7-200 PLC 的接口模块有数字量模块、模拟量模块和智能模块等，用于扩展数字量输入/输出点数、模拟量点数和一些特殊功能（如运动控制、网络通信等），除 CPU221 外，200 系列的其他 CPU 模块均可配接多个扩展模块。连接时，CPU 模块放在最左侧，扩展模块用扁平电缆（见

图 3-1 EM 235 模块实物图

图 3-1 左侧）与左侧的 CPU 模块相连。下面主要介绍 EM235 的使用。

**1. EM235 的端子与接线**

S7-200 PLC 模拟量扩展模块 EM235 含有 4 路输入和 1 路输出，为 12 位数据格式，其端子及接线如图 3-2 所示。RA、A+、A-为第 1 路模拟量输入通道的端子，RB、B+、B-为第 2 路模拟量输入通道的端子，RC、C+、C-为第 3 路模拟量输入通道的端子，RD、D+、D-为第 4 路模拟量输入通道的端子。M0、V0、I0 为模拟量输出端子，电压输出大小为 -10～10V，电流输出大小为 0～20mA。L+、M 接 EM235 的工作电源。

在图 3-2 中，第 1 路输入通道为电压信号输入接法，第 2 路输入通道为电流信号输入接法。若模拟量输出为电压信号，则接端子 V0 和 M0。

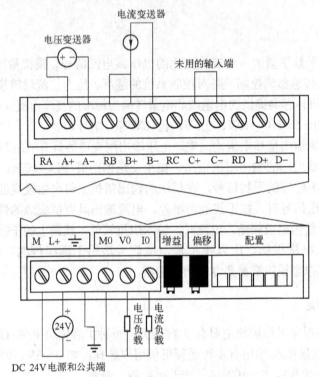

图 3-2　EM235 端子接线图

**2. DIP 设定开关**

EM235 有 6 个 DIP 设定开关，如图 3-3 所示。通过设定开关，可选择输入信号的满量程和分辨率，所有的输入信号设置成相同的模拟量输入范围和格式，如表 3-1 所示。

图 3-3　EM235 的 DIP 设定开关

130

表 3-1　EM235 的 DIP 开关设定表

| 极性 | SW1 | SW2 | SW3 | SW4 | SW5 | SW6 | 满量程输入 | 分辨率 |
|---|---|---|---|---|---|---|---|---|
| 单极性 | ON | OFF | OFF | ON | OFF | ON | 0～50mV | 12.5μV |
| | OFF | ON | OFF | ON | OFF | ON | 0～100mV | 25μV |
| | ON | OFF | OFF | OFF | ON | ON | 0～500mV | 125μV |
| | OFF | ON | OFF | OFF | ON | ON | 0～1V | 250μV |
| | ON | OFF | OFF | OFF | OFF | ON | 0～5V | 1.25μA |
| | ON | OFF | OFF | OFF | OFF | ON | 0～20mA | 5μA |
| | OFF | ON | OFF | OFF | OFF | ON | 0～10V | 2.5mV |
| 双极性 | ON | OFF | OFF | ON | OFF | OFF | ±25mV | 12.5μV |
| | OFF | ON | OFF | ON | OFF | OFF | ±50mV | 25μV |
| | OFF | OFF | ON | ON | OFF | ON | ±100mV | 50μV |
| | ON | OFF | OFF | OFF | ON | ON | ±250mV | 125μV |
| | OFF | ON | OFF | OFF | ON | OFF | ±500mV | 250μV |
| | OFF | OFF | ON | OFF | ON | OFF | ±1V | 500μV |
| | ON | OFF | OFF | OFF | OFF | OFF | ±2.5 V | 1.25mV |
| | OFF | ON | OFF | OFF | OFF | OFF | ±5 V | 2.5mV |
| | OFF | OFF | ON | OFF | OFF | OFF | ±10V | 5mV |

如输入至 EM235 模块的是 0～10V 的单极性电压信号，则 DIP 开关按照 1、2、3、4、5、6 的顺序应设为 OFF、ON、OFF、OFF、OFF、ON。

**3．EM235 的技术规范**

EM235 的技术规范如表 3-2 所示。

表 3-2　EM235 的技术规范

| | | |
|---|---|---|
| 模拟量输入特性 | 模拟量输入点数 | 4 |
| | 电压（单极性）信号类型 | 0～10V、0～5V<br>0～1V、0～500mV<br>0～100mV、0～50mV |
| | 电压（双极性）信号类型 | ±10V、±5V、±2.5V<br>±1V、±500mV、±250mV<br>±100mV、±50mV、±25mV |
| | 电流信号类型 | 0～20mA |
| | 单极性量程范围 | 0～32 000 |
| | 双极性量程范围 | −32 000～32 000 |
| | 分辨率 | 12 位 A-D 转换器 |
| 模拟量输出特性 | 模拟量输出点数 | 1 |
| | 电压输出 | ±10V |
| | 电流输出 | 0～20mA |
| | 电压数据范围 | −32 000～32 000 |
| | 电流数据范围 | 0～32 000 |

## 3.1.3　模拟量模块的寻址

模拟量输入和输出为一个字长，所以地址必须从偶数字节开始，其格式如下。

AIW[起始字节地址]　　例如：AIW4

AQW[起始字节地址]　　例如：AQW2

一个模拟量的输入被转换成标准的电压或电流信号，如 0～10V，然后经 A-D 转换器转换成一个字长（16 位）数字量，存储在模拟量存储区 AI 中，如 AIW0。对于模拟量的输出，S7-200 PLC 将一个字长的数字量，如 AQW2，用 D-A 转换器转换成模拟量。

每个模拟量输入模块，按模块的先后顺序，地址是以固定的顺序向后排的，如 AIW0、AIW2、AIW4、AIW6 等。每个模拟量输出模块占两个通道，即使第一个模块只有一个输出 AQW0，如 EM235，第二个模块模拟量输出地址也应从 AQW4 开始寻址，以此类推。

### 3.1.4　模拟量的地址分配

扩展模块安装在本机 CPU 模块的右边，并通过扁平电缆与 CPU 相连。CPU 分配给数字量 I/O 模块的地址以字节为单位，一个字节由 8 个数字量 I/O 点组成。扩展模块 I/O 点的字节地址由 I/O 的类型和模块在同类 I/O 模块链中的位置来决定。以图 3-4 中的数字量输出为例，分配给 CPU 模块的字节地址为 QB0 和 QB1，分配给 0 号扩展模块的字节地址为 QB2，分配给 3 号扩展模块的字节地址为 QB3 等。某个模块的数字量 I/O 点如果不是 8 的整数倍，最后一个字节中未用的位（见图 3-4 中的 I1.6 和 I1.7）不会分配给 I/O 链中的后续模块。可以像内部存储器标志那样来使用输出模块的最后一个字节中未用的位。输入模块在每次更新输入时，都将输入字节中未用的位清零，因此不能将它们用作内部存储器标志位。

模拟量扩展模块以 2 点（4 字节）递增的方式来分配地址，所以图 3-4 中扩展模块 2 模拟量输出的地址应为 AQW4。即使未用 AQW2，它也不能分配给扩展模块 2 使用。

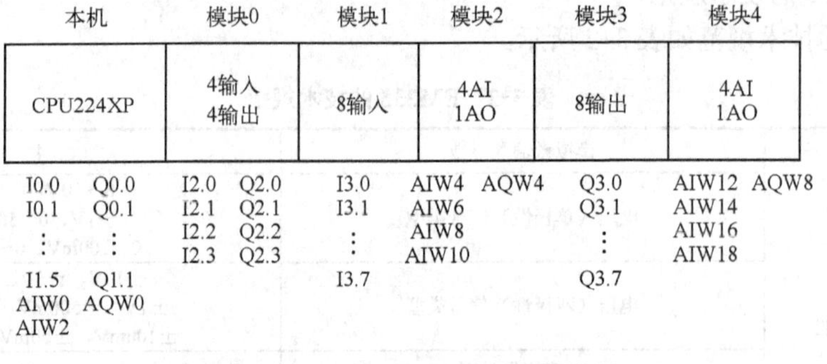

| 本机 | 模块0 | 模块1 | 模块2 | 模块3 | 模块4 |
|---|---|---|---|---|---|
| CPU224XP | 4输入 4输出 | 8输入 | 4AI 1AO | 8输出 | 4AI 1AO |

| I0.0　Q0.0 | I2.0　Q2.0 | I3.0 | AIW4　AQW4 | Q3.0 | AIW12　AQW8 |
|---|---|---|---|---|---|
| I0.1　Q0.1 | I2.1　Q2.1 | I3.1 | AIW6 | Q3.1 | AIW14 |
| ⋮　⋮ | I2.2　Q2.2 | I3.2 | AIW8 | ⋮ | AIW16 |
| | I2.3　Q2.3 | ⋮ | AIW10 | | AIW18 |
| I1.5　Q1.1 | | I3.7 | | Q3.7 | |
| AIW0　AQW0 | | | | | |
| AIW2 | | | | | |

图 3-4　本机及扩展 I/O 地址分配举例

### 3.1.5　模拟值的表示

模拟量输入模块 EM235 有 5 个通道、4 个模拟量输入通道和 1 个模拟量输出通道。对于输入通道，它们既可测量直流电流信号，也可测量直流电压信号，但不能同时测量电流和电压信号，只能二选一（根据接线方式加以区别）。信号范围如表 3-2 所示；满量程数据字格式：–32 000～32 000 和 0～32 000。若某通道选用测量 0～20mA 的电流信号，当检测到电流值为 5mA 时，经 A-D 转换后，读入 PLC 中的数字量应为 8000。

模拟量模块 EM235 的输出通道，既可输出电流信号，也可输出电压信号，应根据需要选择（输出类型不同，接线方式也不同，如图 3-2 所示）。电流信号范围为 0～20mA，电压信号范围为±10V，对应数字量为 0～32 000 和-32 000～32 000。若需要输出电压信号 5V，则需将数字量+16 000 经模拟量模块输出即可。

### 3.1.6　模拟量的读写

一个模拟量的输入被转换成标准的电压或电流信号，如 0～10V，然后经 A-D 转换器转换成一个字长（16 位）数字量，存储在模拟量存储区 AI 中，如 AIW32。对于模拟量的输出，S7-200 PLC 将一个字长的数字量，如 AQW32，用 D-A 转换器转换成模拟量。

如图 3-4 所示，若想读取接在扩展插槽 2 上模拟量混合模块 2 通道上的电压或电流信号时，可通过以下指令读取：或在程序中直接使用 AIW8 存储区。

MOVW　AIW8，　VW0

若想从接在扩展插槽 2 上模拟量混合模块输出通道上输出电压或电流信号时，可通过以下指令输出：

MOVW　VW10，　AQW4

读者通过扫描二维码 3-1 进行"模拟量输入存储区"视频相关知识的学习。

读者通过扫描二维码 3-2 进行"模拟量输出存储区"视频相关知识的学习。

二维码 3-1　　　二维码 3-2

### 3.1.7　PID 指令

#### 1. 模拟量闭环控制系统的组成

模拟量闭环控制系统的组成如图 3-5 所示，点画线部分在 PLC 内。在模拟量闭环控制系统中，被控制量 $c(t)$（如温度、压力、流量等）是连续变化的模拟量，某些执行机构（如电动调节阀和变频器等）要求 PLC 输出模拟信号 $M(t)$，而 PLC 的 CPU 只能处理数字量。$c(t)$ 首先被检测元件（传感器）和变送器转换为标准量程的直流电流或直流电压信号 $pv(t)$，PLC 的模拟量输入模块用 A-D 转换器将它们转换为数字量 $pv(n)$。

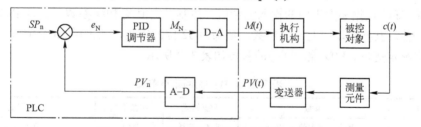

图 3-5　PLC 模拟量闭环控制系统的组成框图

PLC 按照一定的时间间隔采集反馈量，并进行调节控制的计算。这个时间间隔称为采样周期（或称为采样时间）。图 3-5 中的 $SP_N$、$PV_N$、$e_N$、$M_N$ 均为第 $N$ 次采样时的数字量，$PV(t)$、$M(t)$、$c(t)$ 为连续变化的模拟量。

如在温度闭环控制系统中，用传感器检测温度，温度变送器将传感器输出的微弱的电压信号转换为标准量程的电流或电压，然后送入模拟量输入模块，经 A-D 转换后得到与温度成比例的数字量，CPU 将它与温度设定值进行比较，并按某种控制规律（如 PID 控制算法）对误差进行计算，将计算结果（数字量）送入模拟量输出模块，经 D-A 转换后变为电流信号或电压信号，用来控制加热器的平均电压，实现对温度的闭环控制。

**2．PID 指令介绍**

在工业生产过程中，模拟量 PID（由比例、积分、微分构成的闭合回路）调节是常用的一种控制方法。S7-200 PLC 设置了专门用于 PID 运算的回路表参数和 PID 回路指令，可以方便地实现 PID 运算。

（1）PID 算法

在一般情况下，控制系统主要针对被控参数 $PV$（又称为过程变量）与期望值 $SP$（又称为给定值）之间产生的偏差 $e$ 进行 PID 运算。

典型的 PID 算法包括 3 项：比例项、积分项和微分项。即：输出=比例项+积分项+微分项，公式中各参数含义见表 3-3。

$$M(t) = K_C e(t) + K_I \int e(t) \mathrm{d}t + K_D \mathrm{d}e(t)/\mathrm{d}t$$

计算机在周期性采样并离散化后进行 PID 运算，算法如下所示，公式中各参数含义见表 3-3。

$$M_N = K_C \times (SP_N - PV_N) + K_C \times (T_S/T_I) \times (SP_N - PV_N) + M_X + K_C \times (T_D/T_S) \times (PV_{N-1} - PV_N)$$

式中，比例项 $K_C \times (SP_N - PV_N)$：能及时地产生与偏差成正比的调节作用，比例系数越大，比例调节作用越强，系统的调节速度越快，但比例系数过大会使系统的输出量振荡加剧，稳定性降低。

积分项 $K_C \times (T_S/T_I) \times (SP_N - PV_N) + M_X$：与偏差有关，只要偏差不为 0，PID 控制的输出就会因积分作用而不断变化，直到偏差消失，系统处于稳定状态，所以积分项的作用是消除稳态误差，提高控制精度，但积分的动作缓慢，给系统的动态稳定性带来不良影响，很少单独使用。从式中可以看出，积分时间常数增大，积分作用减弱，消除稳态误差的速度减慢。

微分项 $K_C \times (T_D/T_S) \times (PV_{N-1} - PV_N)$：根据误差变化的速度（即误差的微分）进行调节，具有超前和预测的特点。微分时间常数 $T_D$ 增大，超调量减少，动态性能得到改善，如 $T_D$ 过大，系统输出量在接近稳态时可能上升缓慢。

S7-200 PLC 根据参数表中的输入测量值、控制设定值及 PID 参数，进行 PID 运算，求得输出控制值。其参数表中有 9 个参数，全部为 32 位的实数，共占用 36 个字节，36～79 字节保留给自整定变量。PID 控制回路的参数如表 3-3 所示。

表 3-3 PID 控制回路参数表

| 偏移地址 | 参数 | 数据格式 | 参数类型 | 数据说明 |
|---|---|---|---|---|
| 0 | 过程变量当前值（$PV_N$） | 双字、实数 | 输入 | 在 0.0～1.0 之间 |
| 4 | 给定值（$SP_N$） | 双字、实数 | 输入 | 在 0.0～1.0 之间 |
| 8 | 输出值（$M_N$） | 双字、实数 | 输出 | 在 0.0～1.0 之间 |
| 12 | 增益（$K_C$） | 双字、实数 | 输入 | 比例常量，可正可负 |
| 16 | 采样时间（$T_S$） | 双字、实数 | 输入 | 以秒为单位，必须为正数 |
| 20 | 积分时间（$T_I$） | 双字、实数 | 输入 | 以分钟为单位，必须为正数 |
| 24 | 微分时间（$T_D$） | 双字、实数 | 输入 | 以分钟为单位，必须为正数 |
| 28 | 上一次的积分值（$M_X$） | 双字、实数 | 输出 | 在 0.0～1.0 之间 |
| 32 | 上一次过程变量（$PV_{N-1}$） | 双字、实数 | 输出 | 最近一次 PID 运算值 |

（2）PID 控制回路选项

在很多控制系统中，有时只采用一种或两种控制回路。例如，可能只要求比例控制回路或比例和积分控制回路，通过设置常量参数值选择所需的控制回路。

1）如果不需要积分运算（即在 PID 计算中无"I"），则应将积分时间 $T_I$ 设为无限大。由于积分项有初始值，即使没有积分运算，积分项的数值也可能不为零。

2）如果不需要微分运算（即在 PID 计算中无"D"），则应将微分时间 $T_D$ 设定为 0.0。

3）如果不需要比例运算（即在 PID 计算中无"P"），但需要 I 或 ID 控制，则应将增益值 $K_C$ 指定为 0.0。因为 $K_C$ 是计算积分和微分公式中的系数，将循环增益设为 0.0 会导致在积分和微分项计算中使用的循环增益值为 1.0。

（3）PID 控制回路输入转换及标准化数据

S7-200 PLC 为用户提供了 8 条 PID 控制回路，回路号为 0～7，即可以使用 8 条 PID 指令实现 8 个回路的 PID 运算。

每个回路的给定值和过程变量都是实际数值，其大小、范围和工程单位可能不同。在 PLC 进行 PID 控制之前，必须将其转换成标准化浮点数表示法。步骤如下：

1）将回路输入量数值从 16 位整数转换成 32 位浮点数（实数）。下列指令说明如何将整数数值转换成实数。

```
ITD    AIW0，AC0        // 将输入数值转换成双整数（32 位整数）
DTR    AC0，AC0         // 将 32 位整数转换成实数
```

2）将实数转换成 0.0～1.0 之间的标准化数值，其公式为

实际数值的标准化数值=实际数值的非标准化数值或原始实数/取值范围+偏移量

其中，取值范围=最大可能数值-最小可能数值=32 000（单极数值）或 64 000（双极数值）；偏移量：对单极数值取 0.0，对双极数值取 0.5；单极范围为 0～32 000，双极范围为-32 000～32 000。

将上述 AC0 中的双极数值（间距为 64 000）标准化的程序如下：

```
/R      64000.0，AC0    // 使累加器中的数据标准化
+R      0.5，AC0        // 加偏移量
MOVR    AC0，VD100      // 将标准化数值写入 PID 回路参数表中
```

（4）将 PID 控制回路输出转换为成比例的整数

程序执行后，PID 回路输出 0.0～1.0 的标准化实数数值，必须被转换成 16 位成比例的整数数值，才能驱动模拟量的输出。

PID 回路输出成比例的数数值 =（PID 回路输出标准化实数值-偏移量）×取值范围

程序如下：

```
MOVR    VD108，AC0      // 将 PID 回路输出送入 AC0
-R      0.5，AC0        // 双极数值减偏移量 0.5
*R      64000.0，AC0    //AC0 的值乘以取值范围，变为成比例的实数数值
ROUND   AC0，AC0        // 将实数四舍五入，变为 32 位整数
DTI     AC0，AC0        //32 位整数转换成 16 位整数
MOVW    AC0，AQW0       //16 位整数写入 AQW0
```

（5）PID 指令

PID 指令：使能有效时，根据 PID 控制回路参数表中的过程变量当前值、控制设定值及 PID 参数进行 PID 运算。指令格式如表 3-4 所示。

表 3-4  PID 指令格式

| 梯形图 | 语句表 | 说明 |
|---|---|---|
| PID<br>EN    ENO<br><br>TBL<br>LOOP | PID TBL, LOOP | TBL：参数表起始地址 VB，数据类型：字节；<br>LOOP：回路号，常量（0~7），数据类型：字节 |

说明如下。

1）程序中可使用 8 条 PID 指令，不能重复使用。

2）使 ENO=0 的错误条件：0006（间接地址），SM1.1（溢出，参数表起始地址或指定的 PID 回路指令号码操作数超出范围）。

3）PID 指令不对参数表输入值进行范围检查，必须保证过程变量、给定值积分项当前值和过程变量当前值在 0.0~1.0 范围内。

（6）PID 控制回路的编程步骤

使用 PID 指令进行系统控制调节，可遵循以下步骤：

1）指定内存变量区回路表的首地址，如 VB200。

2）根据表 3-3 的格式及偏移地址，把设定值 $SP_N$ 写入指定地址 VD204（双字，下同）、增益 $K_C$ 写入 VD212、采样时间 $T_S$ 写入 VD216、积分时间 $T_I$ 写入 VD220、微分时间 $T_D$ 写入 VD224、PID 输出值由 VD208 输出。

3）设置定时中断初始化程序。PID 指令必须使用在定时中断程序中（中断事件 10 和 11）。

4）读取过程变量模拟量 AIWx，进行回路输入转换及标准化处理后写入回路表首地址 VD200。

5）执行 PID 回路运算指令。

6）对 PID 回路运算的输出结果 VD208 进行数据转换，然后送入模拟量输出 AQWx 作为控制调节的信号。

**3. PID 指令向导的应用**

S7-200 PLC 指令与回路表配合使用，CPU 的回路表有 23 个变量。编写 PID 控制程序时，首先要把过程变量（*PV*）转换为 0.0~1.0 的标准化的实数。PID 运算结束后，需要将回路输出（0.0~1.0 的标准化的实数）转换为可以送给模拟量输出模块的整数。为了让 PID 指令以稳定的采样周期工作，应在定时中断程序中调用 PID 指令。综上所述，如果直接使用 PID 指令，则编程的工作量和难度都比较大。为了降低编写 PID 控制程序的难度，S7-200 PLC 的编程软件设置了 PID 指令向导。

（1）打开"PID 指令向导"对话框

打开编程软件 STEP 7-Micro/WIN，单击"指令树"→"向导"，双击"PID"图标，或选择菜单栏"工具"→"指令向导"命令，在弹出的对话框中选择"PID"，单击"下一步"按钮，即可打开"PID 指令向导"对话框。

（2）设定 PID 回路参数

选择 PID 回路编号（0～7）后，单击"下一步"按钮，进入"PID 参数设置"对话框。

1）定义回路给定值（*SP*）："回路给定值标定"设置区用于定义回路设定值（*SP*，即给定值）的范围，在"给定值范围的低限（Low Range）"和"给定值范围的高限（High Range）"文本框中分别输入实数，默认值为 0.0 和 100.0，表示给定值的取值范围占过程反馈（实际值）量程的百分比。这个范围是给定值的取值范围，也可以用实际的工程单位数值表示。

对于 PID 控制系统来说，必须保证给定值与过程反馈值（实际值）的一致性，该一致性可从如下 3 方面来理解：

① 给定值与反馈值的物理意义一致：这取决于被控制的对象，若是压力，则给定值也必须对应于压力值；若是温度，则给定值也必须对应于温度。

② 给定值与反馈值的数值范围对应：如果给定值直接是摄氏温度值，则反馈值必须是对应的摄氏温度值；如果反馈值直接使用模拟量输入的对应数值，则给定值也必须向反馈值的数值范围换算。

③ 给定值与反馈值的换算也可以有特定的比例关系，如给定值可以表示为以反馈值的数值范围的百分比数值。为避免混淆，建议采用默认百分比的形式。

2）比例增益：比例常数。

3）积分时间：如果不需要积分作用，则可以把积分时间设为无穷大"INF"。

4）微分时间：如果不需要微分回路，则可以把微分时间设为 0。

5）采样时间：PID 控制回路对反馈采样和重新计算输出值的时间间隔。在设置 PID 指令向导完成后，若想要修改此数，则必须返回向导中修改，不可在程序中或状态表中修改。

以上这些参数都是实数。可以根据"经验"或需要"粗略"设定这些参数，甚至采用默认值，具体参数还要进行设定。

（3）设定回路输入/输出值

单击"下一步"按钮，进入"PID 输入/输出参数设定"对话框。"回路输入选项"设置区用于设定过程变量的输入类型和取值范围。首先设定过程变量 *PV*（Process Variable）的取值范围，然后定义输出类型。

1）指定输入类型及取值范围。

① Unipolar：单极性，即输入的信号为正，如 0～10V 或 0～20mA 等。

② Bipolar：双极性，即输入信号在从负到正的范围内变化，如输入信号为±10V、±5V 等。

③ 使用 20%偏移量：反馈输入取值范围在类型设置为 Unipolar 时，默认值为 0～32 000，对应输入量程范围 0～10V 或 0～20mA，输入信号为正；在类型设置为 Bipolar 时，默认的取值为-32 000～32 000，对应的输入范围根据量程不同，可以是±10V、±5V 等；在选中"使用 20%偏移量"时，取值范围为 6 400～32 000，不可改变。如果输入为 4～20mA，则选单极性及此项，4mA 是 0～20mA 信号的 20%，所以选用 20%偏移，即 4mA 对应 6 400，20mA 对应 32 000。

**注意：**前面所提到的给定值取值范围，反馈输入也可以用工程制单位的数值。

2）设定输出类型及取值范围。

"回路输出选项"设置区用于定义输出类型，可以选择模拟量输出或数字量输出。模拟量输出用来控制一些需要模拟量设定的设备，如比例阀、变频器等；数字量输出实际上是控制输出点的通断状态使其按一定的占空比变化，可以控制固态继电器。选择模拟量输出则需要设定回路输出变量值的范围，可以进行的选择如下。

① Unipolar：单极性输出，可为 0～10V 或 0～20mA 等，范围默认值为 0～32 000。

② Bipolar：双极性输出，可为±10V、±5V 等，范围取值为–32 000～32 000。

③ 20% Offset：如果选中 20%偏移，使输出为 4～20mA，范围取值为 6 400～32 000，不可改变。

如果选择了数字量输出，需要设定占空比的周期。

（4）设定回路报警选项

单击"下一步"按钮，进入"回路报警设定"对话框。

PID 指令向导提供了 3 个输出来反映过程值（*PV*）的低限报警、高限报警及模拟量输入模块错误状态。当报警条件满足时，输出置位为 1。这些功能只有在选中了相应的复选框后才起作用。

① 使能低限报警（*PV*）：用于设定过程值（*PV*）报警的低限，此值为过程值的百分数，默认值为 0.10，即报警的低限为过程值的 10%。此值最低可设为 0.01，即满量程的1%。

② 使能高限报警（*PV*）：用于设定过程值（*PV*）报警的高限，此值为过程值的百分数，默认值为 0.90，即报警的高限为过程值的 90%。此值最高可设为 1.00，即满量程的100%。

③ 使能模拟量输入模块报错：用于设定模块与 CPU 连接时所处的模块位置。"0"就是第一个扩展模块的位置。

（5）指定 PID 运算数据存储区

单击"下一步"按钮，为 PID 指令向导分配存储区。

PID 指令（功能块）使用了一个 120B 的 V 区参数表来进行控制回路的运算工作。此外，PID 向导生成的输入/输出量的标准化程序也需要运算数据存储区，需要为它们定义一个起始地址，要保证该起始地址的若干字节在程序的其他地方没有被重复使用。单击"建议地址"按钮，则向导将自动设定当前程序中没有用过的 V 区地址。自动分配的地址只是在执行PID 向导时编译检测到的空闲地址。向导将自动为该参数表分配符号名，用户不必再为这些参数分配符号名，否则将导致 PID 控制不被执行。

（6）定义向导创建的初始化子程序和中断程序的程序名

单击"下一步"按钮，则进入"定义向导所生成的 PID 初始化子程序和中断程序名及手/自动模式"对话框。

向导定义的默认的初始化子程序名为"PID0_INIT"，中断程序名为"PID_EXE"，可以自行修改。

在该对话框中可以增加 PID 手动控制模式。在"PID 手动控制模式"设置区下，选择"增加 PID 手动控制"复选框，将回路输出设定为手动输出控制，此时还需要输入手动控制输出参数，它是一个介于 0.0～1.0 之间的实数，代表输出的 0%～100%，而不是直接去改变输出值。

**注意**：如果项目中已经存在一个 PID 配置，则中断程序名为只读，不可更改。因为一个项目中所有 PID 共用一个中断程序，它的名字不会被任何新的 PID 所更改。

PID 向导中断用的是 SMB34 定时中断，在使用了 PID 向导后，在其他编程时不能再用此中断，也不能向 SMB34 中写入新的数值，否则 PID 将停止工作。

（7）生成 PID 子程序、中断程序及符号表等

单击"下一步"按钮，将生成 PID 子程序、中断程序及符号表等。单击"完成"按钮，即完成 PID 向导的组态。之后，可在符号表中查看 PID 向导生成的符号表，包括各参数所用的详细地址及其注释，进而在编写程序时使用相关参数。

完成 PID 指令向导的组态后，指令树的子程序文件夹中已经生成了 PID 相关子程序和中断程序，需要在用户程序中调用向导生成的 PID 子程序。

（8）在程序中调用 PID 子程序

配置完 PID 向导，需要在程序中调用向导生成的 PID 子程序。需要注意的是，必须用 SM0.0 来无条件调用 PID0_INIT 程序。调用 PID 子程序时，不用考虑中断程序。子程序会自动初始化相关的定时中断处理事项，然后中断程序会自动执行。

PIDx_INIT 指令中的 PV_I 是模拟量输入模块提供的反馈值的地址，Setpoint_R 是以百分比为单位的实数给定值（*SP*）。假设 AIW0 对应的是 0～400℃的温度值，如果在向导中设置给定范围为 0.0～200.0（400℃对应于 200%），则设定值 80.0 (%)相当于 160℃。

BOOL 变量 Auto_Manual 为 1 时，该回路为自动工作方式（PID 闭环控制），反之为手动工作方式。Manual Output 是手动工作方式时标准化的实数输入值。

Output 是 PID 控制器的 INT 型输出值的地址，HighAlarm 和 LowAlarm 分别是 *PV* 超过上限和下限时报警信号输出，ModuleErr 是模拟量模块的故障输出信号。

读者通过扫描二维码 3-3 进行"PID 向导的配置"视频相关知识的学习。

读者通过扫描二维码 3-4 进行"调用向导生成的 PID 子程序"视频相关知识的学习。

二维码 3-3　　二维码 3-4

## 3.2　高速脉冲

### 3.2.1　编码器

编码器（Encoder）是将角位移或直线位移转换成电信号，再把信号（如比特流）或数据编制转换为可用于通信、传输和存储等内容的设备。按照其工作原理，编码器可分为增量式和绝对式两类。增量式编码器是将位移转换成周期性的电信号，再把这个电信号转变成计数脉冲，用脉冲的个数表示位移的大小。绝对式编码器的每一个位置对应一个确定的数字码，因此它的实际值只与测量的起始和终止位置有关，而与测量的中间过程无关。

**1．增量式编码器**

光电增量式编码器的码盘上有均匀刻制的光栅。码盘旋转时，输出与转角的增量成正比

的脉冲，需要用计数器来统计脉冲数。根据输出信号的个数，有如下 3 种增量式编码器。

（1）单通道增量式编码器

单通道增量式编码器内部只有 1 对光耦合器，只能产生一个脉冲序列。

（2）双通道增量式编码器

双通道增量式编码器又称为 A、B 相型编码器，内部有两对光耦合器，能输出相位差为 90° 的两组独立脉冲序列。正转和反转时，两路脉冲的超前、滞后关系刚好相反，如图 3-6 所示。如果使用 A、B 相型编码器，PLC 可以识别出转轴旋转的方向。

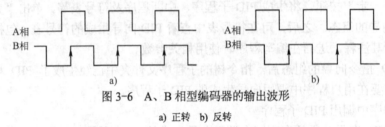

图 3-6 A、B 相型编码器的输出波形

a) 正转 b) 反转

（3）三通道增量式编码器

在三通道增量式编码器内部除了有双通道增量式编码器的两对光耦合器外，在脉冲码盘的另外一个通道还有一个透光段，每转 1 圈，输出一个脉冲，该脉冲称为 Z 相零位脉冲，用作系统清零信号或坐标的原点，以减少测量的累积误差。

**2．绝对式编码器**

N 位绝对式编码器有 N 个码道，最外层的码道对应于编码的最低位。每一码道有一个光耦合器，用来读取该码道的 0、1 数据。绝对式编码器输出的 N 位二进制数反映了运动物体所处的绝对位置，PLC 根据位置的变化情况可以判别旋转的方向。

### 3.2.2  高速计数器

在工业控制中有很多场合输入的是一些高速脉冲，如编码器信号，这时 PLC 可以使用高速计数器对这些特定的脉冲进行加/减计数，来最终获取所需的工艺数据（如转速、角度、位移等）。PLC 的普通计数器的计数过程与扫描工作方式有关，CPU 通过每一扫描周期读取一次被测信号的方法来捕捉被测信号的上升沿，但当被测信号的频率较高时，将会丢失计数脉冲，因此普通计数器的工作频率很低，一般仅有几十赫兹。高速计数器可以对普通计数器无法计数的高速脉冲进行计数。

**1．高速计数器简介**

高速计数器（HSC，High Speed Counter）在现代自动控制中的精确控制领域有很高的应用价值，它用来累计比 PLC 扫描频率高得多的脉冲输入，利用产生的中断事件来完成预定的操作。

（1）数量及编号

高速计数器在程序中使用时，地址编号用 HSCn（或 HCn）来表示，其中，HSC（或 HC）表示编程元件名称为高速计数器，n 为编号。

HSCn 除了表示高速计数器的编号之外，还代表两方面的含义，即高速计数器位和高速计数器当前值。编程时，从所用的指令中可以看出是位还是当前值。

对于不同型号的 S7-200 PLC CPU，高速计数器的数量如表 3-5 所示。CPU 22X 系列的 PLC 最高计数频率为 30kHz，CPU 224XPCN 的 PLC 最高计数频率为 230kHz。

表 3-5　各 CPU 高速计数器数量

| 主机型号 | CPU221 | CPU222 | CPU224 | CPU226 |
|---|---|---|---|---|
| 可用 HSC 数量 | 4 | | 6 | |
| HSC 编号范围 | HSC0、HSC3、HSC4、HSC5 | | HSC0 ～ HSC5 | |

（2）中断事件类型

高速计数器的计数和动作可采用中断方式进行控制，与 CPU 的扫描周期关系不大，各种型号的 PLC 可用的计数器中断事件大致分为 3 类：当前值等于预置值中断、输入方向改变中断和外部信号复位中断。所有高速计数器都支持当前值等于预置值中断。每个高速计数器的 3 种中断的优先级由高到低执行，不同高速计数器之间的优先级又按事件号顺序由高到低执行，具体对应关系如表 3-6 所示。

表 3-6　高速计数器中断

| 高速计数器 | 当前值等于预置值中断 | | 输入方向改变中断 | | 外部信号复位中断 | |
|---|---|---|---|---|---|---|
| | 事件号 | 优先级 | 事件号 | 优先级 | 事件号 | 优先级 |
| HSC0 | 12 | 10 | 27 | 11 | 28 | 12 |
| HSC1 | 13 | 13 | 14 | 14 | 15 | 15 |
| HSC2 | 16 | 16 | 17 | 17 | 18 | 18 |
| HSC3 | 32 | 19 | 无 | 无 | 无 | 无 |
| HSC4 | 29 | 20 | 30 | 21 | 无 | 无 |
| HSC5 | 33 | 23 | 无 | 无 | 无 | 无 |

（3）高速计数器输入端子的连接

高速计数器对应的输入端子如表 3-7 所示。

表 3-7　高速计数器的输入端子

| 高速计数器 | 使用的输入端子 | 高速计数器 | 使用的输入端子 |
|---|---|---|---|
| HSC0 | I0.0、I0.1、I0.2 | HSC3 | I0.1 |
| HSC1 | I0.6、I0.7、I1.0、I1.1 | HSC4 | I0.3、I0.4、I0.5 |
| HSC2 | I1.2、I1.3、I1.4、I1.5 | HSC5 | I0.4 |

在表 3-7 中所用到的输入点，如果不使用高速计数器，可作为一般的数字量输入点，或者作为输入/输出中断的输入点。只有在使用高速计数器时，才分配给相应的高速计数器，实现高速计数器产生的中断。在 PLC 实际应用中，每个输入点的作用是唯一的，不能对某一个输入点分配多个用途，因此要合理分配每一个输入点的用途。

**2. 高速计数器的工作模式**

（1）高速计数器的计数方式

其计数方式分为如下 4 种：

1）单路脉冲输入的内部方向控制加/减计数。即只有一个脉冲输入端，通过高速计数器的控制字节的第 3 位来控制加/减计数。该位为 1 时，加计数；该位为 0 时，减计数，如图 3-7 所示。

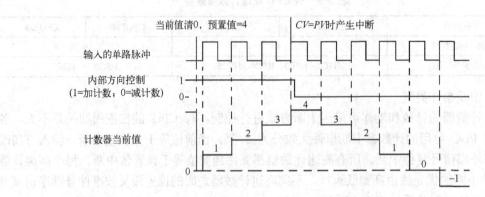

图 3-7　内部方向控制的单路加/减计数

该计数方式可调用当前值等于预置值中断，即当高速计数器的计数当前值与预置值相等时，调用中断程序。

2）单路脉冲输入的外部方向控制加/减计数。即只有一个脉冲输入端，有一个方向控制端，方向输入信号等于 1 时，加计数；方向输入信号等于 0 时，减计数，如图 3-8 所示。

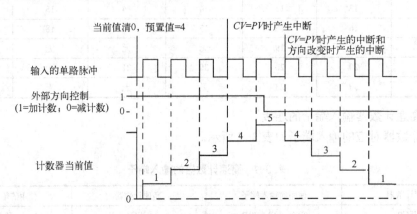

图 3-8　外部方向控制的单路加/减计数

该计数方式可调用当前值等于预置值中断和外部输入方向改变的中断。

3）两路脉冲输入的单相加/减计数。即有两个脉冲输入端，一个是加计数脉冲，一个是减计数脉冲，计数值为两个输入端脉冲的代数和，如图 3-9 所示。

该计数方式可调用当前值等于预置值中断和外部输入方向改变的中断。

4）两路脉冲输入的双相正交计数。即有两个脉冲输入端，输入的两路脉冲 A 相、B 相，相位差 90°（正交）。A 相超前 B 相 90° 时，加计数；A 相滞后 B 相 90° 时，减计数。在这种计数方式下，可选择 1×模式（单倍频，一个时钟脉冲计一个数）和 4×模式（4 倍频，一个时钟脉冲计 4 个数），如图 3-10 和图 3-11 所示。

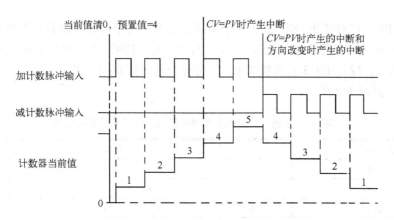

图 3-9　双路脉冲输入的单相加/减计数

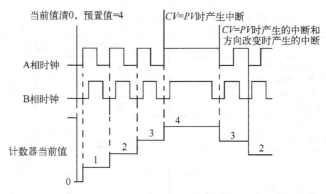

图 3-10　双相正交计数（1×模式）

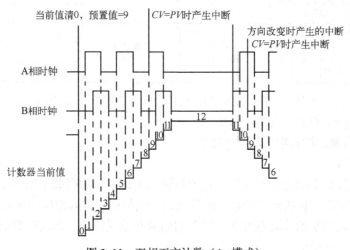

图 3-11　双相正交计数（4×模式）

（2）高速计数器的工作模式

高速计数器有 13 种工作模式，模式 0～模式 2 采用单路脉冲输入的内部方向控制加/减计数；模式 3～模式 5 采用单路脉冲输入的外部方向控制加/减计数；模式 6～模式 8 采用两路脉冲输入的单相加/减计数；模式 9～模式 11 采用两路脉冲输入的双相正交计数；模式 12 只有 HSC0 和 HSC3 支持，HSC0 计 Q0.0 发出的脉冲数，HSC3 计 Q0.1 发出的脉冲数。

S7-200 PLC 有 HSC0～HSC5 共 6 个高速计数器，每个高速计数器有多种不同的工作模式。HSC0 和 HSC4 有模式 0、1、3、4、6、7、9、10；HSC1 和 HSC2 有模式 0～模式 11；HSC3 有模式 0、12，HSC5 只有模式 0。每种计数器所拥有的工作模式与其占有的输入端子的数目有关，如表 3-8 所示。

表 3-8　高速计数器的工作模式与输入端子的关系及说明

| HSC 编号 | 对应的输入端子 | | | |
|---|---|---|---|---|
| HSC0 | I0.0 | I0.1 | I0.2 | × |
| HSC4 | I0.3 | I0.4 | I0.5 | × |
| HSC1 | I0.6 | I0.7 | I1.0 | I1.1 |
| HSC2 | I1.2 | I1.3 | I1.4 | I1.5 |
| HSC3 | I0.1 | × | × | × |
| HSC5 | I0.4 | × | × | × |
| 功能及说明 | 占用的输入端子及其功能 | | | |
| HSC0 | 单路脉冲输入的内部方向控制加/减计数。控制字 SM37.3=0，减计数；SM37.3=1，加计数 | 脉冲输入端 | × | × | × |
| HSC1 | | | × | 复位端 | × |
| HSC2 | | | × | 复位端 | 起动端 |
| HSC3 | 单路脉冲输入的外部方向控制加/减计数。方向控制端=0，减计数；方向控制端=1，加计数 | 脉冲输入端 | 方向控制端 | × | × |
| HSC4 | | | | 复位端 | × |
| HSC5 | | | | 复位端 | 起动端 |
| HSC6 | 两路脉冲输入的单相加/减计数。加计数端有脉冲输入，加计数；减计数端有脉冲输入，减计数 | 加计数脉冲输入端 | 减计数脉冲输入端 | × | × |
| HSC7 | | | | 复位端 | × |
| HSC8 | | | | 复位端 | 起动端 |
| HSC9 | 两路脉冲输入的双相正交计数。A 相脉冲超前 B 相脉冲，加计数；A 相脉冲滞后 B 相脉冲，减计数 | A 相脉冲输入端 | B 相脉冲输入端 | × | × |
| HSC10 | | | | 复位端 | × |
| HSC11 | | | | 复位端 | 起动端 |

选用某个高速计数器在某种工作方式下工作后，高速计数器所使用的输入端不是任意选择的，必须按指定的输入点输入信号。

**3. 高速计数器的控制字节和状态字节**

（1）控制字节

定义了高速计数器的工作模式后，还要设置高速计数器的有关控制字节。每个高速计数器均有一个控制字节，它决定了计数器的计数允许或禁用、方向控制（仅限模式 0、1 和 2）或对所有其他模式的初始化计数方向、装入初始值和预置值等。高速计数器控制字节每个控制位的说明如表 3-9 所示。

表 3-9　高速计数器的控制字节的控制位

| HSC0 | HSC1 | HSC2 | HSC3 | HSC4 | HSC5 | 说明 |
|---|---|---|---|---|---|---|
| SM37.0 | SM47.0 | SM57.0 | SM137.0 | SM147.0 | SM157.0 | 复位有效电平控制：<br>0=高电平有效；1=低电平有效 |
| SM37.1 | SM47.1 | SM57.1 | SM137.1 | SM147.1 | SM157.1 | 起动有效电平控制：<br>0=高电平有效；1=低电平有效 |

144

| HSC0 | HSC1 | HSC2 | HSC3 | HSC4 | HSC5 | 说明 |
|------|------|------|------|------|------|------|
| SM37.2 | SM47.2 | SM57.2 | SM137.2 | SM147.2 | SM157.2 | 正交计数器计数倍率选择：<br>0=4×计数率；1=1×计数倍率 |
| SM37.3 | SM47.3 | SM57.3 | SM137.3 | SM147.3 | SM157.3 | 计数方向控制位：<br>0=减计数；1=加计数 |
| SM37.4 | SM47.4 | SM57.4 | SM137.4 | SM147.4 | SM157.4 | 向 HSC 写入计数方向：<br>0=无更新；1=更新计数方向 |
| SM37.5 | SM47.5 | SM57.5 | SM137.5 | SM147.5 | SM157.5 | 向 HSC 写入预置值：<br>0=无更新；1=更新预置值 |
| SM37.6 | SM47.6 | SM57.6 | SM137.6 | SM147.6 | SM157.6 | 向 HSC 写入初始值：<br>0=无更新；1=更新初始值 |
| SM37.7 | SM47.7 | SM57.7 | SM137.7 | SM147.7 | SM157.7 | HSC 指令执行的允许控制：<br>0=禁用 HSC；1=启用 HSC |

（2）状态字节

每个高速计数器都有一个状态字节，状态位表示当前计数方向以及当前值是否大于或等于预置值。每个高速计数器状态字节的状态位如表 3-10 所示，状态字节的 0～4 位不用。监控高速计数器状态用以外部事件产生中断，以完成重要的操作。

**表 3-10　高速计数器状态字节的状态位**

| HSC0 | HSC1 | HSC2 | HSC3 | HSC4 | HSC5 | 说明 |
|------|------|------|------|------|------|------|
| SM36.5 | SM46.5 | SM56.5 | SM136.5 | SM146.5 | SM156.5 | 当前计数方向状态位：<br>0=减计数；1=加计数 |
| SM36.6 | SM46.6 | SM56.6 | SM136.6 | SM146.6 | SM156.6 | 当前值等于预置值状态位：<br>0=不相等；1=相等 |
| SM36.7 | SM46.7 | SM56.7 | SM136.7 | SM146.7 | SM156.7 | 当前值大于预置值状态位：<br>0=小于或等于；1=大于 |

### 4．高速计数器指令及使用

（1）高速计数器指令

高速计数器指令有两条：高速计数器定义 HDEF 指令和高速计数器 HSC 指令。指令格式如表 3-11 所示。

**表 3-11　高速计数器指令格式**

| 梯形图 | ```
  ┌─────HDEF─────┐
──┤EN        ENO├──
  │              │
──┤HSC           │
──┤MODE          │
  └──────────────┘
``` | ```
  ┌─────HSC──────┐
──┤EN        ENO├──
  │              │
──┤N             │
  └──────────────┘
``` |
|------|------|------|
| 语句表 | HDEF　HSC，MODE | HSC　N |
| 功能说明 | 高速计数器定义 HDEF 指令 | 高速计数器 HSC 指令 |
| 操作数 | HSC：高速计数器的编号，为常量（0～5）；<br>MODE：工作模式，为常量（0～11） | N：高速计数器的编号，为常量（0～5） |
| ENO=0 的出错条件 | SM4.3（运行时间），0003（输入点冲突），0004（中断时的非法指令），000A（HSC 重新定义） | SM4.3（运行时间），0001（HSC 在 HDEF 之前），0005（高速计数器指令/高速脉冲输出指令同时操作） |

1）高速计数器定义 HDEF 指令。用以指定高速计数器 HSCx 的工作模式。工作模式包括高速计数器的输入脉冲、计数方向、复位和起动功能。每个高速计数器只能用一条"高速计数器定义"指令。

2）高速计数器 HSC 指令。根据高速计数器控制位的状态和按照 HDEF 指令指定的工作模式，控制高速计数器。

（2）高速计数器指令的使用

1）每个高速计数器都有一个 32 位初始值和一个 32 位预置值，初始值和预置值均为带符号的整数值。要设置高速计数器的初始值和预置值，必须设置控制字节，如表 3-9 所示，令其第 5 位和第 6 位为 1，允许更新初始值和预置值，将初始值和预置值写入特殊内部标志位存储区。然后执行 HSC 指令，将新数值传输到高速计数器。初始值和预置值占用的特殊内部标志位存储区如表 3-12 所示。

**表 3-12　HSC0～HSC5 初始值和预置值占用的特殊内部标志位存储区**

| 要装入的数值 | HSC0 | HSC1 | HSC2 | HSC3 | HSC4 | HSC5 |
|---|---|---|---|---|---|---|
| 初始值 | SMD38 | SMD48 | SMD58 | SMD138 | SMD148 | SMD158 |
| 预置值 | SMD42 | SMD52 | SMD62 | SMD142 | SMD152 | SMD162 |

除控制字节、预置值和初始值外，还可以使用数据类型 HSC（高速计数器当前值）加计数器编号（0、1、2、3、4 或 5）读取每个高速计数器的当前值。因此，读取操作可直接读取当前值，但只有用 HSC 指令才能执行写入操作。

2）执行 HDEF 指令之前，必须将高速计数器控制字节的位设置成需要的状态，否则将采用默认设置。默认设置如下：复位和起动为高电平有效，正交计数速率选择 4×模式。执行 HDEF 指令后，就不能再改变计数器的设置。

（3）高速计数器指令的初始化

高速计数器指令的初始化步骤如下：

1）用 SM0.1 对高速计数器指令进行初始化（或在启用时对其进行初始化）。

2）在初始化程序中，根据希望的控制设置控制字节（SMB37、SMB47、SMB57、SMB137、SMB147、SMB157），如设置 SMB47=16#F8，则允许计数、允许写入初始值、允许写入预置值、更新计数方向为加计数，若将正交计数设为 4×模式，则复位和起动设置为高电平有效。

3）执行 HDEF 指令，设置 HSC 的编号（0～5），设置工作模式（0～11）。如 HSC 的编号设置为 1，工作模式输入设置为 11，则为既有复位又有起动的正交计数工作模式。

4）把初始值写入 32 位当前寄存器（SMD38、SMD48、SMD58、SMD138、SMD148、SMD158）。如写入 0，则清除当前值，用指令"MOVD　0，SMD48"实现。

5）把预置值写入 32 位当前寄存器（SMD42、SMD52、SMD62、SMD142、SMD152、SMD162）。如执行指令"MOVD　1000，SMD52"，则设置预置值为 1000。若写入预置值为 16#00，则高速计数器处于不工作状态。

6）为了捕捉当前值等于预置值的事件，将条件 *CV=PV* 中断事件（如事件 13）与一个中断程序相联系。

7）为了捕捉计数方向的改变，将方向改变的中断事件（如事件 14）与一个中断程序相联系。

8）为了捕捉外部复位，将外部复位中断事件（如事件 15）与一个中断程序相联系。

9）执行全部中断允许（ENI）指令允许 HSC 中断。

10）执行 HSC 指令使 S7-200 PLC 对高速计数器进行编程。

11）编写中断程序。

**5．HSC 指令向导的使用**

在 S7-200 PLC 编程环境中，使用以下方式可以打开 HSC 指令向导。选择菜单栏"工具"→"指令向导"命令，选择"HSC"即可；或单击浏览条中的"指令向导"图标，然后选择"HSC"；或打开指令树中的"向导"文件夹，随后打开"HSC 指令向导"对话框，然后按照下面的步骤即可自动生成。

（1）选择高速计数器类型和工作模式

打开"HSC 指令向导"对话框，从该对话框的"您希望配置哪个计数器"下拉列表框中选择需要配置的高速计数器，从"模式"下拉列表框中选择工作模式，根据选择的高速计数器决定其可用的模式。

（2）指定初始参数

高速计数器的类型和工作模式确定后，单击"下一步"按钮，进入"指定初始参数"对话框。

初始化参数包括：为初始化计数器创建的子程序指定一个默认名称，用户也可以指定一个不同的名称，但不要使用现有子程序名称；为高速计数器的 $CV$ 和 $PV$ 指定一个双字地址、全局符号或整型常数；指定初始计数方向。

（3）指定程序中断事件/编程多步操作

高速计数器的有关参数初始化后，单击"下一步"按钮，进入"指定程序中断事件/编程多步操作"对话框。

高速计数器类型和工作模式的选择决定了可用的中断事件。当用户选择对当前数值等于预置值事件（$CV=PV$）进行编程时，向导允许指定多步计数器操作。

由向导生成的子程序和中断程序应包括以下内容：

1）SBR_0：该子程序包含高速计数器的初始化。高速计数器的当前值被指定为 0（$CV=0$），高速计数器的预置值被指定为 1 000（$PV=1 000$），计数方向为增。事件 12（HSC0 CV=PV）被连接至 INT0，高速计数器启动。

2）INT_0：当高速计数器达到第一个预置值 1 000 时，执行 INT_0。高速计数器值被更改为 1 500，方向不变。事件 12（HSC0 CV=PV）被重新连接至 INT_1，高速计数器被重新启动。

3）INT_1：当高速计数器再次达到预置值 1 500 时，执行 INT_1。此时，若将预置值更改为 1 000，计数方向为减，将 INT_1 连接至事件 12，并重新启动高速计数器。

4）INT_2：当高速计数器减计数达到预置值 1 000 时，执行 INT_2。此时，若将当前值设为 0（$CV=0$），将计数器更改为增计数方向。事件 12 被重新连接至 INT_0，至此则完成了高速计数器操作的循环。

每个（$CV=PV$）中断事件均标有该事件调用的 INT 程序。

（4）生成代码

完成 HSC 参数配置后，可以检查高速计数器使用的子程序/中断程序列表。在单击"完成"按钮后，允许向导为 HSC 生成必要的程序代码。代码包括用于高速计数器初始化的子程序。另外，为用户选择编程的每一个事件生成一个中断程序。对于多步应用，则为每一个步生成一个中断程序。

要使能高速计数器操作，必须从主程序中调用含初始化代码的子程序，如使用 SM0.1 或边沿触发指令可确保该子程序只被调用一次。

### 3.2.3　PLS 指令

#### 1．高速脉冲输出概述

高速脉冲输出功能是指可以在 PLC 的某些输出端产生高速脉冲，用来驱动负载实现精确控制，这在步进电动机控制中有广泛的应用。PLC 的数字量输出有继电器输出和晶体管输出两种，继电器输出一般用于开关频率不高于 1Hz（通 0.5s，断 0.5s）的场合，对于开关频率较高的应用场合则应选用晶体管输出型 CPU。

（1）高速脉冲输出的形式

高速脉冲有两种输出形式：高速脉冲序列（或称为高速脉冲串）输出（PTO，Pulse Train Output）和宽度可调脉冲输出（PWM，Pulse Width Modulation）。

脉冲串输出数量：每种 S7-200 PLC 主机最多可提供两个高速脉冲输出端，支持的最高脉冲频率为 100kHz，种类可以是以上两种形式的任意组合。

（2）高速脉冲的输出端子

在 S7-200 PLC 中，只有输出继电器 Q0.0 和 Q0.1 具有高速脉冲输出功能。如果不需要使用高速脉冲输出时，Q0.0 和 Q0.1 可以作为普通的数字量输出点使用；一旦需要使用高速脉冲输出功能时，必须通过 Q0.0 和 Q0.1 输出高速脉冲，此时，如果对 Q0.0 和 Q0.1 执行输出刷新、强制输出、立即输出等指令时均无效。

在 Q0.0 和 Q0.1 编程时用作高速脉冲输出，但未执行脉冲输出指令时，可以用普通位操作指令设置这两个输出位，以控制高速脉冲的起始和终止电位。

（3）相关寄存器

每个高速脉冲发生器对应一定数量特殊标志寄存器，这些寄存器包括控制字节寄存器、状态字节寄存器和参数数值寄存器，用以控制高速脉冲的输出形式，反映输出状态和参数值。各寄存器分配如表 3-13 所示。

表 3-13　相关寄存器表

| Q0.0 寄存器 | Q0.1 寄存器 | 名称及功能描述 |
|---|---|---|
| SMB66 | SMB76 | 状态字节，在 PTO 方式下，跟踪脉冲串的输出状态 |
| SMB67 | SMB77 | 控制字节，控制 PTO/PWM 脉冲输出的基本功能 |
| SMW68 | SMW78 | 周期值，字型，PTO/PWM 的周期值，范围：2～65 535 |
| SMW70 | SMW80 | 脉宽值，字型，PWM 的脉宽值，范围：0～65 535 |
| SMD72 | SMD82 | 脉冲数，双字型，PTO 的脉冲数，范围：1～4 294 967 295 |
| SMB166 | SMB176 | 段数，多段管线 PTO 进行中的段数，范围：1～255 |
| SMB168 | SMB178 | 偏移地址，多段管线 PTO 包络表的起始字节的偏移地址 |

1）状态字节

每个高速脉冲输出都有一个状态字节，程序运行时根据运行状况自动使某些位置位，可以通过程序来读相关位的状态，用以作为判断条件来实现相应的操作。状态字节中各状态位的功能如表 3-14 所示。

表 3-14 状态字节表

| Q0.0 寄存器 | Q0.1 寄存器 | 功能描述 |
|---|---|---|
| SM66.0 | SM76.0 | 保留不用 |
| SM66.1 | SM76.1 | |
| SM66.2 | SM76.2 | |
| SM66.3 | SM76.3 | |
| SM66.4 | SM76.4 | PTO 包络表因计算错误而终止: 0=无错误, 1=终止 |
| SM66.5 | SM76.5 | PTO 包络表因用户命令而终止: 0=无错误, 1=终止 |
| SM66.6 | SM76.6 | PTO 管线溢出: 0=无溢出, 1=有溢出 |
| SM66.7 | SM76.7 | PTO 空闲: 0=执行中, 1=空闲 |

2) 控制字节

每个高速脉冲输出都对应一个控制字节,通过对控制字节中指定位的编程,可以根据操作要求,设置字节中的各控制位,如脉冲输出允许、PTO/PWM 模式选择、单段/多段选择、更新方式、时间基准、允许更新等。控制字节中各控制位的功能如表 3-15 所示。

表 3-15 控制字节表

| Q0.0 寄存器 | Q0.1 寄存器 | 功能描述 |
|---|---|---|
| SM67.0 | SM77.0 | 允许更新 PTO/PWM 周期值: 0=不更新, 1=更新 |
| SM67.1 | SM77.1 | 允许更新 PWM 脉冲宽度值: 0=不更新, 1=更新 |
| SM67.2 | SM77.2 | 允许更新 PTO 脉冲输出数: 0=不更新, 1=更新 |
| SM67.3 | SM77.3 | PTO/PWM 的时间基准选择: 0=μs, 1=ms |
| SM67.4 | SM77.4 | PWM 的更新方式: 0=异步更新, 1=同步更新 |
| SM67.5 | SM77.5 | PTO 单段/多段输出选择: 0=单段, 1=多段 |
| SM67.6 | SM77.6 | PTO/PWM 的输出模式选择: 0=PTO, 1=PWM |
| SM67.7 | SM77.7 | 允许 PTO/PWM 脉冲输出: 0=禁止, 1=允许 |

（4）脉冲输出指令

脉冲输出指令功能为:使能有效时,检查用于脉冲输出（Q0.0 或 Q0.1）的特殊存储器位,激活由控制位定义的脉冲操作。有一个数据输入 Q0.X 端:字类型,必须是 0 或 1 的常数。指令格式如表 3-16 所示。

表 3-16 脉冲输出（PLS）指令格式

| 梯形图 | 语句表 | 操作数 |
|---|---|---|
| PLS<br>EN   ENO<br>Q0.X | PLS   Q | Q: 常量（0 或 1） |

**2. 高速脉冲串输出 PTO**

高速脉冲串输出 PTO 用来输出指定数量的方波（占空比为 50%）。用户可以控制方波的周期和脉冲数。状态字节中的最高位用来指示脉冲串输出是否完成，脉冲串输出完成的同时可以产生中断，因而可以调用中断程序完成指定操作。

（1）周期和脉冲数

1）周期：单位可以是微秒（μs）或毫秒（ms）；为 16 位无符号数，周期变化范围是 50～65535μs 或 2～65535ms。通常应设定周期数为偶数。若设置为奇数，则会引起输出波形占空比的轻微失真。如果编程时设定周期单位小于 2，则系统默认按 2 进行设置。

2）脉冲数：用双字长无符号数表示，脉冲数取值范围是 1～4294967295。如果编程时指定脉冲数为 0，则系统默认脉冲数为 1。

（2）PTO 的种类

PTO 方式中，如果要输出多个脉冲串，允许脉冲串进行排队，形成管线，当前输出的脉冲串完成后，立即输出新脉冲串，这保证了脉冲串顺序输出的连续性。

根据管线的实现方式，PTO 分成两种：单段管线和多段管线。

1）单段管线。

单段管线中只能存放一个脉冲串的控制参数（即入口），一旦启动了一个脉冲串进行输出时，就需要用指令立即为下一脉冲串更新特殊寄存器，并再次执行脉冲串输出指令。当前脉冲串输出完成后，立即自动输出下一脉冲串。重复这一操作可以实现多个脉冲串的输出。

采用单段管线 PTO 的优点是：各个脉冲串的时间基准可以不同。缺点是：编程复杂且繁琐，当参数设置不当时，会造成各个脉冲串之间连接的不平滑。

2）多段管线。

多段管线是指在变量 V 存储区建立一个包络表。包络表存储各个脉冲串的参数，相当于有多个脉冲串的入口。多段管线可以用 PLS 指令启动，运行时主机自动从包络表中按顺序读出每个脉冲串的参数进行输出。编程时必须装入包络表的起始变量 V 存储区的偏移地址，运行时只使用特殊存储区的控制字节和状态字节。

包络表由包络段数和各段构成。每段长度为 8 个字节，包括：脉冲周期值（16 位）、周期增量值（16 位）和脉冲计数值（32 位）。以包络 3 段的包络表为例，包络表的结构如表 3-17 所示。

表 3-17　包络 3 段的包络表格式

| 字节偏移地址 | 名称 | 描述 |
| --- | --- | --- |
| VBn | 段标号 | 段数，为 1～255，数 0 将产生非致命错误，不产生 PTO 输出 |
| VBn+1 |  | 初始周期，取值范围为 2～65535 |
| VBn+3 | 段 1 | 每个脉冲的周期增量，符号整数，取值范围为-32768～32767 |
| VBn+5 |  | 输出脉冲数，为 1～4294967295 之间的无符号整数 |
| VBn+9 |  | 初始周期，取值范围为 2～65535 |
| VBn+11 | 段 2 | 每个脉冲的周期增量，符号整数，取值范围为-32768～32767 |
| VBn+13 |  | 输出脉冲数，为 1～4294967295 之间的无符号整数 |
| VBn+17 |  | 初始周期，取值范围为 2～65535 |
| VBn+19 | 段 3 | 每个脉冲的周期增量，符号整数，取值范围为-32768～32767 |
| VBn+21 |  | 输出脉冲数，为 1～4294967295 之间的无符号整数 |

采用多段管线 PTO 的优点是：编程非常简单，可按照周期增量区的数值自动增减周期的数量，这在步进电动机的加速和减速控制时非常方便。缺点是：包络表中的所有脉冲的周期必须采用同一基准，当执行 PLS 指令时，包络表中的所有参数均不能改变。

（3）PTO 的中断事件类型

高速脉冲串输出可以采用中断方式进行控制，各种型号的 PLC 可用的高速脉冲串输出的中断事件有两个，如表 3-18 所示。

表 3-18　PTO 的中断事件

| 中断事件号 | 事件描述 | 优先级（在 I/O 中断中的关系） |
|---|---|---|
| 19 | PTO0 高速脉冲串输出完成中断 | 0 |
| 20 | PTO1 高速脉冲串输出完成中断 | 1 |

（4）PTO 的使用步骤

1）确定高速脉冲串的输出端（Q0.0 或 Q0.1）和管线的实现方式（单段或多段）。

2）进行 PTO 的初始化，利用位特殊继电器 SM0.1 调用初始化子程序。

3）编写初始化子程序。

① 设置控制字节，将控制字节写入 SMB67 或 SMB77。

② 写入初始周期值、周期增量值和脉冲个数。

③ 如果是多段 PTO，则装入包络表的首地址（可以子程序的形式建立包络表）。

④ 设置中断事件。

⑤ 编写中断服务子程序。

⑥ 设置全局开中断。

⑦ 执行 PLS 指令。

⑧ 退出子程序。

**3. 宽度可调脉冲输出 PWM**

宽度可调脉冲输出 PWM 用来输出占空比可调的调速脉冲。用户可以控制脉冲的周期和脉冲宽度。

（1）周期和脉冲宽度

周期和脉宽时基的单位为微秒（μs）或毫秒（ms），且均为 16 位无符号数。

1）周期：周期的变化范围为 50~65535μs，或 2~65535ms。若周期小于 2 个时基，则系统默认为 2 个时基。周期通常应设定为偶数，若设置为奇数，则会引起输出波形占空比的轻微失真。

2）脉冲宽度：脉冲宽度的变化范围为 50~65535μs，或 2~65535ms。占空比为 0%~100%，若脉冲宽度大于或等于周期，占空比为 100%，是连续接通；若脉冲宽度为 0，占空比为 0%，则输出断开。

（2）更新方式

有两种更新 PWM 波形的方法：同步更新和异步更新。

1）同步更新。

不需要改变时基时，可以用同步更新。执行同步更新时，波形的变化发生在周期边缘并形成平滑转换。

2）异步更新。

需要改变 PWM 的时基时，则应使用异步更新。异步更新会使高速脉冲输出功能被瞬时禁用，与 PWM 波形不同步，这样可能造成控制设备的抖动。

常见的 PWM 操作是脉冲宽度不同，但周期保持不变，即不要求时基改变。因此选择适合于所有周期的时基，尽量使用同步更新。

（3）PWM 的使用步骤

1）确定高速 PWM 的输出端（Q0.0 或 Q0.1）。

2）进行 PWM 的初始化，利用特殊继电器 SM0.1 调用初始化子程序。

3）编写初始化子程序。

① 设置控制字节，将控制字节写入 SMB67（或 SMB77）。如 16#C1，其意义是：选择 PWM 工作方式，以μs 为时间基准，允许更新 PWM 的周期时间。

② 将字型数据的 PWM 周期值写入 SMW68（或 SMW78）。

③ 将字型数据的 PWM 脉冲宽度值写入 SMW70（或 SMW80）。

④ 如果希望随时改变脉冲宽度，可以重新向 SMB67 中装入控制字节，如 16#C2 或 16#C3。

⑤ 执行 PLS 指令，PLC 自动对 PWM 的硬件做初始化编程。

⑥ 退出子程序。

4）如果希望在子程序中改变 PWM 的脉冲宽度，则进行以下操作。

① 将希望的脉冲宽度值写入 SMW70。

② 执行 PLS 指令，PLC 自动对 PWM 的硬件做初始化编程。

③ 退出子程序。

5）如果希望采用同步更新的方式，则进行以下操作。

① 执行中断指令。

② 将 PWM 输出反馈到一个具有中断输入能力的输入点，建立与上升沿中断事件相关联的中断连接（此事件仅在一个扫描周期内有效）。

③ 编写中断服务程序，在中断程序中改变脉冲宽度，然后禁止上升沿中断。

④ 执行 PLS 指令。

⑤ 退出子程序。

**4. PTO/PWM 向导的使用**

使用 PTO/PWM 向导，可以方便地解决 PTO 包络表的计算问题和复杂的参数设置。在 S7-200 PLC 编程环境中，使用以下方式可以打开 PTO/PWM 向导。选择菜单栏"工具"→"位置控制向导"命令，选择"配置 S7-200 PLC 内置 PTO/PWM"命令；或单击浏览条中的"位置控制向导"图标 ；或打开指令树中的"向导"文件夹，并随后打开"位置控制向导"对话框。然后按照下面的步骤操作即可自动生成 PTO/PWM 项目代码。

（1）指定一个脉冲发生器

S7-200 PLC 有两个脉冲发生器，即 Q0.0 和 Q0.1，指定希望配置的脉冲发生器。

（2）编辑现有的 PTO/PWM 配置

如果项目中已有一个配置，用户可以从项目中删除该配置，或者将现有的配置移至另一个脉冲发生器。如果项目中没有配置，则继续执行下一个步骤。

（3）选择 PTO 或 PWM，并选择时间基准

选择脉冲串输出（PTO）或脉冲宽度调制（PWM）配置脉冲发生器。PTO 模式，可以启用高速计数器，计算输出脉冲数目；PWM 模式下需要为周期时间和脉冲选择一个时间基准（μs 或 ms）。

（4）指定电动机速度

在该对话框中为用户的工程应用指定最高速度（MAX_SPEED）和开始/停止（SS_SPEED）速度。

1）MAX_SPEED：在电动机转矩能力范围内输入工程应用的最高工作速度。驱动负载所需要的转矩由摩擦力、惯性和加速/减速时间决定。"位置控制向导"会计算和显示由位控模块指定的 MAX_SPEED 所能够控制的最低速度。

2）SS_SPEED：在电动机的能力范围内输入一个数值，用于低速驱动负载。如果 SS_SPEED 数值过低，电动机和负载可能会在运行开始和结束时颤动或跳动。如果 SS_SPEED 数值过高，电动机可能在起动时丧失脉冲，并且在尝试停止时负载可能会驱动电动机。

3）MIN_SPEED：指定电动机速度中除 MAX_SPEED 和 SS_SPEED 两个速度外，还有运行的最小速度 MIN_SPEED 其值由计算得出，用户不能在此域中输入其他数值。

通常有用的 SS_SPEED 数值是 MAX_SPEED 数值的 5%～15%。SS_SPEED 数值必须大于用户所给定 MAX_SPEED 的最低速度。

（5）设置加速和减速时间

在该对话框中设置加速与减速时间，并以毫秒（ms）为单位指定下列时间。

1）ACCEL_TIME：电动机从 SS_SPEED 加速至 MAX_SPEED 所需要的时间，默认值 =1 000ms。

2）DECEL_TIME：电动机从 MAX_SPEED 减速至 SS_SPEED 所需要的时间，默认值 =1 000ms。

加速时间和减速时间的默认设置均为 1s，通常电动机所需要时间不到 1s。

电动机加速和减速时间由反复试验决定。用户应当在开始时用"位置控制向导"输入一个较大的数值。当测试工程应用时，再根据要求调整有关数值。可以通过逐渐减少时间直至电动机开始停顿为止的方法，优化该应用的设置。

（6）定义每个已配置的轮廓

在设定加速时间和减速时间数值后，单击"下一步"按钮，进入"运动包络定义"对话框，对每个已配置的轮廓进行定义。在此定义的符号名是在 PTOx_RUN 子程序中输入的参数。

针对每个轮廓，必须选取下列参数。

1）操作模式：根据操作模式（相对位置或单速连续旋转）配置此轮廓。如果选择单速连续旋转，必须输入一个目标速度。

2）轮廓配置的步骤："步骤"是工件移动的固定距离，包括在加速时间和减速时间所走过的距离。每个轮廓最多可有 4 个单独的步骤。用户可以为每个步骤指定目标速度和结束位置。如果有不止一个步骤，可单击"新步"按钮，然后为轮廓的每个步骤输入此信息。只需单击"绘制包络"按钮，即可查看根据"位置控制向导"的计算做出的该步骤的图形表示，

从而可以轻易地查看和编辑每个步骤。利用"位置控制向导",可以在定义轮廓时输入一个符号名,为每个轮廓定义符号名。

在完成轮廓的配置后,可以将它保存至配置。用户所有配置和轮廓信息都存储在数据块 V 内存中用以赋值的 PTOx_Data(数据块页)内。

(7)设定轮廓数据的起始 V 内存地址

PTO 向导在 V 内存中以受保护的数据块页形式生成 PTO 轮廓模式,PWM 向导不使用 V 内存模板。

(8)生成项目代码

用"位置控制向导"生成的 PTO 配置的项目组件包括以下部分。

1)PTOx_CTRL(初始化和控制 PTO 操作):应在每次程序扫描时(于 EN 输入处)启用,并且子程序调用,且在程序中只执行一次。

2)PTOx_RUN(运行 PTO 轮廓):用于执行特定运动轮廓,当用户定义了一个或多个运动轮廓后,此子程序将由"脉冲输出向导"配置生成。

3)PTOx_MAN(手动 PTO 模式)子程序:可用来在程序控制下指挥脉冲发生。

4)PTOx_LDPOS(载入位置)子程序:用来将某当前位置参数载入 PTO 操作。当用户选取了脉冲计数的高速计数器时,"脉冲输出向导"会创建此子程序。

5)PTOx_ADV(前进)子程序:会停止当前的连续运动轮廓,并按照在向导轮廓定义中规定的脉冲数前进。如果已在"位置控制向导"中指定了"至少一个启用 PTOx_ADV"选项的单速连续旋转,就会创建此子程序。

6)PTOx_SYM(全局符号表):用于"脉冲输出向导"配置中使用的变量。

7)PTOx_Data(数据块页):由向导配置使用的 V 内存数据,此数据包含参数表和运动轮廓定义。

## 3.3 实训 11 炉温系统的 PLC 控制

【实训目的】
- 掌握模拟量模块的端子连接与信号类型设定;
- 掌握扩展模块的 I/O 地址分配原则;
- 掌握扩展模块与本机连接的识别方法。

【实训任务】

使用 S7-200 PLC 实现炉温控制。系统由一组 10kW 的加热器进行加热,通过两挡开关可进行"高温"和"低温"的切换,高温挡是 60℃,低温挡是 40℃,系统启动后当温度高于设置温度 3℃时停止加热,当温度低于 5℃的启动加热。温度在被控范围内(在设置温度的高 3℃和低 5℃之间)绿灯亮,低于被控范围黄灯亮,高于被控范围红灯亮。

【任务分析】

本任务的核心就是模拟量信息的采集,关键问题是温度传感器与模拟量模块的连接,在此采用 EM 235 模块,要注意温度传感器的输出信号类型要与 EM 235 模块上的 DIP 开关设置相一致。模拟量的采集及模拟量值的读取比较简单,程序的关键是如何起动和停止加热器。

### 3.3.1 关联指令

本实训任务涉及的 PLC 指令有：模拟量指令。

### 3.3.2 任务实施

**1．I/O 地址分配**

此实训任务中起动按钮、停止按钮作为 PLC 的输入元器件，加热器的驱动元器件交流接触器 KM 及指示灯作为 PLC 的输出元器件，其相应的 I/O 地址分配如表 3-19 所示。

**表 3-19　炉温系统的 PLC 控制 I/O 分配表**

| 输入 | | 输出 | |
|---|---|---|---|
| 输入继电器 | 元器件 | 输出继电器 | 元器件 |
| I0.0 | 起动按钮 SB1 | Q0.0 | 交流接触器 KM |
| I0.1 | 停止按钮 SB2 | Q0.4 | 黄灯 HL1 |
| I0.2 | 挡位选择开关 SA | Q0.5 | 绿灯 HL2 |
| | | Q0.6 | 红灯 HL3 |

**2．电气接线图的绘制**

炉温系统的 PLC 控制 I/O 端子连接如图 3-12 所示，此时温度传感器采用电压输出型，输出范围为 0～10V，加热器 R 由交流接触器 KM 驱动，I0.2 接通时是"高温"挡，断开时是"低温"挡。

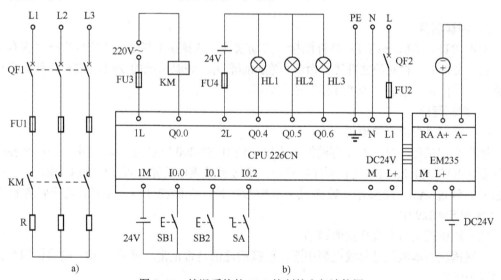

图 3-12　炉温系统的 PLC 控制的电气连接图

a) 主电路　b) PLC 控制的 I/O 端子连接

若读者使用的是电流输出型传感器，那么输出为模拟直流电流信号的传感器有 3 种接线方式，两线制、三线制和四线制，由于它们在结构和工作原理上的不同，导致了使用模拟量模块读取这些电流信号时接线方式的不同。电流输出型传感器与模拟量模块的输入端相连有如下 3 种方式。

1）两线制传感器中电源和信号共用，接线时需要将模拟量模块的电源串接到电路中，如图 3-13 所示。

2）三线制传感器中一根是电源线，一根是信号线，一根是公共线，在接线时电源负极和信号线负极应与公共端相连，如图 3-14 所示。

图 3-13　两线制传感器的连接　　　　　　图 3-14　三线制传感器的连接

3）四线制传感器中两根是电源线，两根是信号线，在接线时与相应线进行分别连接，如图 3-15 所示。

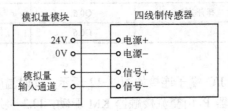

图 3-15　四线制传感器的连接

### 3．创建项目

双击 STEP 7-Micro/WIN 软件图标，启动软件，选择菜单栏中的"文件"→"保存"命令，在"文件名"栏对该文件进行命名，在此命名为"炉温系统的 PLC 控制"，然后再选择文件保存的位置，最后单击"保存"按钮即可。

### 4．编制程序

（1）模拟量电位器的使用

用户在调试程序时，若没有模拟量模块可使用 S7-200 PLC 主机本身带有的两个模拟量电位器（POT0 和 POT1）进行程序的调试。通过调整该电位器，可以向 PLC 输入一个模拟量信号。经过 A-D 转换器，转换成字节型数字量，存储在 PLC 内部的两个特殊寄存器 SMB28 和 SMB29 中。

（2）扩展模块与本机连接的识别

扩展模块与本机通过总线电缆相连，连接后通信是否正常，可通过 I/O 模块标识和错误寄存器来识别。

特殊存储器字节 SMB8～SMB21 以字节对的形式用于扩展模块 0～6，其中 SMB8 和 SMB9 用于识别扩展模块 0，SMB10 和 SMB11 用于识别扩展模块 1，以此类推。如表 3-20 所示，每字节对的偶数字节是模块标识寄存器，用于识别模块类型、I/O 类型、输入和输出的数目；每字节对的奇数字节是模块错误寄存器，用于在 I/O 检测出该模块的任何错误时的提供指示。

表 3-20　特殊存储器字节 SMB8～SMB21

| SM 字节 | 说明（只读） | |
| --- | --- | --- |
| 格式 | 偶数字节：模块标识寄存器。<br><br>MSB　　　　　　　LSB<br>　7　　　　　　　　　0<br>　\| m \| t \| t \| a \| i \| i \| q \| q \|<br><br>m：0=模块已插入，1=模块未插入。<br>tt：模块类型。<br>　　00　非智能 I/O 模块（一般 I/O 模块），<br>　　01　智能 I/O 模块（非 I/O 模块），<br>　　10　保留，<br>　　11　保留；<br>a：I/O 类型 0=数字量 1=模拟量；<br>ii：输入，<br>　　00　无输入，<br>　　01　2AI 或 8DI，<br>　　10　4AI 或 16DI，<br>　　11　8AI 或 32DI。<br>qq：输出。<br>　　00　无输出，<br>　　01　2AQ 或 8DQ，<br>　　10　4AQ 或 16DQ，<br>　　11　8AQ 或 32DQ | 奇数字节：模块错误寄存器。<br><br>MSB　　　　　　　LSB<br>　7　　　　　　　　　0<br>　\| c \| 0 \| 0 \| b \| r \| p \| f \| t \|<br><br>c：配置出错 0=无错　1=出错。<br>b：总线故障或奇偶校验出错。<br>r：超出范围出错。<br>p：无任何用户电源出错。<br>f：熔丝出错。<br>t：接线盒松动出错 |

（3）编制程序

根据控制要求所编制的程序如图 3-16～图 3-18 所示。

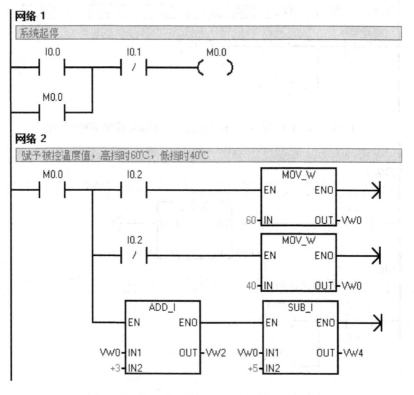

图 3-16　炉温系统的 PLC 控制程序——主程序

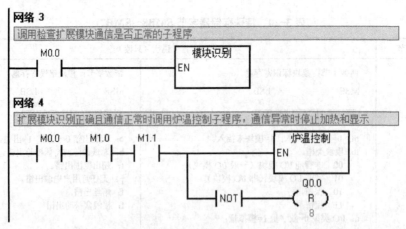

图 3-16 炉温系统的 PLC 控制程序——主程序（续）

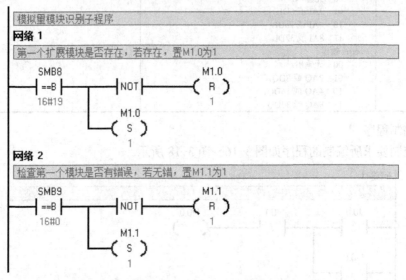

图 3-17 炉温系统的 PLC 控制程序——模拟量模块识别子程序

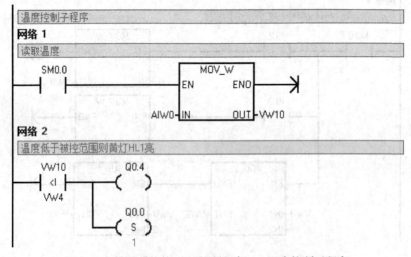

图 3-18 炉温系统的 PLC 控制程序——温度控制子程序

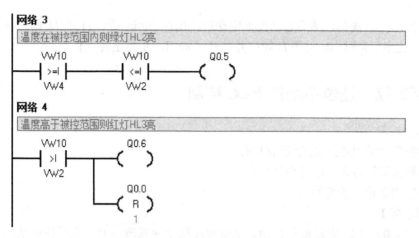

图 3-18　炉温系统的 PLC 控制程序——温度控制子程序（续）

**5．调试程序**

将 EM 235 的 DIP 开关拨至单极性电压信号 0~10V 位置，断电后重新上电，然后将编译无误的程序下载到 PLC 中，单击工具条中的"运行"按钮使程序处于运行状态，系统起动后将温度挡位转换开关旋转到"低温"挡，观察 3 盏灯的亮灭情况，然后再将其旋转到"高温"挡，观察 3 盏灯的亮灭情况？若上述功能与本实训任务控制要求一致，则本任务硬件连接及程序编制正确。

如果读者不方便进行实物加热，可通过调节 CPU 自带的模拟量电位器在监控状态下观察 3 盏灯的亮灭情况，或手动改写模拟量的采集数据进行调试。

### 3.3.3　实训交流——模拟量模块输入校准

有时会发现模拟量模块测量的数据不准确了，为什么呢？一般情况下，模拟量模块使用前（或测量的数据不准确）应进行输入校准，其实出厂前已经进行了输入校准，若 OFFSET（偏置）和 GAIN（增益）电位器已被重新调整，需要重新进行输入校准，其步骤如下：

1）切断模块电源，选择需要的输入范围。

2）接通 CPU 和模块电源，使模块稳定 15min。

3）用一个变送器、一个电压源或一个电源流，将零值信号加到一个输入端。

4）读取适当的输入通道在 CPU 中的测量值。

5）调节 OFFSET（偏置）电位计，直到读数为零，或获得所需要的数字数据值。

6）将一个满刻度值信号接到输入端子中的一个，读出送到 CPU 的值。

7）调节 GAIN（增益）电位计，直到读数为 32000 或获得所需要的数字数据值。

8）必要时重复偏置和增益校准过程。

### 3.3.4　技能训练——液体配比系统的 PLC 控制

用 PLC 实现液体配比系统的控制，要求系统起动后，打开 A 阀门向配比罐中加入 A 液体，当 A 液体到达配比罐液位满刻度线的 30% 时关阀 A 阀门（液位的高低由液位传感器测定），同时打开 B 阀门向配比罐中加入 B 液体，当 B 液体到达配比罐液位满刻度线的 70% 时关阀 B 阀门，同时打开 C 阀门向配比罐中加入 C 液体，当 C 液体到达配比罐液位满刻度线的 100%时关阀 *C* 阀门，然后起动搅拌电动机，搅拌 3min 后，打开 *D* 阀门将混合液体放出，当液体放完后延时 10s 关闭 *D* 阀门并打开 *A* 阀门，重复上述动作。

## 3.4　实训 12　液位系统的 PLC 控制

**【实训目的】**
- 掌握模拟量闭环控制系统的组成；
- 掌握模拟量与数字量的相互转换；
- 掌握 PID 指令的使用。

**【实训任务】**

使用 S7-200 PLC 实现液位控制。水泵电动机由变频器驱动，在系统起动后要求储水箱水位保持在水箱 70%处，若水箱水位高于 90%或低于 50%时，系统发出报警指示，超出限位10s 后仍不能回到设置值附近时，水泵电动机自动停止运行。

**【任务分析】**

由于用水量的忽多忽少导致储水箱水位忽高忽低，如何保证储水箱水位在水箱 70%处？进水口的水泵电动机是由变频器驱动，当水位低于设置高度时变频器输出频率变高，水泵电动机转速就会变快，增加进水量；当水位高于设置高度时变频器输出频率变低，水泵电动机转速就会变慢，减少进水量，从而保证水位在设置值附近。此时，水泵电动机的运行频率信号来自 PID 运算，运算后的数据经模拟量模块输出后提供给变频器。

### 3.4.1　关联指令

本实训任务涉及的 PLC 指令有：PID 指令。

### 3.4.2　任务实施

#### 1. I/O 地址分配

此实训任务中起动按钮、停止按钮作为 PLC 的输入元器件，变频器的驱动元器件——交流接触器 KM 及指示灯作为 PLC 的输出元器件，其相应的 I/O 地址分配如表 3-21所示。

表 3-21　液位系统的 PLC 控制的 I/O 分配表

| 输入 | | 输出 | |
| --- | --- | --- | --- |
| 输入继电器 | 元器件 | 输出继电器 | 元器件 |
| I0.0 | 起动按钮 SB1 | Q0.0 | 交流接触器 KM |
| I0.1 | 停止按钮 SB2 | Q0.4 | 运行指示灯 HL1 |
|  |  | Q0.5 | 下限报警黄灯 HL2 |
|  |  | Q0.6 | 上限报警红灯 HL3 |

#### 2. 电气接线图的绘制

液位系统的 PLC 控制的 I/O 端子连接如图 3-19 所示，图中液位传感器采用电流输出型，输出范围为 0~20mA（对应 0~1.0m，并将模拟量模块 EM235 的 DIP 开关设置为电流输入 0～20mA 状态），变频器（在此采用西门子 MM440）由交流接触器 KM 驱动，PID 运算后的数据经模拟量模块 EM235 的电压输出端送给变频器的模拟量输入端 AI0，即第 3 和 4 接口。

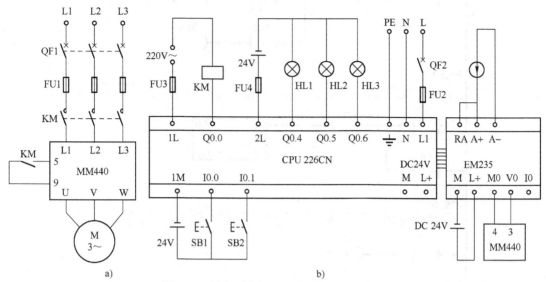

图 3-19　液位系统的 PLC 控制的电气连接图

a) 主电路　b) PLC 的 I/O 端子连接

### 3．创建项目

双击 STEP 7-Micro/WIN 软件图标，启动软件，选择菜单栏中的"文件"→"保存"命令，在"文件名"栏对该文件进行命名，在此命名为"液位系统的 PLC 控制"，然后再选择文件保存的位置，最后单击"保存"按钮即可。

### 4．编制程序

根据控制要求所编制的程序如图 3-20～图 3-21 所示。

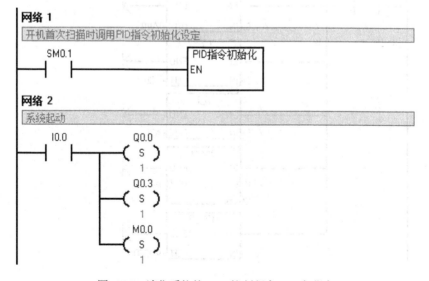

图 3-20　液位系统的 PLC 控制程序——主程序

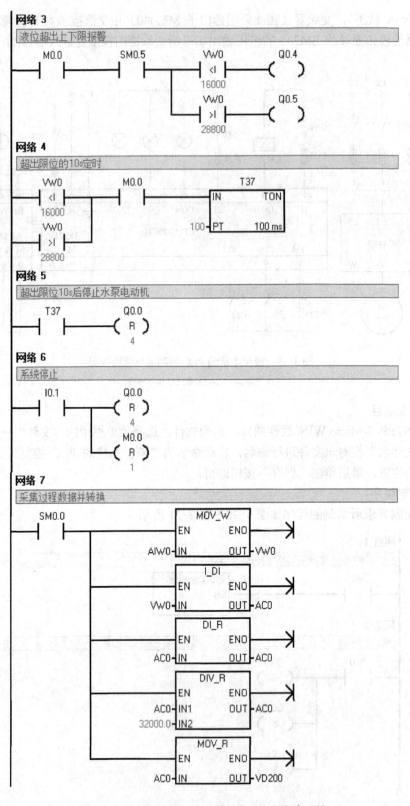

图 3-20 液位系统的 PLC 控制程序——主程序（续）

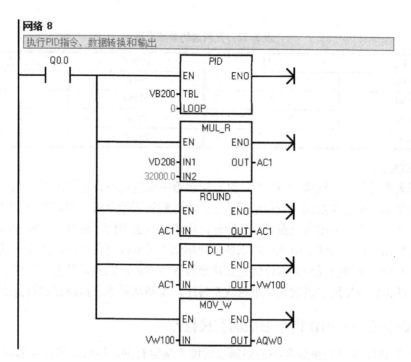

图 3-20　液位系统的 PLC 控制程序——主程序（续）

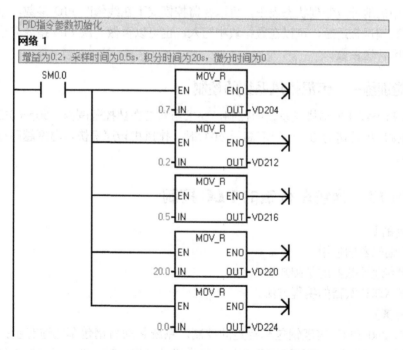

图 3-21　液位系统的 PLC 控制程序——PID 指令参数初始化子程序

## 5．变频器的参数设置

本任务采用的是模拟量输入控制变频器的输出频率，变频器的相关参数设置（电动机的额定数据除外）如表 3-22 所示。

表 3-22　变频器的参数设置

| 参数号 | 设置值 | 参数号 | 设置值 |
|---|---|---|---|
| P0700 | 2 | P0758 | 0 |
| P0701 | 1 | P0759 | 10 |
| P0756 | 0 | P0760 | 100 |
| P0757 | 0 | P1000 | 2 |

**6. 调试程序**

将编译无误的程序下载到 PLC 中，假设储水箱中水位已在设置值附近，或水泵电动机起动 10s 内能将储水箱水位加到设置值附近，若无法达到设置值附近，可延长报警时间，在程序中增加手动环节，使得初始水位在设置值附近。单击工具条中的"运行"按钮使程序处于运行状态，系统起动后可人为调节出水口用水量，观察储水箱水位变化情况。在用水量改变时，水泵电动机若不能迅速做出反应使水位快速变化至设置值附近，则需调节增益时间和积分时间，直至水泵电动机能根据用水量的变化迅速改变转速，使储水箱水位保持在设置值附近。

### 3.4.3 实训交流——PID 指令参数的在线修改

没有一个 PID 项目的参数是不需要修改而能直接运行的，因此在实际运行时，需要调试 PID 参数。在符号表中可以找到包括 PID 指令所用的控制回路表，包括比例系数、积分时间等。将此表中的地址复制到状态表中，可以在监控模式下在线修改 PID 参数，不必停机再次做配置。参数调试合适后，可以在数据块中写入，也可以再做一次 PID 指令向导或者编程向相应的数据区传送参数。

### 3.4.4 技能训练——恒温排风系统的控制

用 PID 指令实现恒温排风系统的控制，要求当温度在被控范围内（50～60℃）时，由变频器驱动的排风机转速为 0；若温度高于 60℃时，排风机转速变快，温度越高排风机的转速也相应越快。

## 3.5　实训 13　钢包车行走的 PLC 控制

【实训目的】
- 掌握编码器的使用；
- 掌握高速计数器的基础知识；
- 掌握高速计数器的编程方法。

【实训任务】

使用 S7-200 PLC 实现钢包车行走的控制。系统起动后钢包车低速起步；运行至中段时，可加速至高速运行；在接近工位（如加热位或吊包位）时，低速运行以保证平稳、准确停车。按下停止按钮时，若钢包车高速运行，则应先低速运行 5s 后，再停车（考虑钢包车的载荷惯性）；若低速运行，则可立即停车。在此为降低任务难度对钢包车返回不作要求。

【任务分析】

如何实现本任务要求的钢包车的准确定位？可通过钢包车行驶的距离，也就是钢包车电动机旋转的圈数来实现对钢包车速度的转换及停止的控制。本任务使用旋转编码器对快速旋转的钢包车电动机转过的圈数进行计数，即根据高速计数器提供的高速脉冲数量间接地知道钢包车运行的位置，从而实现对其准确控制。钢包车高低速的运行可通过改变变频器的频率来实现。

### 3.5.1 关联指令

本实训任务涉及的 PLC 指令有：高速计数器指令。

### 3.5.2 任务实施

#### 1. I/O 地址分配

此实训任务中起动按钮、停止按钮和旋转编码器作为 PLC 的输入元器件，变频器的起停信号、低速运行信号、高速运行信号和钢包车运行指示灯作为 PLC 的输出元器件，其相应的 I/O 地址分配如表 3-23 所示。

表 3-23　钢包车行走的 PLC 控制的 I/O 分配表

| 输入 | | 输出 | |
|---|---|---|---|
| 输入继电器 | 元器件 | 输出继电器 | 元器件 |
| I0.0 | 编码器脉冲输入 | Q0.0 | 电动机运行 |
| I0.4 | 起动按钮 SB1 | Q0.1 | 低速运行 |
| I0.5 | 停止按钮 SB2 | Q0.2 | 高速运行 |
| | | Q0.4 | 电动机运行指示 HL |

#### 2. 电气接线图的绘制

钢包车行走的 PLC 控制的 I/O 端子连接如图 3-22 所示，变频器在此仍采用西门子 MM440，电源经断路器和熔断器直接与变频器输入电源端相连，电动机直接与变频器电源输出端相连，采用变频器的固定频率运行模式。

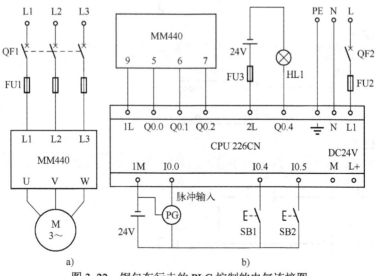

图 3-22　钢包车行走的 PLC 控制的电气连接图

a) 主电路　b) PLC 的 I/O 端子连接

### 3. 创建项目

双击 STEP 7-Micro/WIN 软件图标，启动软件，选择菜单栏中的"文件"→"保存"命令，在"文件名"栏对该文件进行命名，在此命名为"钢包车行走的 PLC 控制"，然后再选择文件保存的位置，最后单击"保存"按钮即可。

### 4. 编制程序

根据控制要求所编制的程序如图 3-23～图 3-28 所示。

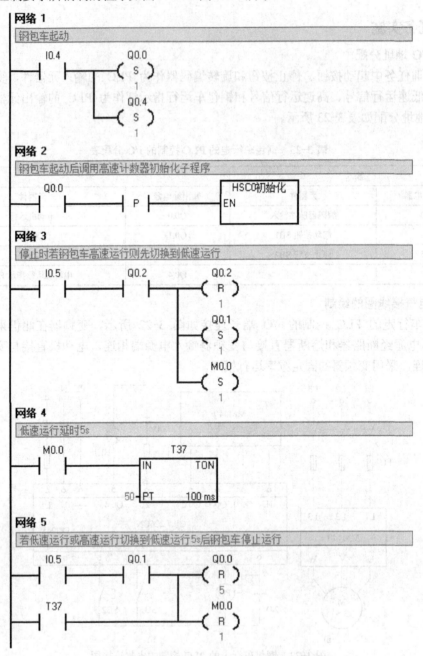

图 3-23　钢包车行走的 PLC 控制程序——主程序

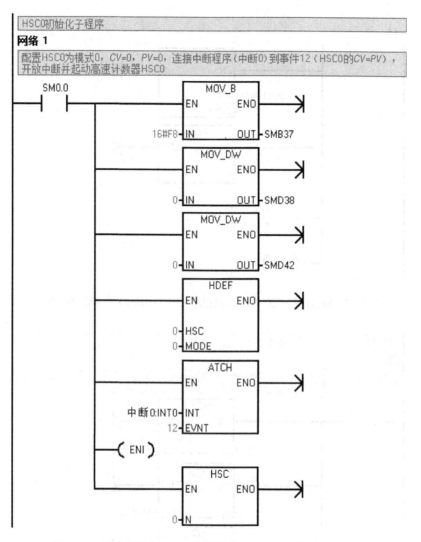

图 3-24　钢包车行走的 PLC 控制程序——HSC0 初始化子程序

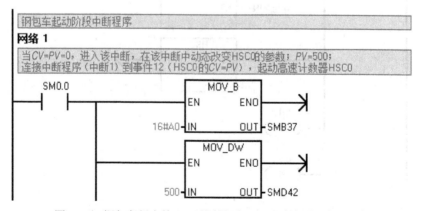

图 3-25　钢包车行走的 PLC 控制程序——（中断 0）中断程序

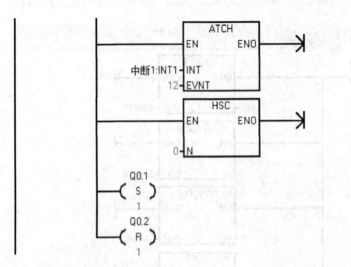

图 3-25 钢包车行走的 PLC 控制程序——（中断 0）中断程序（续）

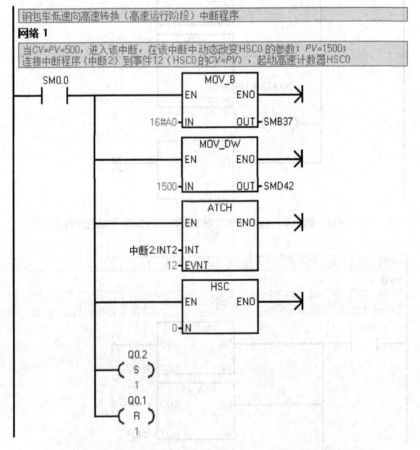

图 3-26 钢包车行走的 PLC 控制程序——（中断 1）中断程序

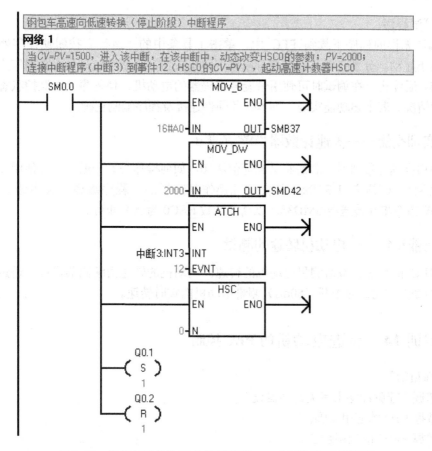

图 3-27　钢包车行走的 PLC 控制程序——（中断 2）中断程序

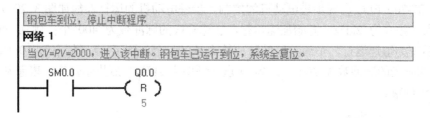

图 3-28　钢包车行走的 PLC 控制程序——（中断 3）中断程序

## 5．变频的参数设置

本任务采用的是开关量输入控制变频器的输出频率，变频器的相关参数设置（电动机的额定数据除外）如表 3-24 所示。

表 3-24　变频器的参数设置

| 参数号 | 设置值 | 参数号 | 设置值 |
| --- | --- | --- | --- |
| P0700 | 2 | P1000 | 3 |
| P0701 | 1 | P1002 | 20 |
| P0702 | 15 | P1003 | 40 |
| P0703 | 15 | | |

**6. 调试程序**

将编译无误的程序下载到 PLC 中，单击工具条中的"运行"按钮使程序处于运行状态，钢包车起动，分别在低速和高速阶段按下停止按钮，观察钢包车是否立即停止和先切换到低速 5s 后停止。在调试时可使用带旋转编码器的电动机，使程序处于监控状态，观察电动机运行情况。若上述功能实现，则本任务硬件连接及程序编制正确。

### 3.5.3 实训交流——高速计数器当前值清 0

在使用高速计数器时，若想将其当前值清 0，如何操作呢？一般用户会使用 MOV_DW 指令，将数值 0 送入 HSC0x，其实这种操作是错误的，程序编译时会出错。应该使用 MOV_DW 指令将 0 传送给 SMD38（以高速计数 HSC0 为例）即可。

### 3.5.4 技能训练——电动机转速的测量

用 PLC 的高速计数器测量电动机的转速。电动机的转速由编码器提供，通过高速计数器 HSC 指令并利用定时中断（50ms）测量电动机的实时转速。

## 3.6 实训 14 步进电动机的 PLC 控制

**【实训目的】**
- 掌握高速脉冲输出有关寄存器设置；
- 掌握 PTO 的应用步骤；
- 掌握 PWM 的应用步骤。

**【实训任务】**

使用 S7-200 PLC 实现步进电动机的控制。步进电动机的运行曲线如图 3-29 所示，电动机从 A 点（频率为 2kHz）开始加速运行，加速阶段的脉冲数为 400 个；到 B 点（频率为 10kHz）后变为恒速运行，恒速阶段的脉冲数为 4 000 个，到 C 点（频率为 10kHz）后开始减速，减速阶段的脉冲数为 200 个；到 D 点（频率为 2kHz）后指示灯亮，表示从 A 点到 D 的运行过程结束。

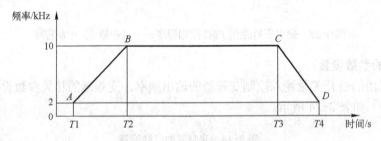

图 3-29　步进电动机运行曲线

**【任务分析】**

步进电动机是如何旋转的呢？它是由步进电动机驱动器驱动的，而步进电动机驱动器的输入信号是由 PLC 输出端提供，输出端产生的高速脉冲经驱动器细分后送至步进电动机绕组。细分的主要作用是提高步进电动机的精确率，其实质上是一种电子阻尼技术，主要目的是减弱或消除步进电动机的低频振动，提高电动机的运转精度。如步进角为 1.8° 的两相混合式步进电动机，如果细分驱动器的细分数设置为 4，那么电动机的运转分辨率为每个脉冲 0.45°，电动机的精度能否达到或接近 0.45°，还取决于细分驱动器的细分电流控制精度等其他因素。不同厂家的细分驱动器精度可能差别很大；细分数越大精度越难控制。步进电动机驱动器常规有如下 3 种细分方法。

1）2 的 $N$ 次方，如 2、4、8、16、32、64、128、256 细分。

2）5 的整数倍，如 5、10、20、25、40、50、100、200 细分。

3）3 的整数倍，如 3、6、9、12、24、48 细分。

对于步进电动机的其他相关知识读者可通过自学对其做深入的了解。

### 3.6.1 关联指令

本实训任务涉及的 PLC 指令有：PLS 指令。

### 3.6.2 任务实施

**1．I/O 地址分配**

此实训任务中起动按钮、停止按钮作为 PLC 的输入元器件，发出高速脉冲串驱动的步进电动机和步进电动机运行结束指示灯作为 PLC 的输出元器件，其相应的 I/O 地址分配如表 3-25 所示。

表 3-25　步进电动机的 PLC 的控制 I/O 分配表

| 输入 | | 输出 | |
|---|---|---|---|
| 输入继电器 | 元器件 | 输出继电器 | 元器件 |
| I0.0 | 起动按钮 SB1 | Q0.0 | 脉冲输出信号 |
| I0.1 | 停止按钮 SB2 | Q0.4 | 运行结束指示灯 HL |

**2．电气接线图的绘制**

步进电动机的 PLC 控制的 I/O 端子连接如图 3-30 所示，因驱动电动机的脉冲频率较高，输出为继电器型的 CPU 无法满足高速脉冲输出要求，因此必须选用输出为晶体管型的 CPU，在此 CPU 选用型号为 226 CN DC/DC/DC。

**3．创建项目**

双击 STEP 7-Micro/WIN 软件图标，启动软件，选择菜单栏中的"文件"→"保存"命令，在"文件名"栏对该文件进行命名，在此命名为"步进电动机的 PLC 控制"，然后再选择文件保存的位置，最后单击"保存"按钮即可。

**4．编制程序**

编程前先确定好步进电动机控制方案，其方案如下：

1）选择由 Q0.0 输出。由图 3-29 可知，选择 3 段管线（$AB$ 段、$BC$ 段、$CD$ 段）PTO 输出形式。

2）确定周期的时基单位，因为在 $BC$ 段输出的频率最大，为 10kHz，对应的周期为 100μs，因此选择时基单位为μs，向控制字节 SMB67 写入控制字 16#A0。

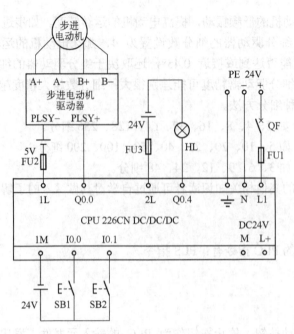

图 3-30　步进电动机的 PLC 控制的 I/O 端子连接图

3）确定初始周期值和周期增量值。

① 初始周期值的确定：将每段管线初始频率换算成时间即可。

② *AB* 段为 500μs，*BC* 段为 100μs，*CD* 段为 100μs。

③ 周期增量值的确定：可通过公式（$T_{N+1}-T_N$）/N 确定。式中，$T_{N+1}$ 为该段结束的周期时间；$T_N$ 为该段开始的周期时间；N 为该段的脉冲数。

4）建立包络表。设包络表的首地址为 VB100，包络表中的参数如表 3-26 所示。

表 3-26　包络表的参数

| V 变量存储区地址 | 参数名称 | | 参数值 |
| --- | --- | --- | --- |
| VB100 | 总包络段数 | | 3 |
| VW101 | 加速阶段 | 初始周期值 | 500μs |
| VW103 | | 周期增量值 | −1μs |
| VD105 | | 输出脉冲数 | 400 |
| VW109 | 恒速阶段 | 初始周期值 | 100μs |
| VW111 | | 周期增量值 | 0μs |
| VD113 | | 输出脉冲数 | 4000 |
| VW117 | 减速阶段 | 初始周期值 | 100μs |
| VW119 | | 周期增量值 | 2μs |
| VD121 | | 输出脉冲数 | 200 |

5）设置中断事件，编写中断服务子程序。

当 3 段管线 PTO 输出完成时，对应的中断事件号为 19，用中断连接指令将中断事件号 19 与中断服务子程序 INT_0 连接起来，编写中断服务子程序。

6）设置全局开中断 ENI。

7）执行 PLS 指令。

根据要求，并结合上述控制方案使用高速脉冲输出指令编写的程序如图 3-31～图 3-34 所示。为了减小不连续输出对波形造成不平滑的影响，在启用 PTO 操作之前，将用于 Q0.0 的输出映像寄存器设为 0。

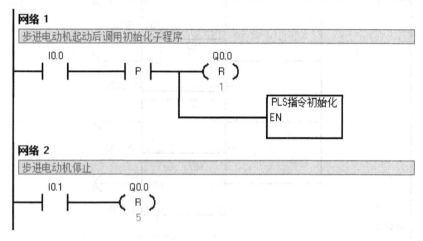

图 3-31　步进电动机的 PLC 控制程序——主程序

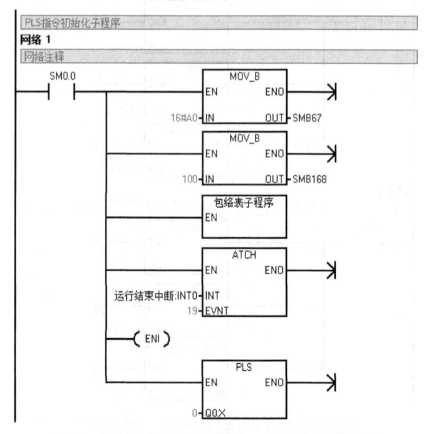

图 3-32　步进电动机的 PLC 控制程序——PLS 指令初始化子程序

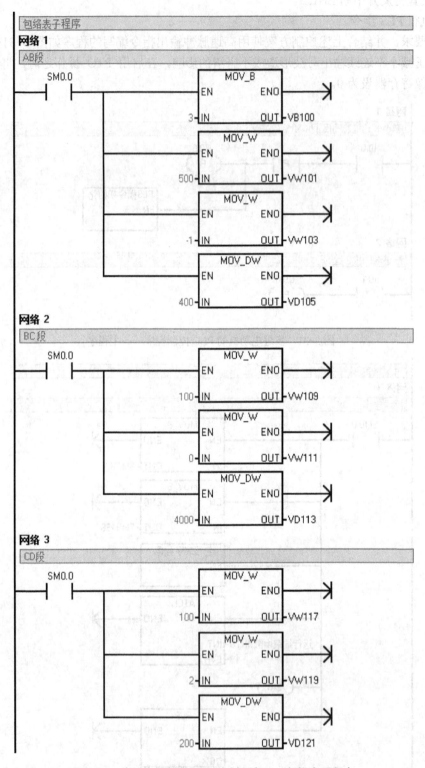

图 3-33 步进电动机的 PLC 控制程序——包络表子程序

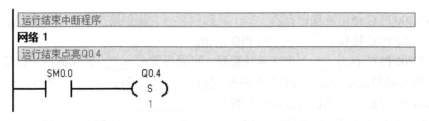

图 3-34 步进电动机的 PLC 控制程序——运行结束中断程序

**5．调试程序**

将编译无误的程序下载到 PLC 中，单击工具条中的"运行"按钮使程序处于运行状态，系统起动后观察步进电动机运行情况，若与控制要求一致，则本任务硬件连接及程序编制正确。

### 3.6.3 实训交流——步进电动机驱动器与 PLC 的连接

步进电动机是通过驱动器驱动后才能运行，那驱动器与 PLC 是如何连接的呢？步进电动机驱动器的输入信号端有脉冲信号正端、脉冲信号负端、方向信号正端、方向信号负端 4 种，其连接方式共有 3 种。

1）共阳极方式：把脉冲信号正端和方向信号正端并联后连接至电源的正极性端，PLC 的脉冲信号输出端接入驱动器的脉冲信号负端，PLC 的方向信号输出端接入驱动器的方向信号负端，电源的负极性端接至 PLC 的输出继电器的公共端。

2）共阴极方式：把脉冲信号负端和方向信号负端并联后连接至电源的负极性端，PLC 的脉冲信号输出端接入驱动器的脉冲信号正端，PLC 的方向信号输出端接入驱动器的方向信号正端，电源的正极性端接至 PLC 的输出继电器的公共端。

3）差动方式：直接连接。

一般步进电动机驱动器的输入信号的幅值为 TTL 电平，最大为 5V，如果控制电源为 5V 则可以接入，否则需要在外部连接限流电阻 $R$，以保证给驱动器内部光耦元件提供合适的驱动电流。如果控制电源为 12V，则外接 680Ω 的电阻；如果控制电源为 24V，则外接 2kΩ 的电阻。具体连接可参考步进电动机驱动器的相关操作说明。

### 3.6.4 技能训练——白炽灯的亮度控制

使用 PLS 指令实现白炽灯亮度控制，通过调节模拟电位器的设置值改变输出端 Q0.0 方波信号的脉冲宽度，从而可调节灯泡的亮度。

## 3.7 习题与思考题

1．S7-200 PLC 常用模拟量扩展模块有_____、_____、_____。

2．S7-200 CPU226 CN PLC 硬件系统中，第 0 号扩展模块放置的是数字量扩展模块，第 1 和 2 号扩展模块放置的都是 EM232，其模拟量输出地址分配为_____、_____、_____、_____。

3．S7-200 PLC 单极性模拟量值 0～10V 经 A-D 转换得到的数值为_____。

4．S7-200 PLC 使用特殊寄存器_____和_____识别第 1 个扩展信号模块。

5．S7-200 PLC 提供了_____路 PID 控制。

6．S7-200 PLC 有_____个高速计数器，可以设置_____种不同的工作模式。

7．HSC0 的模式 6 的加、减信号脉冲分别由 I_____和 I_____提供。

8．S7-200 PLC 中高速计数器最高计数频率为_____。

9．S7-200 PLC 为高速脉冲输出提供_____和_____两种时间基准。

10．在使用 PWM 时，若脉冲宽度设置为等于周期值时，占空比为_____，输出连续接通。若脉冲宽度为 0 时，占空比为_____，输出断开。

11．编码器的作用是什么？

12．使用高速计数器产生的中断方式有哪些？

13．S7-200 PLC 的晶体管输出型的 CPU 中，分别提供几路高速脉冲输出端？支持的最高脉冲频率为多少？

14．AIW0 中 A-D 转换得到的数值 0～32000 正比于温度值 0～500℃。编写程序：在 I0.0 的上升沿将 AIW0 的值转换为对应的温度值并存储在 VW20 中。

15．如何进行 PID 控制的数据标准化转化？

16．如何使用 PID 向导生成 PID 控制程序？

17．如何使用高数计数器向导生成高速计数器控制程序？

18．如何使用 PWM 向导生成 PWM 控制程序？

19．用模拟量指令通过手动调节变频器以实现对电动机速度的控制。要求当长按调速按钮 3s 以上后进入调速状态，每次按下增加按钮，变频器输出增加 2Hz；每次按下减小按钮，变频器输出减小 2Hz。若 3s 内未按下增加或减少按钮则系统自动退出调速状态。

20．使用高速计数器指令向导实现对 Q0.0 和 Q0.1 的控制，当计数当前值在 1000 到 1500 范围内时 Q0.0 得电，当计数当前值在 1500 到 5000 范围内时 Q0.1 得电。

21．使用 PLS 指令产生脉宽变化的 PWM 信号，该脉冲宽度的初始值为 0.5s，周期固定为 5s，其脉冲宽度每周期增加 0.5s，当脉冲宽度达到设定的 4.5s 时，脉冲宽度改为每周期递减 0.5s，直到脉冲宽度为 0。以上过程重复执行。

# 第4章　网络通信指令及应用

可编程序控制器（PLC）因具有强大的通信功能，从而可实现多机构的联动和相互监控功能，使得生产和加工实现无界化和无人化管理与控制，节省了大量的人力和物力。可与PLC实现通信的设备有计算机、PLC、触摸屏、变频器、仪器仪表等。本章主要学习PLC的通信组建、自由口通信指令、PPI通信指令、以太网通信指令及其应用。

## 4.1　通信简介

### 4.1.1　通信基础知识

通信是指一地与另一地之间的信息传递。PLC通信是指PLC与计算机、PLC与PLC、PLC与人机界面（触摸屏）、PLC与变频器、PLC与其他智能设备之间的数据传递。

**1．通信方式**

（1）有线通信和无线通信

有线通信是指以导线、电缆、光缆、纳米材料等看得见的材料为传输媒质的通信。无线通信是指以看不见的材料（如电磁波）为传输媒质的通信，常见的无线通信有微波通信、短波通信、移动通信和卫星通信等。

（2）并行通信与串行通信

并行通信是指数据的各位同时进行传输的通信方式，其特点是数据传输速度快，它由于需要的传输线多，故成本高，只适合近距离的数据通信。PLC主机与扩展模块之间采用并行通信。

串行通信是指数据一位一位地进行传输的通信方式，其特点是数据传输速度慢，但由于只需要一条传输线，故成本低，适合远距离的数据通信。PLC与计算机、PLC与PLC、PLC与触摸屏、PLC与变频器之间通信常采用串行通信。

（3）异步通信和同步通信

串行通信又可分异步通信和同步通信。PLC与其他设备通信主要采用串行异步通信方式。

在异步通信中，数据是一帧一帧地传送，一帧数据传送完成后，可以传下一帧数据，也可以等待。串行通信时，数据是以帧为单位传送的，帧数据有一定的格式，由起始位、数据位、奇偶校验位和停止位组成。

在异步通信中，每一帧数据发送前要用起始位，在结束时要用停止位，这样会导致数据传输速度较慢。为了提高数据传输速度，在计算机与一些高速设备数据通信时，常采用同步通信。同步通信的数据后面取消了停止位，前面的起始位用同步信号代替，在同步信号后面可以跟很多数据，所以同步通信传输速度快，但由于同步通信要求发送端和接收端严格保持同步，这需要用复杂的电路来保证，所以 PLC 不采用这种通信方式。

（4）单工通信和双工通信

在串行通信中，根据数据的传输方向不同，可分为 3 种通信方式：单工通信、半双工通信和全双工通信。

1）单工通信，顾名思义数据只能往一个方向传送的通信，即只能由发送端传输给接收端。

2）半双工通信，数据可以双向传送，但在同一时间内，只能往一个方向传送，只有一个方向的数据传送完成后，才能往另一个方向传送数据。

3）全双工通信，数据可以双向传送，通信的双方都有发送器和接收器，由于有两条数据线，所以双方在发送数据的同时可以接收数据。

**2．通信传输介质**

有线通信采用的传输介质主要有双绞线、同轴电缆和光缆。

（1）双绞线

双绞线是将两根导线扭在一起，以减少电磁波的干扰，如果再加上屏蔽套层，则抗干扰能力更好，双绞线的成本低、安装简单，RS-232C、RS-422 和 RS-485 等接口多用双绞线电缆进行通信。

（2）同轴电缆

同轴电缆的结构从内到外依次为内导体（芯线）、绝缘线、屏蔽层及外保护层。由于从截面看这 4 层构成了 4 个同心圆，故称为同轴电缆。根据通频带不同，同轴电缆可分为基带和宽带两种，其中基带同轴电缆常用于 Ethernet（以太网）中。同轴电缆的传送速度高、传输距离远，但价格较双绞线高。

（3）光缆

光缆是由石英玻璃经特殊工艺拉成的细丝结构，这种细丝的直径比头发丝还要细，但它能传输的数据量却是巨大的。它是以光的形式传输信号的，其优点在于传输的是数字的光脉冲信号，不会受电磁干扰，不怕雷击，不易被窃听，数据传输安全性好，传输距离长，且带宽、传输速度快。但由于通信双方发送和接收的都是电信号，因此通信双方都需要价格昂贵的光纤设备进行光电转换，另外光纤连接头的制作与光纤连接需要专门工具和专门的技术人员。

**3．通信类型与连接**

在 S7-200 系列 PLC 与上位机的通信网络中，可以把上位机作为主站，或者把触摸屏作为主站。主站可以对网络中的其他设备发出初始化请求，从站只是响应来自主站的初始化请求，不能对网络中的其他设备发出初始化请求。

主站与从站之间有两种连接方式。

1）单主站：只有一个主站，连接一个或多个从站，如图 4-1 所示。

2）多主站：有两个及以上的主站，连接多个从站，如图 4-2 所示。

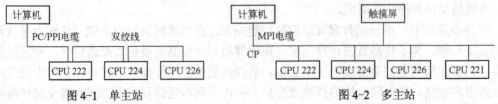

图 4-1　单主站　　　　　　　　　　　图 4-2　多主站

#### 4．通信协议

S7-200 系列的 PLC 主要用于现场控制，在主站和从站之间的通信一般采用公司专用的协议，可以采用 4 个标准化协议和 1 个自由口协议。

（1）PPI（Point Point Interface）协议

PPI 协议（点对点接口协议）是西门子公司专门为 S7-200 系列 PLC 开发的通信协议。PPI 协议是主/从协议，利用 PC/PPI 电缆，将 S7-200 系列 PLC 与装有 STEP 7-Micro/WIN 编程软件的计算机连接起来，组成 PC/PPI（单主站）的主/从网络连接。

在 PC/PPI 网络中，主站可以是其他 PLC（如 S7-300 PLC）、编程器或触摸屏（如TD400）等，网络中所有的 S7-200 PLC 都默认为是从站。

如果在程序中指定某个 S7-200 PLC 为 PPI 主站模式，则在 RUN 工作方式下，可以作为主站，可使用相关的通信指令对其他的 PLC 主机进行读/写操作；与此同时，它还可以作为从站响应主站的请求或查询。

对于任何一个从站，PPI 不限制与其通信的主站的数量，但是在网络中，最多只能有 32 个主站。

如果选择了 PPI 高级协议，则允许建立设备之间的连接，S7-200 PLC CPU 的每个通信口支持 4 个连接，EM 277 仅支持 PPI 高级协议，每个模块支持 6 个连接。

（2）MPI（Multi Point Interface）协议

MPI 协议（多点接口协议）可以是主/主协议或主/从协议。通过在计算机或编程设备中插入 1 块多点适配卡（MPI 卡，如 CP5611），组成多主站网络。

如果网络中的 PLC 都是 S7-300，由于 S7-300 PLC 都默认为网络主站，则可建立主/主网络连接，如果有 S7-200 PLC，则可建立主/从网络连接。由于 S7-200 PLC 在 MPI 网络都默认为从站，因此它只能作为从站，从站之间不能进行通信。

（3）Profibus-DP 协议

Profibus-DP 协议用于分布式 I/O（远程 I/O）的高速通信。在 S7-200 PLC 中，CPU 222、CPU 224 和 CPU 226 都可以增加 EM 227 Profibus-DP 扩展模块，支持 Profibus-DP 网络协议。最高传送速率可达 12Mbit/s。

Profibus-DP 网络通常有 1 个主站和几个 I/O 从站，主站初始化网络，核对网络上的从站设备和组态情况。如果网络中有第 2 个主站，则它只能访问第 1 个主站的各个从站。

（4）TCP/IP

S7-200 PLC 配备了以太网模块 CP 243-1 或互联网模块 CP 243-1 IT 后，支持 TCP/IP 以太网通信协议，计算机应安装以太网网卡。安装了 STEP 7-Micro/WIN 之后，计算机上会有一个标准的浏览器，可以用它来访问 CP 243-1 IT 模块的主页。

（5）用户定义的协议（自由端口协议）

在自由端口模式，由用户自定义与其他通信设备通信的协议。Modbus RTU 通信与西门子变频器的 USS 通信，就是建立在自由端口模式基础上的通信协议。

自由端口模式通过接收中断、发送中断、字符中断、发送指令（XMT）和接收指令（RCV），实现 S7-200 PLC 通信口与其他设备的通信。

#### 5．通信设备

（1）通信端口

S7-200 系列的 PLC 中，CPU 221、CPU 222 和 CPU 224 有 1 个 RS-485 串行通信端口，

定义为端口 0, CPU 224XP 和 CPU 226 有 2 个 RS-485 串行通信端口, 分别定义为端口 0 和端口 1。这些通信端口是符合欧洲标准 EN 50170 中 Profibus 标准的 RS-485 兼容 9 针 D 型接口, 其端口引脚与 Profibus 的名称对应关系如表 4-1 所示。

**表 4-1 S7-200 CPU 通信端口引脚与 Profibus 名称的对应关系**

| 连接器 | 引脚号 | Profibus 名称 | 端口 0/端口 1 |
|---|---|---|---|
| | 1 | 屏蔽 | 机壳接地 |
| | 2 | 24V 返回逻辑地 | 逻辑地 |
| | 3 | RS-485 信号 B | RS-485 信号 B |
| | 4 | 发送请求 | RTS (TTL) |
| | 5 | 5V 返回 | 逻辑地 |
| | 6 | +5V | +5V、100Ω 串联电阻 |
| | 7 | +24V | +24V |
| | 8 | RS-485 信号 A | RS-485 信号 A |
| | 9 | 不用 | 10 位协议选择 (输入) |
| | 连接器外壳 | 屏蔽 | 机壳接地 |

（2）PC/PPI 电缆

PC/PPI 电缆为多主站电缆, 一般用于 PLC 与计算机通信, 是一种低成本的通信方式。根据计算机接口方式不同, PC/PPI 电缆有两种不同的形式, 分别是 RS-232/PPI 多主站电缆和 USB/PPI 电缆。

1）PC/PPI 电缆的连接。

计算机与 PLC 之间的连接。将 PC/PPI 电缆上标有"PC"的 RS-232 端口连接到计算机的 RS-232 通信接口, 将标有"PPI"的 RS-485 端口连接到 CPU 模块的通信端口, 拧紧两边螺钉即可。

在 PC/PPI 电缆上有 8 个 DIP 开关, 其中 1/2/3 号开关用于选择通信速度 (通信波特率)。这里的选择应与编程软件中设置的波特率一致。一般通信速度的默认值为 9600bit/s。5 号开关为 PPI/自由口通信选择, 6 号开关为远程/本地选择, 7 号开关用于选择 10 位或 11 位 PPI 通信协议。

2）PC/PPI 电缆的通信设置。

在 STEP 7-Micro/WIN 编程软件中选择指令树中的"通信"文件夹, 双击"设置 PG/PC 接口", 在打开的"设置 PG/PC 接口"对话框中, 双击"PC/PPI cable（PPI）"选项, 打开"属性-PC/PPI cable（PPI）"对话框, 在对话框中选择传输速率 (一般为 9.6kbit/s)。

（3）网络连接器

为了能够把多个设备容易地连接到网络中, 西门子公司提供两种网络连接器: 一种是标准网络总线连接器, 其引脚分配如表 4-3 所示, 用于连接 Profibus 站和 Profibus 电缆实现信号传输, 一般带有内置的终端电阻, 如果该站为通信网络节点的终

图 4-3 标准网络总线连接器

端，则需将终端电阻连接上，即将开关拨至 ON 端，如图 4-3 所示。另一种是带编程接口的连接器。后者在不影响现有网络连接的情况下，允许再连接一个编程站或者一个 HMI（人机界面）设备到网络中。带编程接口的连接器将 S7-200 PLC 的所有信号（包括电源引脚）传到编程接口。这种连接器对于那些从 S7-200 PLC 取电源的设备（如 TD200）尤为有用。

两种连接器都有两组螺钉连接端子，可以用来连接输入连接电缆和输出连接电缆。两种连接器也都有网络偏置和终端匹配的选择开关，同时在终端位置的连接器要安装偏置电阻和终端电阻。在 OFF 位置未连接终端电阻时，接在网络端部的连接器上的开关应放在 ON 位置。

（4）网络中继器。

RS-485 中继器为网段提供偏置电阻和终端电阻。中继器有以下用途。

1）增加网络的长度。

在网络中使用一个中继器可以使网络的通信距离扩展 50m。如果在已连接的两个中继器之间没有其他结点，那么网络的长度能达到波特率允许的最大值。在一个串联网络中，用户最多可以使用 9 个中继器，但是网络的总长度不能超过 9 600m。网络中继器的作用如下：

2）为网络增加设备。

在 9 600bit/s 的波特率下，50m 距离之内，一个网段最多可以连接 32 个设备。使用一个中继器允许用户在网络中再增加 32 个设备，可以把网络再延长 1 200m。

3）实现不同网段的电气隔离。

如果不同的网段具有不同的地电位，则将它们隔离会提高网络的通信质量。一个中继器在网络中被算作网段的一个结点，但是它没有指定的站地址。

（5）EM 277 Profibus-DP 模块

EM 277 Profibus-DP 模块是专门用于 Profibus-DP 协议通信的智能扩展模块。EM 277 机壳上有一个 RS-485 接口，通过接口可将 S7-200 PLC CPU 连接至网络，它支持 Profibus-DP 和 MPI 从站协议。其他的地址选择开关可进行地址设置，地址范围为 0～99，如图 4-4 所示。

（6）CP 243-1 和 CP 243-1 IT 模块

CP 243-1（见图 4-5）和 CP 243-1 IT 都是一种通信处理器，用于 S7-200 PLC 自动化系统中。用于将 S7-200 PLC 系统连接到工业以太网（IE，Industrial Ethnet）中。通过它们可以使用 STEP 7-Micro/WIN，对 S7-200 PLC 进行远程组态、编程和诊断。而且，一台 S7-200 PLC 还可通过以太网与其他 S7-200 PLC、S7-300 PLC 或 S7-400 PLC 控制器进行通信，还可与 OPC（对象链接和嵌入过程控制）服务器进行通信。

图 4-4　EM 277 通信模块

图 4-5　CP 243-1 通信模块

## 4.1.2 S7-200 PLC 的通信组建

在进行 S7-200 系列 PLC 通信时，主要工作包括：建立通信方案并选择通信器件，进行参数组态。

**1．建立通信方案并选择通信器件**

通信前要根据实际需要建立通信方案，主要考虑如下方面。

（1）主站与从站之间的连接形式

连接方式采用单主站还是多主站，可通过软件组态进行设置。

在 S7-200 PLC 的通信网络中，如果使用了 PPI 电缆，则安装了编程软件 STEP 7-Micro/WIN 的计算机或西门子公司提供的编程器（如 PG740），被默认为主站。如果网络中还有 S7-300 PLC 或 HMI 等，则可设置为多主站，否则可设置为单主站，网络中所有的 S7-200 PLC 都默认为从站，有时可以在程序中指定某个 S7-200 PLC 为 RUN 工作方式下的 PPI 主站模式。

（2）站号

站号是网络中各个站的编号，网络中的每个设备（PC、PLC、HMI）都要分配唯一的编号（站地址）。站号 0 是安装编程软件 STEP 7-Micro/WIN 的计算机或编程器的默认地址，操作面板（如 TD200，OP7 等）的默认站号为 1，与站号 0 相连的第 1 台 PLC 的默认站号为 2。一个网络中最多可以有 127 个站地址（站号 0～126）。

（3）实现通信的器件

STEP 7-Micro/WIN 支持通信的器件如表 4-2 所示。

表 4-2 SETP 7-Micro/WIN 支持的通信器件

| 通信器件 | 功能 | 支持的波特率（bit/s） | 支持的协议 |
|---|---|---|---|
| PC/PPI 电缆 | PC-PLC 的电缆连接器 | 9.6k、19.2k | PPI |
| CP 5511 | 笔记本用 PCMCIA 卡 | 9.6k、19.2k、187.5k | PPI、MPI、PROFIBUS |
| CP 5511 | PCI 卡 | | |
| MPI | PG（编程器）中集成的 PCISA 卡 | | |
| 端口 0 | 串行通信口 0 | 9.6k | |
| 端口 1 | 串行通信口 1 | 19.2k、187.5k | |
| EM 277 模块 | Profibus DP 扩展模块 | 9.6k～12M | MPI、PROFIBUS |

**2．进行参数组态**

在编程软件 STEP 7-Micro/WIN 中，对通信硬件参数进行设置，即通信参数组态，涉及通信设置、通信器件的安装/删除、PC/PPI（MPI、MODEM 等）参数设置。

下面以 PC/PPI 电缆为例，介绍参数组态方法。其他通信器件的参数组态方法与 PC/PPI 电缆组态方法基本相同。

（1）通信设置

在 STEP 7-Micro/WIN 编程接口中，单击引导窗口中的"通信"按钮，进入"通信"对话框，如图 4-6 所示。

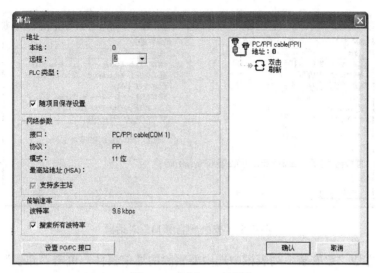

图 4-6 "通信"对话框

在图 4-6 中所显示的参数配置如下。本地地址：0；远程地址：2；通信接口：PC/PPI cable（COM1）；通信协议：PPI；传送模式：11 位；传输速率：9.6kbit/s。

（2）安装/删除通信器件

在图 4-6 中，双击"PC/PPI cable[PPI]"前的图标 ，出现进行通信器件设置的"设置 PG/PC 接口"对话框，如图 4-7 所示。

图 4-7 "设置 PG/PC 接口"对话框

在"接口"设置区，单击"选择"按钮，弹出"安装/删除接口"对话框，如图 4-8 所示。

安装：在左边"选择"列表框中单击以选择要安装的通信器件，单击"安装"按钮后，按照安装向导逐步安装通信器件。安装完成后，在右边"已安装"列表框中将出现已经安装的通信器件。

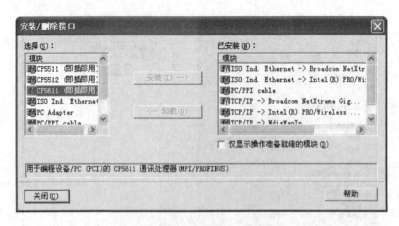

图 4-8 "安装/删除接口"对话框

删除：在右边"已安装"列表框中选中要删除的通信器件，单击"卸载"按钮后，按照卸载向导逐步卸载通信器件，该器件将从"已安装"列表框中消失。

（3）通信器件参数设置

如果在图 4-7 所示的"设置 PG/PC 接口"对话框中，单击"属性"按钮，将弹出进行参数设置的"属性-PC/PPI cable(PPI)"对话框，如图 4-9 所示。

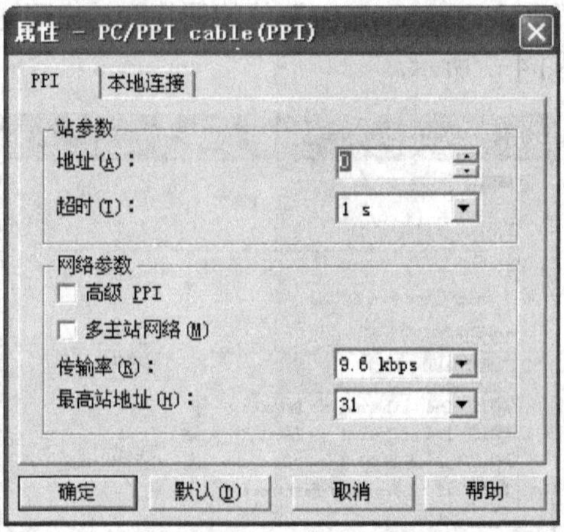

图 4-9 "属性-PC/PPI cable(PPI)"对话框

单击"PPI"标签进入"PPI"选项卡，该选项卡用于设置 PPI 通信参数，图 4-9 中显示的是系统默认值。站地址：0；超时时间：1s；不选中"多主站网络"复选框则表示使用单主站方式；传输速率：9.6kbit/s；最高站地址：31。

单击"本地连接"标签进入"本地连接"选项卡，用于设置本机的连接属性，包括选择串行通信口 COM1 或 COM2，是否选择调制解调器。默认值是 COM1，不选择调制解调器。

# 4.2 自由口通信

S7-200 系列 PLC 有一种特殊的通信模式：自由口通信模式（Freeport Mode）。在这种通信模式下，用户可以在自定义通信协议（可以在用户程序中控制通信参数：选择通信协议、设定波特率、设定校验方式、设定字符的有效数据位）下，通过建立通信中断事件，使用通信指令，控制 PLC 的串行通信口与其他设备进行通信，如打印机、条码阅读器、调制解调器、变频器和上位 PC 等。当然也可以用于两个 CPU 之间简单的数据交换。当外设具有 RS-485 接口时，可以通过双绞线进行连接，具有 RS-232 接口的外设也可以通过 PC/PPI 电缆连接起来进行自由口通信。

只有当 CPU 主机处于 RUN 工作方式下（此时特殊存储器 SM0.7 为 1），允许自由口通信模式。如果选择了自由口通信模式，此时 S7-200 失去了与标准通信装置进行正常通信的功能。当 CPU 主机处于 STOP 工作方式下，自由口通信模式被禁止，PLC 的通信协议由自由口通信协议自动切换到正常的 PPI 通信协议。

**1．设置自由口通信协议**

S7-200 系列 PLC 正常的字符数据格式是 1 个起始位、8 个数据位、1 个停止位，即 10 位数据，或者再加上 1 个奇/偶校验位，组成 11 位数据。波特率一般为 9 600～19 200bit/s。

在自由口通信协议下，可以用特殊存储器 SMB30 或 SMB130 设置通信端口 0 或端口 1 的通信参数。控制字节 SMB30 和 SMB130 的描述如表 4-3 所示。

表 4-3　SMB30 和 SMB130 的描述

| 端口 0 | 端口 1 | 说　明 |
|---|---|---|
| SMB30 的格式 | SMB130 的格式 | 自由端口模式控制字节<br><br>MSB　　　　　LSB<br>7　　　　　　　0<br>\|p\|p\|d\|b\|b\|b\|m\|m\| |
| SM30.0 和 SM30.1 通信协议选择 | SM130.0 和 SM130.1 通信协议选择 | mm：协议选项。00 = 点对点接口协议（PPI/从站模式），<br>　　　　　　　　01 = 自由端口协议，<br>　　　　　　　　10 = PPI/主站模式，<br>　　　　　　　　11 = 保留（默认到 PPI/从站模式）。<br>注意：当选择代码 mm = 10（PPI 主设备），S7-200 PLC 将成为网络上的主设备，允许 NETR 和 NETW 指令执行。在 PPI 模式中位 2～7 忽略 |
| SM30.2 ～SM30.4 波特率选择 | SM130.2 ～SM130.4 波特率选择 | bbb：自由端口波特率。<br>000 = 38 400bit/s，100 = 2 400bit/s，<br>001 = 19 200bit/s，101 = 1 200bit/s，<br>010 = 9 600bit/s，110 = 115 200bit/s，<br>011 = 4 800bit/s，110 = 57 600bit/s |
| SM30.5 每个字符的有效数据位 | SM130.5 每个字符的有效数据位 | d：每个字符的数据位。<br>0 = 每个字符 8 位，1 = 每个字符 7 位 |
| SM30.6 和 SM30.7 奇偶校验选择 | SM130.6 和 SM130.7 奇偶校验选择 | pp：奇偶校验选择。<br>00 = 无奇偶校验，01 = 偶数校验，<br>10 = 无奇偶校验，11 = 奇数校验 |

为便于快速设置控制字节的通信参数，可参照表 4-4 给出的控制字节值。

表 4-4　控制字节与自由口通信参数参照表

| 波特率 | | 38.4kbit/s | 19.2kbit/s | 9.6kbit/s | 4.8kbit/s | 2.4kbit/s | 1.2kbit/s | 600bit/s | 300bit/s |
|---|---|---|---|---|---|---|---|---|---|
| 8 字符 | 无校验 | 01H | 05H | 09H | 0DH | 11H | 15H | 19H | 1DH |
| | 偶校验 | 41H | 45H | 49H | 4DH | 51H | 55H | 59H | 5DH |
| | 奇校验 | C1H | C5H | C9H | CDH | D1H | D5H | D9H | DDH |

| 波特率 | | 38.4kbit/s | 19.2kbit/s | 9.6kbit/s | 4.8kbit/s | 2.4kbit/s | 1.2kbit/s | 600bit/s | 300bit/s |
|---|---|---|---|---|---|---|---|---|---|
| | 无校验 | 21H | 25H | 29H | 2DH | 31H | 35H | 39H | 3DH |
| 7字符 | 偶校验 | 61H | 65H | 69H | 6DH | 71H | 75H | 79H | 7DH |
| | 奇校验 | E1H | E5H | E9H | EDH | F1H | F5H | F9H | FDH |

### 2. 自由口通信时的中断事件

在 S7-200 系列 PLC 的中断事件中，与自由口通信有关的中断事件如下。

1）中断事件 8：通信端口 0 单字符接收中断。

2）中断事件 9：通信端口 0 发送完成中断。

3）中断事件 23：通信端口 0 接收完成中断。

4）中断事件 25：通信端口 1 单字符接收中断。

5）中断事件 26：通信端口 1 发送完成中断。

6）中断事件 24：通信端口 1 接收完成中断。

### 3. 自由口通信指令

在自由口通信模式下，可以用自由口通信指令接收和发送数据，其通信指令有两条：数据接收 RCV 指令和数据发送 XMT 指令。其指令梯形图和语句表如表 4-5 所示。

表 4-5　自由口通信指令的梯形图及语句表

| 梯形图 | 语句表 | 指令名称 |
|---|---|---|
| RCV<br>EN　ENO<br>TBL<br>PORT | RCV TBL, PORT | 数据接收指令 |
| XMT<br>EN　ENO<br>TBL<br>PORT | XMT TBL, PORT | 数据发送指令 |

表 4-5 中，TBL：缓冲区首地址，操作数为字节；

PORT：操作端口，CPU 224XP 和 CPU 226 为 0 或 1，S7-200 系列 PLC 其他机型只能为 0。

数据接收 PCV 指令是通过端口（PORT）接收远程设备的数据并将其保存到首地址为 TBL 的数据接收缓冲区中。接收数据缓冲区最多可接收 255 个字符的信息。

数据发送 XMT 指令是通过端口（PORT）将数据表首地址 TBL（发送数据缓冲区）中的数据发送到远程设备上。发送数据缓冲区最多可发送 255 个字符的信息。使用 XMT 指令发送数据应注意以下两点：

1）在缓冲区内的最后一个字符发送完成后，会产生中断事件 9 或中断事件 26（通信端口 0 或 1），如果将一个中断服务程序与发送完成中断事件连接，则可实现相应的操作。

2）利用特殊存储器位 SM4.5 和 SM4.6（通信端口 0 或 1）可监视通信端口的发送空闲状态。当通信端口 0 发送空闲时，SM4.5 置 1；当通信端口 1 发送空闲时，SM4.6 置 1。

可以通过中断的方式接收数据，在接收字符数据时，有如下两种中断事件产生。

1）利用字符中断控制接收数据。

每接收完成 1 个字符，就产生一个中断事件 8 或中断事件 25（通信端口 0 或 1）。特殊存储器 SMB2 作为自由口通信数据接收缓冲区。接收到的字符存放在特殊存储器 SMB2 中，以便用户程序访问。字符奇偶校验状态存放在特殊存储器 SMB3 中，如果接收到的字符奇偶校验出现错误，则 SM3.0 为 1，可利用 SM3.0 为 1 的信号，将出现错误的字符去掉。

2）利用接收结束中断控制接收数据。

当指定的多个字符接收结束后，产生中断事件 23 和 24（通信端口 0 或 1）。如果有一个中断服务程序连接到接收结束中断事件上，就可以实现相应的操作。

S7-200 PLC 在接收信息字符时要用到一些特殊存储器，对通信端口 0 要用到 SMB86～SMB94，对通信端口 1 要用到 SMB186～SMB194。如通过 SMB86（或 SMB186）来监控接收信息；通过 SMB87（或 SMB187）来控制接收信息。所使用的特殊存储字节具体含义如表 4-6 所示。

表 4-6　特殊存储字节 SMB86～SMB94、SMB186～SMB194 的含义

| 端口 0 | 端口 1 | 含义 |
|---|---|---|
| SMB86 | SMB186 | 接收信息状态字节<br><br>&#124; n &#124; r &#124; e &#124; 0 &#124; 0 &#124; t &#124; c &#124; p &#124;<br><br>p=1：说明因字符奇偶校验错误而终止接收；<br>c=1：说明因接收字符超长而终止接收；<br>t=1：说明因接收超时而终止接收；<br>e=1：说明正常收到结束字符；<br>r=1：说明因输入参数错误或缺少起始和结束条件而终止接收；<br>n=1：说明用户通过禁止命令结束接收 |
| SMB87 | SMB187 | 接收信息控制字节<br><br>&#124; EN &#124; SC &#124; EC &#124; IL &#124; C/M &#124; TMR &#124; BK &#124; 0 &#124;<br><br>BK：是否使用中断条件检测起始信息，0=忽略，1=使用；<br>TMR：是否使用 SMB92 或 SMB192 的值终止接收，0=忽略，1=使用；<br>C/M：定时器定时性质，0=内部字符定时器；1=信息定时器；<br>IL：是否使用 SMB90 或 SMB190 的值检测空闲状态；0=忽略，1=使用；<br>EC：是否使用 SMB89 或 SMB189 的值检测结束信息，0=忽略，1=使用；<br>SC：是否使用 SMB88 或 SMB188 的值检测起始信息；0=忽略，1=使用；<br>EN：接收允许，0=禁止接收信息，1=允许接收信息 |
| SMB88 | SMB188 | 信息字符的开始 |
| SMB89 | SMB189 | 描述信息字符的结束 |
| SMB90<br>SMB91 | SMB190<br>SMB191 | 空闲时间以 ms 为单位，空闲时间溢出后接收的第一个字符是新消息的开始字符。SMB90（SMB190）是高位字节，SMB91（SMB191）是低位字节 |
| SMB92<br>SMB93 | SMB192<br>SMB193 | 中间字符/消息定时器溢出值设定（以 ms 为单位），如果超出这个时间段，则终止接收信息。SMB93（SMB193）是高位字节，SMB93（SMB193）是低位字节 |
| SMB94 | SMB194 | 要接收的最大字符数（1~255）。此范围必须设置为期望的最大缓冲区大小，即使信息的字符数始终达不到 |

接收数据缓冲区和发送数据缓冲区的格式如表 4-7 所示。

表 4-7　数据缓冲区格式

| 接收数据缓冲区 | 发送数据缓冲区 |
|---|---|
| 接收字符数 | 发送字符数 |

| 接收数据缓冲区 | 发送数据缓冲区 |
|---|---|
| 字符 1（或是起始字符） | 字符 1（或是起始字符） |
| 字符 2 | 字符 2 |
| ⋮ | ⋮ |
| 字符 m（或是结束字符） | 字符 n（或是结束字符） |

**4．编程步骤**

（1）利用 SM0.1 初始化通信参数

1）使用 SMB30（端口 0）或 SMB130（端口 1）选择自由端口通信模式，并选定自由端口通信的波特率、数据位数和校验方式。

2）设定起始位（SMB88 或 SMB188）和结束位（SMB89 或 SMB189），空闲时间信息（SMB90 或 SMB190）及接收的最大字符数（SMB94 或 SMB194）。

3）如果利用中断，则将中断事件与相应的中断服务程序连接，并且全局开中断（ENI）。

4）通常可利用 SMB34 定时中断（当然也可以使用定时器中断），定时发送数据（一般周期为 50ms，即间断发送数据的时间为 50ms）。

（2）编写主程序

自由端口通信主程序的任务是把要发送的数据放到数据缓冲区，并接收数据到接收缓冲区（此任务也可以用一个子程序来完成）。

（3）编写 SMB34 的定时中断服务程序

把要发送的数据传送到发送数据缓冲区，一般包括发送的字节数、发送的数据及结束字符，最后再利用 XMT 指令启动发送。

（4）编写发送完成中断服务程序和接收完成中断服务程序

1）发送完成中断服务程序的主要任务是发送完成后断开 SMB34 定时中断，并利用 RCV 指令准备接收数据。

2）接收完成中断服务程序的主要任务是接收数据完成后重新连接 SMB34 的定时中断，准备发送数据。

用户可根据具体控制要求对上述步骤选择使用。

# 4.3  PPI 通信

在 SIMATIC S7 的网络中，S7-200 PLC 被默认为是从站。只有在采用 PPI 通信协议时，如果某些 S7-200 系列的 PLC 在用户程序中允许 PPI 主站模式，这些 PLC 主机才可以在 RUN 工作方式下作为主站，这样就可以用通信指令读取其他 PLC 主机的数据。

**1．PPI 主站模式设定**

在 S7-200 PLC 的特殊存储器 SM 中，SMB30（SMB130）是用于设定通信端口 0（通信端口 1）的通信方式。由 SMB30（SMB130）的低 2 位决定通信端口 0（通信端口 1）的通信协议，即 PPI 从站、自由口和 PPI 主站。只要将 SMB30（SMB130）的低 2 位设置为 2#10，就允许该 PLC 主机为 PPI 主站模式，可以执行网络读/写指令。

**2．PPI 网络通信指令**

在 S7-200 PLC 的 PPI 主站模式下，网络通信指令有两条，分别为网络读（NETR，

Network Read）指令和网络写（NETW，Network Write）指令。其指令梯形图和语句表如表 4-8 所示。

表 4-8  PPI 网络通信指令的梯形图及语句表

| 梯形图 | 语句表 | 指令名称 |
|---|---|---|
| NETR<br>⊣EN  ENO⊢<br>⊣TBL<br>⊣PORT | NETR  TBL，PORT | 网络读指令 |
| NETW<br>⊣EN  ENO⊢<br>⊣TBL<br>⊣PORT | NETW  TBL，PORT | 网络写指令 |

表 4-8 中，TBL：缓冲区首地址，操作数为字节；PORT：操作端口，CPU 224XP 和 CPU226 为 0 或 1，S7-200 系列 PLC 的其他机型只能为 0。

网络读指令 NETR 是通过端口（PORT）接收远程设备的数据并将其保存在数据表 TBL 中。可从远方站点最多读取 16 字节的信息。

网络写指令 NETW 是通过端口（PORT）向远程设备写入数据表 TBL 中的数据。可向远方站点最多写入 16 字节的信息。

在程序中可以写任意多条 NETR/NETW 指令，但在任意时刻最多只能有 8 条 NETR 或 8 条 NETW 指令、4 条 NETR 和 4 条 NETW 指令，或者 2 条 NETR 和 6 条 NETW 指令有效。

**3. 主站与从站传送的数据表的格式**

（1）数据表格式

在执行网络读/写指令时，PPI 主站与从站间传送数据表 TBL 的格式如表 4-9 所示。

表 4-9  数据表 TBL 格式

| 字节偏移地址 | 名  称 | 描  述 | | | | | | | |
|---|---|---|---|---|---|---|---|---|---|
| 0 | 状态字节 | D | A | E | 0 | E1 | E2 | E3 | E4 |
| 1 | 远程站地址 | 被访问的 PLC 从站地址 | | | | | | | |
| 2 | 指向远程站数据区的指针 | 存放被访问数据区（I、Q、M 和 V 数据区）的首地址<br>（被访问资料区的间接指针） | | | | | | | |
| 3 | | | | | | | | | |
| 4 | | | | | | | | | |
| 5 | | | | | | | | | |
| 6 | 数据长度 | 远程站上被访问数据区的长度 | | | | | | | |
| 7 | 数据字节 0 | 执行 NETR 指令后，存放从远程站接收的数据；<br>执行 NETW 指令前，存放要向远程站发送的数据 | | | | | | | |
| 8 | 数据字节 1 | | | | | | | | |
| ⋮ | ⋮ | | | | | | | | |
| 22 | 数据字节 15 | | | | | | | | |

（2）状态字节说明

数据表的第 1 字节为状态字节，各个位的意义如下。

1）D 位：操作完成位。0=未完成；1=已完成。

2）A 位：有效位，操作已被排队。0=无效；1=有效。

3）E 位：错误标志位。0=无错误；1=有错误。

4）E1、E2、E3、E4 位：错误代码。如果执行读/写指令后 E 位为 1，则由这 4 位返回一个错误代码。这 4 位构成的错误码及含义如表 4-10 所示。

表 4-10　错误代码表

| E1、E2、E3、E4 | 错误代码 | 说　明 |
|---|---|---|
| 0000 | 0 | 无错误 |
| 0001 | 1 | 时间溢出错误，远程站点不响应 |
| 0010 | 2 | 接收错误：奇偶校验错，回应帧或检查时出错 |
| 0011 | 3 | 离线错误：相同的站地址或无效的硬件引发冲突 |
| 0100 | 4 | 队列溢出错误：启动了超过 8 条 NETR 和 NETW 指令 |
| 0101 | 5 | 违反通信协议：没有在 SMB30 中允许 PPI 协议而执行网络指令 |
| 0110 | 6 | 非法参数：NETR 和 NETW 指令中包含非法或无效的值 |
| 0111 | 7 | 没有资源：远程站点正在忙中，如上装或下装顺序正在处理中 |
| 1000 | 8 | 第 7 层错误，违反应用协议 |
| 1001 | 9 | 信息错误：错误的数据地址或不正确的数据长度 |
| 1010~1111 | A~F | 未用，为将来的使用保留 |

读者通过扫描二维码 4-1 进行"网络通信的搭建及指令应用"视频相关知识的学习。

**4．NETR/NETW 指令向导的应用**

用户使用 NETR/NETW 指令向导，可以简化网络操作配置。向导将询问初始化选项，并根据用户选择生成完成的配置。向导允许配置多达 24 项独立的网络操作，并生成代码调用这些操作。NETR/NETW 指令向导的应用步骤如下。

二维码 4-1

（1）打开向导对话框

在程序编辑窗口选择菜单栏"工具"→"指令向导"命令，弹出"指令向导"对话框，选择"NETR/NETW"选项，单击"下一步"按钮，如图 4-10 所示。或在项目树中双击"向导"文件夹下的"NETR/NERW"选项。

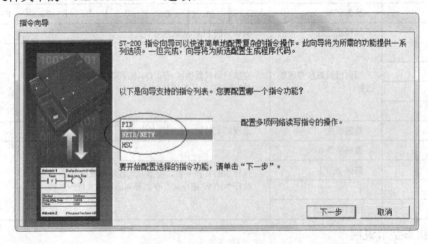

图 4-10　"指令向导"对话框

（2）指定用户需要的网络操作数目

根据 PLC 之间通信的"读/写"操作数目，填写网络读/写操作数目，如希望配置 2 项网络读/写操作，如图 4-11 所示，单击"下一步"按钮。

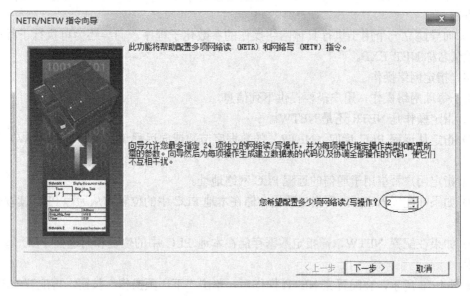

图 4-11 "NETR/NETW 指令向导"对话框——指定用户需要的网络操作数目

（3）指定端口号和子程序名称

如图 4-12 所示，为项目指定端口号和子程序名称，单击"下一步"按钮。如果项目可能已经包含一个 NETR/NETW 向导配置，则所有以前建立的配置均被自动加载到向导上。向导会提示用户完成以下两个步骤之一。

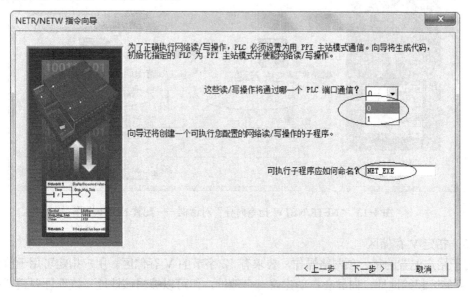

图 4-12 "NETR/NETW 指令向导"对话框——指定端口号和子程序名称

1）选择编辑现有的配置，其方法是单击"下一步"按钮。

2）选择从项目中删除现有的配置，方法是选择"删除"复选框，并单击"完成"按钮。

如果不存在以前的配置，则向导会询问以下信息。

1）PLC 必须被设为 PPI 主站模式才能进行通信。用户要指定通信将通过 PLC 的哪一个端口进行。

2）向导建立一个用于执行具体网络操作的参数化子程序。向导还为可执行子程序指定一个默认名称 NET_EXE。

（4）指定网络操作

对于每项网络操作，用户需要提供下列信息。

1）指定操作是 NETR 还是 NETW。

2）指定从远程 PLC 读取（NETR）的数据字节数或向远程 PLC 写入（NETW）的数据字节数。

3）指定用户希望用于通信的远程 PLC 网络地址。

4）如果在配置 NETR，需指定数据存储在本地 PLC 中的位置和从远程 PLC 读取数据的位置。

5）如果在配置 NETW，需指定数据存储在本地 PLC 中的位置和向远程 PLC 写入数据的位置。

如图 4-13 所示，在配置完 NETR 操作后，单击"下一项操作"按钮，再配置 NETW 操作，如图 4-14 所示，然后单击"下一步"按钮。

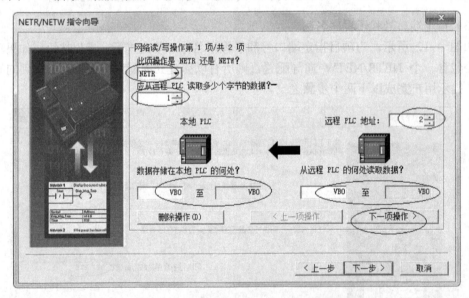

图 4-13 "NETR/NETW 指令向导"对话框——配置 NETR 操作

（5）指定 V 存储区

对于用户配置的每一项网络操作，要求有 12 字节的 V 存储区。用户指定可用于放置配置的 V 存储区起始地址。向导会自动建议一个地址，但可以编辑该地址（该地址要避开程序中用到的地址区域），一般采用建议地址即可，如图 4-15 所示，单击"下一步"按钮。

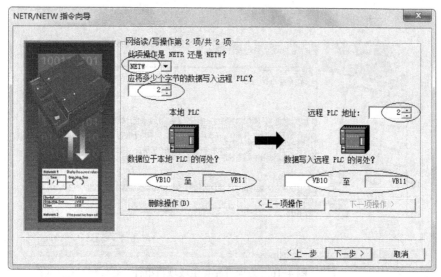

图 4-14 "NETR/NETW 指令向导"对话框——配置 NETW 操作

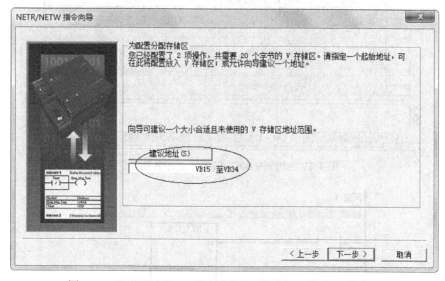

图 4-15 "NETR-NETW 指令向导"对话框——指定 V 存储区

（6）生成程序代码

回答完上述询问后，单击图 4-16 的"完成"按钮，S7-200 PLC 指令向导将为指定的网络操作生成代码。由向导建立的执行子程序成为项目的一部分，此时会在编程窗口的最下方多了一个名为"NET_EXE"的子程序窗口，上面显示该执行子程序指令各端口的含义，如图 4-17 所示。

要在程序中使能网络通信，需要在主程序块中调用执行子程序（NET_EXE）。每次扫描周期时，使用 SM0.0 调用该子程序，如图 4-18 所示，这样会启动配置的网络操作的执行。

读者通过扫描二维码 4-2 进行"PPI 网络通信的向导应用"视频相关知识的学习。

二维码 4-2

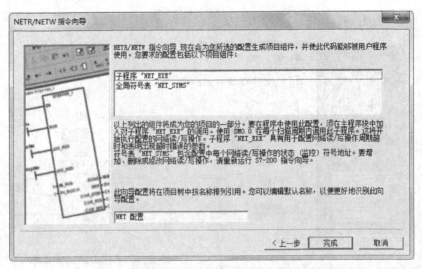

图 4-16　为项目配置生成项目组件

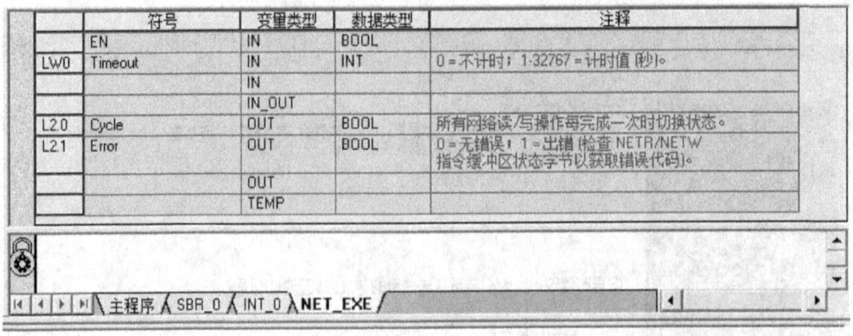

| | 符号 | 变量类型 | 数据类型 | 注释 |
|---|---|---|---|---|
| | EN | IN | BOOL | |
| LW0 | Timeout | IN | INT | 0 = 不计时；1-32767 = 计时值（秒）。 |
| | | IN | | |
| | | IN_OUT | | |
| L2.0 | Cycle | OUT | BOOL | 所有网络读/写操作每完成一次时切换状态。 |
| L2.1 | Error | OUT | BOOL | 0 = 无错误；1 = 出错（检查 NETR/NETW 指令缓冲区中状态字节以获取错误代码）。 |
| | | OUT | | |
| | | TEMP | | |

| ▮◀ ◀ ▶ ▶▮ 主程序 〈 SBR_0 〈 INT_0 〈 NET_EXE | | ◀ | | ▶ |

图 4-17　生成的 NXT_EXE 子程序各端口含义

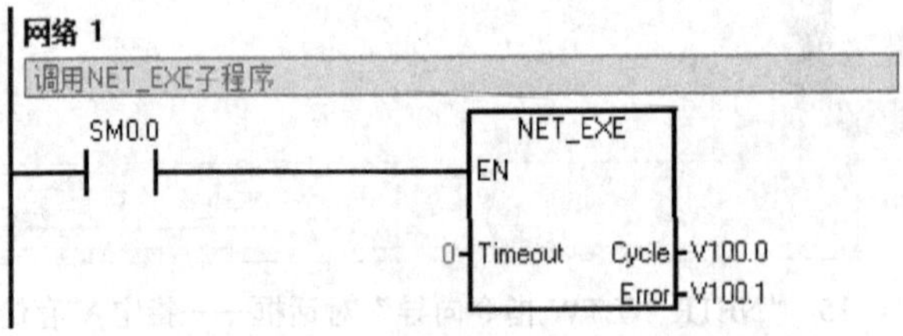

**网络 1**

调用 NET_EXE子程序

```
    SM0.0              NET_EXE
    ┤ ├                 EN

              0 ─ Timeout      Cycle ─ V100.0
                              Error ─ V100.1
```

图 4-18　在主程序中调用 NXT_EXE 子程序

# 4.4　以太网通信

工业以太网已经在工业生产现场使用相当普及，S7-200 PLC 通过工业以太网通信处理器（Communication Processor，CP），如 CP 243-1 或 CP 243-1IT 接入工业以太网，可以在 S7-200 PLC 之间、与西门子的其他型号 PLC（如 S7-300、400、1200、1500 PLC 等）、与 OPC（用于过程控制的 OEL）及 WINCC（视窗控制中心）进行以太网通信。

若实现 S7-200 PLC 以太网通信，需要通过 "向导" 生成相应的子程序，在主程序或其他子程序中调用通过向导生成的子程序来进行数据的传输，下面以 S7-200 PLC 之间以太网通信为例进行介绍。

S7-200 PLC 之间的以太网通信中，S7-200 既可以作为 Server（服务器）端，也可以作为 Client（客户）端。

**1. S7-200 为服务器端**

S7-200 作为服务器端时，只响应客户端的数据请求，不需要编程，只要组态 CP 243-1 或 CP 243-1IT 通信模块就可以了。

（1）进入以太网配置向导

双击项目树中的"向导"→"以太网"（或选择菜单栏"工具"→"以太网向导"），进入以太网配置向导，如图 4-19 所示，单击"下一步"按钮。

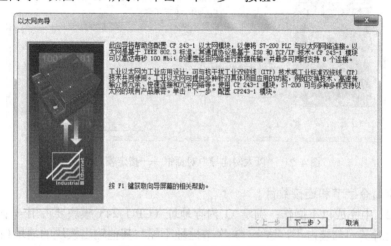

图 4-19 "以太网向导"对话框

（2）指定模块位置

在图 4-20 中，需要指定 CP 通信模块连接位置，在此设为位置 0；在线情况下可通过单击"读取模块"按钮搜寻在线的 CP 243 模块；单击"下一步"按钮，选择通信模块的类型为 CP 243-1 或 CP 243-1 IT（注意，订货号必须与实物一致），在此选择 CP 243-1 IT 通信模块，然后单击"下一步"按钮，进入指定模块地址对话框，如图 4-21 所示。

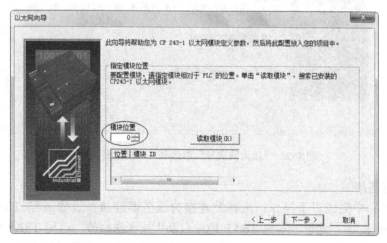

图 4-20 "以太网向导"对话框——指定模块位置

（3）指定模块地址

在图 4-21 中完成以下操作：设定模块的 IP 地址，自定义适用的 IP 地址，如 192.168.0.2；填写适用的子网掩码，一般采用默认的 255.255.255.0；选择模块的通信连接类型，使用系统默认的设置；单击"下一步"按钮。

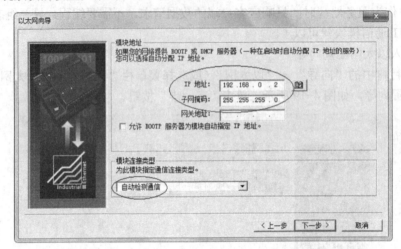

图 4-21 "以太网向导"对话框——指定模块地址

（4）指定命令字节和连接数目

在图 4-22 中完成以下操作：确定 Q 内存地址（CPU 243 模块要占用一个字节的 Q 地址，应用模块时其内部被占用，这个 Q 字节地址不能与其他输出模块的地址相同），使用默认设置；配置模块的连接数目，在此选择数目为"1"；单击"下一步"按钮。

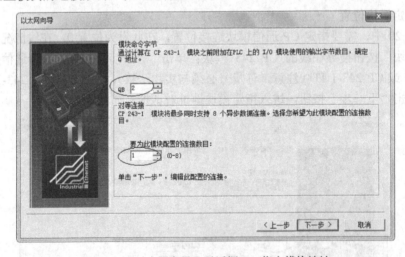

图 4-22 "以太网向导"对话框——指定模块地址

（5）配置连接

在图 4-23 中完成以下操作：选择此连接为服务器连接；设置远程 TSAP（Transport Service Access Point）地址，本地 TSAP 地址自动生成无法修改，远程 TSAP 地址使用系统默认的设置"10"（TSAP 由两个字节构成：第一字节定义了连接数，其中 Local TSAP 范围为 16#01，16#10～16#FE；Remote TSAP 范围为 16#01，16#03，16#10～16#FE；第二节字节定义了机架号和 CP 槽号，如果只有一个连接，可以指定对方的地址，否则可以选中"接受所有的连接请求"）；选择"接受所有连接请求"复选按钮（若不勾选此项，则需要在"仅从以下客户机接受连接请求"框中输入客户端 IP 地址，如 192.168.0.1）；其余使用系统默认的设置；单击"下一步"按钮。

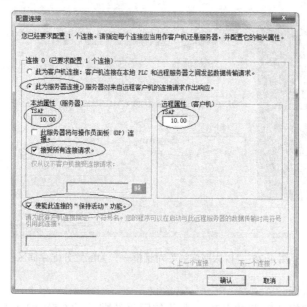

图 4-23 "配置连接"对话框

（6）配置 CRC 保护和保持活动间隔

在图 4-24 中完成以下操作：选择"是，为数据块中的此配置生成 CRC 保护"选项（如选择此功能，则 CP243 在每次系统重启时，就核验 S7-200 中的组态信息是否被修改，如被修改，则停止启动，并重新设置 IP 地址）；设置"保持活动时间间隔"为默认值"30"秒（即是上一步中的检测通信状态的时间间隔）；单击"下一步"按钮。

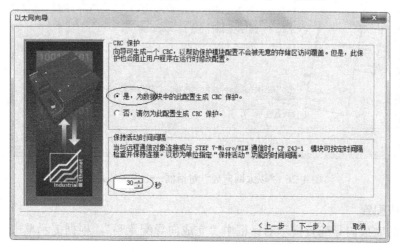

图 4-24 "以太网向导"对话框——配置 CRC 保护和保持活动间隔

（7）为配置分配存储区

在图 4-25 中选择一个未使用的 V 存储区来存储模块的配置信息，可以单击"建议地址"按钮（或手动输入），让系统来选定一个合适的存储区（该地址区在用户程序中不可再用），单击"下一步"按钮。

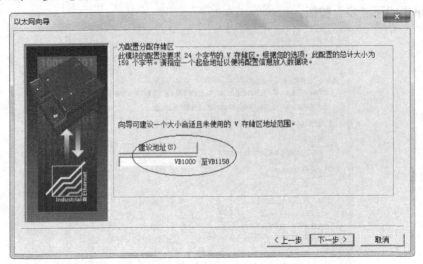

图 4-25 "以太网向导"对话框——为配置分配存储区

（8）生成项目组件

在图 4-26 中编辑此配置的名称，在此使用系统默认的名称"ETH 配置 0"，单击"完成"按钮。

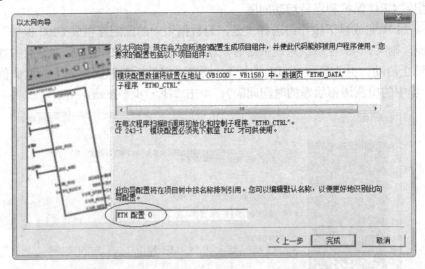

图 4-26 "以太网向导"对话框——生成项目组件

（9）完成配置

在弹出的完成向导配置提示对话框中"完成向导配置吗"，根据提示单击"是"按钮完成配置。

（10）在程序中调用子程序"ETH0_CTRL"

在程序中调用子程序 ETH0_CTRL，如图 4-27 所示。ETHx_CTRL（CP243 模块组态在 CPU 的哪个模块位置上，在此生成的 x 就是几，只能是 0～6）为初始化和控制子程序，在开始时执行以太网模块检查。应当在每次扫描开始时调用该子程序，且每个模块仅限使用一次该子程序。每次 CPU 更改为 RUN（运行）时，该指令命令 CP 243 以太网模块检查 V 组态数据区是否存在新配置。如果配置不同或 CRC 保护被禁用，则用新配置重设模块。

当以太网模块准备通过其他指令接收命令时，CP_Ready（BOOL 型）置 1。Ch_Ready（字型）的每一位对应一个指定通道，显示该通道的连接状态，如当通道 0 建立连接后，位 0 置 1。Error（错误，字型）包含模块通信状态。

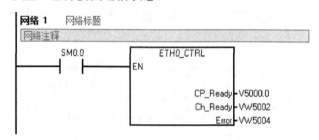

图 4-27　在服务器程序中调用子程序 ETH0_CTRL

**2．S7-200 为客户端**

S7-200 PLC 作为客户端的配置与作为服务器端的配置差不多，只是在上述的第（3）、（5）、（7）、（10）步上略有差别。这里只介绍略有差别的这几步。

（1）第 3 步中指定模块地址的配置

如图 4-28 所示，将客户端 IP 地址设置为"192.168.0.1"。

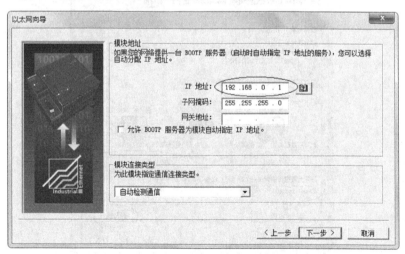

图 4-28　配置客户端指定模块的地址

（2）第 5 步中通信连接的配置

如图 4-29 所示，完成以下配置：选择连接为"此为客户机连接"；设置"远程属性（服务器）"的 TSAP 地址，仍为默认地址；"为此连接指定服务器 IP 地址"，在此选择上配置服务器的 IP，即"192.168.0.2"；为此连接定义符号名，该名称在程序中将会用到，在此使用默认名称。为了实现客户端同服务器之间组态数据传输，单击"数据传输"按钮进入组态窗口，在弹出的"配置 CPU 至 CPU 数据传输"对话框中单击"新传输"按钮（最多传输 31 个数据区，通过单击"新传输"按钮添加），在"添加一个新数据传输"对话框中单击"是"按钮，进入新数据的配置对话框，如图 4-30 所示。

图 4-29 "配置连接"对话框

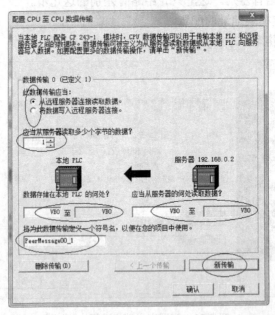

图 4-30 "配置 CPU 至 CPU 数据传输"对话框——客户端读取服务器的数据

在图 4-30 中完成以下配置：选择"从远程服务器连接读取数据"单选按钮；设置读取数据的字节数，如"1"；设置数据交换的存储区，如将服务器的 VB0 内的数据读取到客户端的 VB0 内；为此数据传输定义符号名，该名称在项目中会应用到，在此使用默认名称；

单击"新传输"按钮建立另外一个数据传输，在"添加一个新数据传输"对话框中单击"是"按钮，进入如图 4-31 所示对话框。

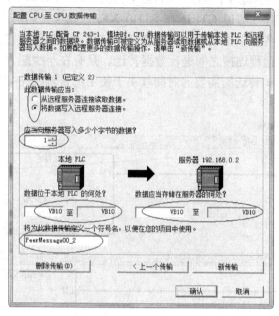

图 4-31  "配置 CPU 至 CPU 数据传输"对话框——客户端写入服务器的数据

在图 4-31 中完成以下配置：选择"将数据写入远程服务器连接"单选按钮；设置写入数据的字节数，如"1"；设置数据交换的存储区，如将客户端的 VB10 内的数据写入到服务器的 VB10 内；为此数据传输定义符号名，该名称在项目中会应用到，在此使用默认名称；单击"确认"按钮，在返回的界面中再次单击"确认"按钮。

（3）第 7 步中分配存储区的配置

在图 4-32 中选择一个未使用的 V 存储区来存储模块的配置信息，可以单击"建议地址"按钮，让系统来选定一个合适的存储区（该地址区在用户程序中不可再用），单击"下一步"按钮。

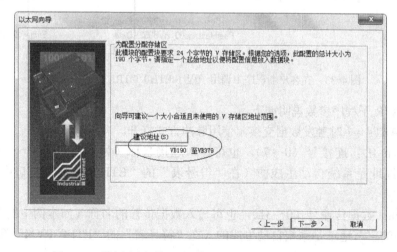

图 4-32  "以太网向导"对话框——配置客户端存储区地址

**注意**：在"生成项目组件"对话框中，生成的系统默认的配置名称"ETH 配置 0"。

（4）第 10 步在程序中调用子程序"ETH0_CTRL"和"ETH0_XFR"

在程序中调用子程序 ETH0_CTRL 和 ETH0_XFR，如 4-33 所示。ETH0_CTRL 为初始化和控制子程序，同服务器中生成的一样；ETH0_XFR 子程序通过指定客户端连接和信息号码，实现在 S7-200 和远程连接之间进行数据传送。只有在至少配置了一个客户端连接时，才会生成该子程序。数据传送所需的时间取决于使用的传输线路类型，应使用配备扫描时间低于 1s 的程序。

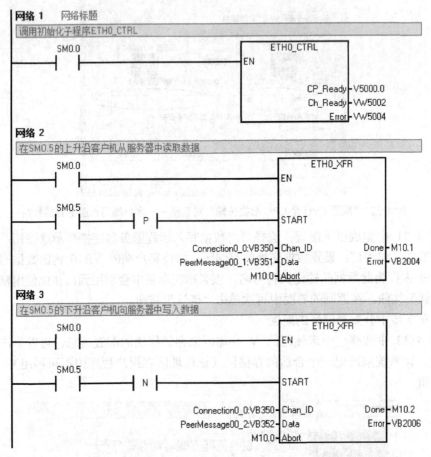

图 4-33　在客户端程序中调用子程序 ETH0_CTRL 和 ETH0_XFR

ETH0_XFR 子程序参数说明如下。

（1）START：=1 时触发数据交换，使用脉冲方式打开。

（2）Chan_ID：连接号（0～7），也可输入连接名称（如本例中的 Connection0_0），后面的字节地址是系统自动生成的（在"符号表"的"ETH0_SYM"窗口中可以看到此类信息）。

（3）Data：数据传输号（0～31），也可输入数据传输的名称（如本例中的 Peermessage 00_2），后面的字节地址是系统自动生成的（在"符号表"的"ETH0_SYM"窗口中可以看到此类信息）。

（4）Abort：异常中止命令（BOOL 型），命令以太网模块停止在指定通道上的数据传送。该命令不会影响其他通道上的数据传送。如果指定通道的"保护再用"功能被禁用，当超出您预期的超时限制时，则使用"异常中止"命令取消数据传送请求。

（5）Done：当以太网模块完成数据传送时，"完成（BOOL 型）"为"1"。

（6）Error：通信状态（字节型，可查看通信的传送信息）。分为 3 种状态。

● 网络 1：当 PLC 由 STOP→RUN 时，通过 SM0.0 调用子程序 ETH0_CTRL。

● 网络 2：从服务器中读取数据。

● 网络 3：向服务器中写入数据。

在客户端的其他网络中将从服务器中读取的数据进行相应的处理和应用；在服务器的网络中也需将客户端中写入的数据进行相应的处理和应用。

**3．S7-200 之间的硬件连接**

两台 S7-200 PLC 之间以太网通信，最好使用交换机，这样不管网线是正连接还是反连接，因为交换机具有自动交叉线功能，当然交换机换成集线器（HUB）也可以。如果使用 1 根网络直接将两块 CP 243 模块相连接，则此根网线必须是正连接，不能采用反连接，否则无法建立以太网通信。当然如果多台 S7-200 PLC 之间以太网通信，只能使用交换机进行硬件连接。

# 4.5　实训 15　两台电动机异地起停的 PLC 控制

【实训目的】
● 掌握 S7-200 PLC 的通信基本知识；
● 掌握通信端口各引脚的含义；
● 掌握自由口通信程序的编写。

【实训任务】

使用 S7-200 PLC 通过自由口通信实现两台电动机异地起停的控制。控制要求如下：按下本地的起动按钮和停止按钮，本地电动机起动和停止。按下本地控制远程电动机的起动按钮和停止按钮，远程电动机起动和停止。同时两站点均能显示两台电动机的工作状态。

【任务分析】

从控制要求看，主要把两地的起动命令、停止命令及本站的电动机工作状态传输给远程电动机，能在本地了解远程电动机的工作状态，以便实时控制本地电动机的起停。使用自由口通信实现上述功能，两台 PLC 上编制的通信程序完全相同（因为功能和 I/O 地址分配均相同），主要涉及通信类型的定义、通信参数的定义、发送和接收程序等方面内容。

## 4.5.1　关联指令

本实训任务涉及的 PLC 指令有：自由口通信指令。

## 4.5.2　任务实施

**1．I/O 地址分配**

此实训任务中本地电动机的起动按钮、停止按钮、热继电器，控制远程电动机的起动按钮、停止按钮等作为 PLC 的输入元器件，驱动本地电动机的交流接触器、本地电动机的工作指示灯和远程电动机的工作指示灯等作为 PLC 的输出元器件，两站 I/O 地址分配相同，在此以本地电动机的 PLC 控制为例，其相应的 I/O 地址分配如表 4-11 所示。

表 4-11　两台电动机异地起停的 PLC 控制的 I/O 分配表

| 输入 | | 输出 | |
|---|---|---|---|
| 输入继电器 | 元器件 | 输出继电器 | 元器件 |
| I0.0 | 本地起动按钮 SB1 | Q0.0 | 交流接触器 KM |
| I0.1 | 本地停止按钮 SB2 | Q0.4 | 本地电动机工作指示灯 HL1 |
| I0.2 | 本地热继电器 FR | Q0.5 | 远程电动机工作指示灯 HL2 |
| I0.3 | 远程起动按钮 SB3 | | |
| I0.4 | 远程停止按钮 SB4 | | |

**2．电气接线图的绘制**

两台电动机异地起停的 PLC 控制的 I/O 端子连接如图 4-34 所示，本地和远程的控制电路原理图相同，在此只给出本地 PLC 控制的 I/O 连接图。两台 PLC 之间通过带有总线连接器的通信电缆相连，总线连接器分别插入两台 PLC 的端口 0 上。本任务中电动机采用直接起动方式，故主电路在此省略。

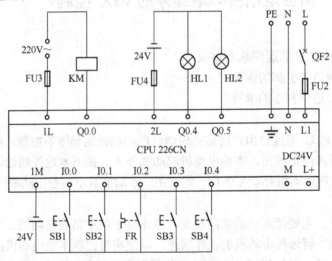

图 4-34　两台电动机异地起停的 PLC 控制的 I/O 端子连接图

**3．创建项目**

双击 STEP 7-Micro/WIN 软件图标，启动软件，选择菜单栏中的"File（文件）"→"Save（保存）"命令，在"文件名"栏对该文件进行命名，在此命名为"两台电动机异地起停的 PLC 控制"，然后再选择文件保存的位置，最后单击"保存"按钮即可。

**4．编制程序**

根据控制要求，使用自由口通信指令编制的程序如图 4-35～图 4-39 所示，因两台 PLC 上编制的通信程序完全相同，在此以本地电动机的 PLC 控制为例。

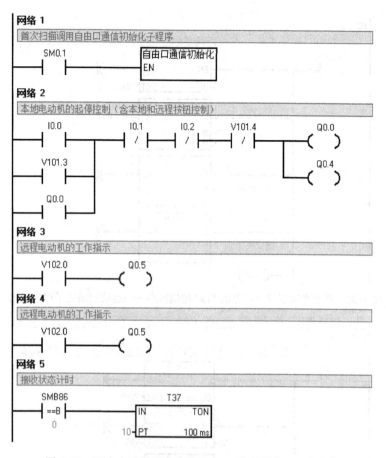

图 4-35 两台电动机异地起停的 PLC 控制程序——主程序

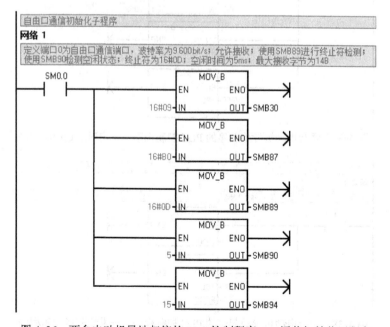

图 4-36 两台电动机异地起停的 PLC 控制程序——通信初始化子程序

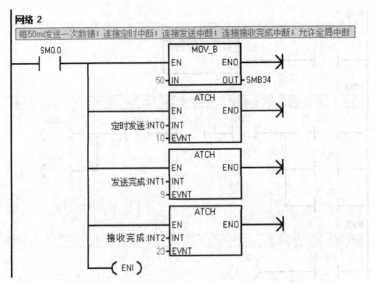

图 4-36  两台电动机异地起停的 PLC 控制程序——通信初始化子程序（续）

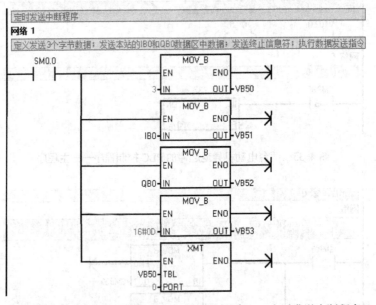

图 4-37  两台电动机异地起停的 PLC 控制程序——定时发送中断程序

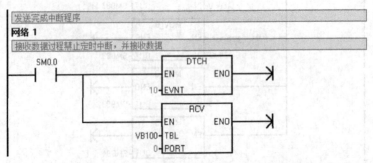

图 4-38  两台电动机异地起停的 PLC 控制程序——发送完成中断程序

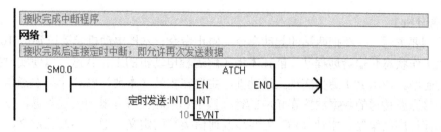

图 4-39  两台电动机异地起停的 PLC 控制程序——接收完成中断程序

**5．调试程序**

使用带有总线连接器的通信电缆将两台 PLC 的通信端口 0 相连，然后再将编译无误的程序分别下载到相应的 PLC 中，均单击两站对应的工具条中的"RUN（运行）"按钮使程序处于运行状态，按下本地起停按钮，观察本地电动机是否起停。若动作正常，再按下本地控制远程电动机的起停按钮，观察远程电动机是否起停。若动作正常，再在远程站进行上述操作，若动作均正常，即实现本实训任务相应功能，则本任务硬件连接及程序编制正确。

### 4.5.3  实训交流——超长数据的发送和接收

使用自由口通信指令每次只能发送和接收 255 字节数据，那超过 255 字节的数据如何使用自由口通信进行传输呢？是将待发送的数据每 255 字节使用发送指令 XMT 发送一次，但是在程序中出现多条发送指令 XMT 时，若同时发送，则发送完成后都会产生同一事件号的中断事件，这样极易出现错误，这时最好使用定时器或定时器中断分别执行相应的发送指令 XMT。若接收超过 255 字节，可通过每 255 字节接收一次，但必须将对方发送数据的第一个字节作为发送数据区的标识符，在接收时通过比较指令将接收到的数据存储到相应的存储区中。

### 4.5.4  技能训练——多台 PLC 的自由口通信

用 PLC 实现多台电动机自由口通信的控制（以 3 台电动机为例），甲地按钮通过 PLC 的自由口通信控制乙地电动机的起停，乙地按钮通过 PLC 的自由口通信控制丙地电动机的起停，丙地按钮通过 PLC 的自由口通信控制甲地电动机的起停。

## 4.6  实训 16  两台电动机异地顺序起动的 PLC 控制

**【实训目的】**
- 掌握 PPI 通信的参数设置；
- 掌握使用 NETR/NERW 指令及向导的 PPI 通信；
- 掌握站地址的编辑方法。

**【实训任务】**

使用 S7-200 PLC 通过 PPI 通信实现两台电动机的异地控制。控制要求如下：无论按下本地或远程的起动按钮，本地电动机立即起动，10s 后远程电动机方可自行起动；无论按下本地或远程的停止按钮，本地和远程电动机立即停止，若因过载原因导致电动机的停止只能是本站电动机的停止。同时两站点均能显示两台电动机的工作状态。

**【任务分析】**

从控制要求看，主要把两站的起动命令、停止命令、本地电动机起动已到达 10s 及本地的电动机工作状态传输给远程站，能在本地了解远程电动机的工作状态，以便实时控制本地电动机的起停。使用 PPI 通信实现上述功能，主要在主站（本地）PLC 上编制通信程序，远程站用于将需要传送的数据放置在相应的寄存器中和从相关寄存器中读取数据，以及本站电动机的起停程序的编制。本地 PLC 主要涉及通信类型的定义、通信参数的定义、所发送和接收的程序编制等方面内容。

## 4.6.1 关联指令

本实训任务涉及的 PLC 指令有：PPI 通信指令。

## 4.6.2 任务实施

### 1. I/O 地址分配

此实训任务中本地电动机的起动按钮、停止按钮、热继电器等作为 PLC 的输入元器件，驱动本地电动机的交流接触器、本地电动机的工作指示灯和远程电动机的工作指示灯等作为 PLC 的输出元器件，两站 I/O 地址分配相同，在此以本地电动机的 PLC 控制为例，其相应的 I/O 地址分配如表 4-12 所示。

表 4-12　两台电动机异地顺序起动的 PLC 控制的 I/O 分配表

| 输入 | | 输出 | |
|---|---|---|---|
| 输入继电器 | 元器件 | 输出继电器 | 元器件 |
| I0.0 | 起动按钮 SB1 | Q0.0 | 交流接触器 KM |
| I0.1 | 停止按钮 SB2 | Q0.4 | 本地电动机工作指示灯 HL1 |
| I0.2 | 热继电器 FR | Q0.5 | 远程站电动机工作指示灯 HL2 |

### 2. 电气接线图的绘制

两台电动机异地顺序起动的 PLC 控制的 I/O 端子连接如图 4-40 所示，本地和远程的控制电路原理图相同，在此只给出本地电动机 PLC 控制的 I/O 连接图。两台 PLC 之间通过带有总线连接器的通信电缆相连，总线连接器分别插入两台 PLC 的端口 0 上。本任务中电动机仍采用直接起动方式，故主电路在此省略。

### 3. 创建项目

双击 STEP 7-Micro/WIN 软件图标，启动软件，选择菜单栏中的"File（文件）"→"Save（保存）"命令，在"文件名"栏对该文件进行命名，在此命名为"两台电动机异地顺序起动的 PLC 控制"，然后再选择文件保存的位置，最后单击"保存"按钮即可。

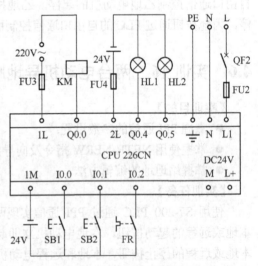

图 4-40　两台电动机异地顺序起动的 PLC
控制的 I/O 端子连接图

## 4．编制程序

根据控制要求，使用 PPI 通信指令编制的主站（本地）程序如图 4-41 所示，从站（远程站）程序如图 4-42 所示。

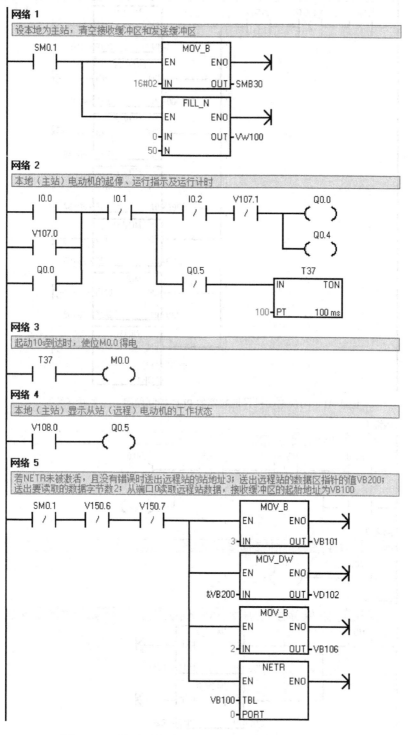

图 4-41　两台电动机异地起停的 PLC 控制程序——主站

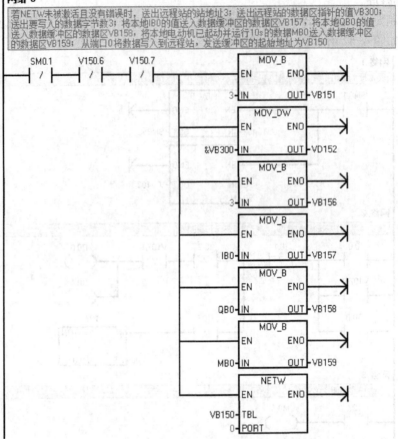

网络 6

若NETW未被激活且没有错误时，送出远程站的站地址3；送出远程站的数据区指针的值VB300；送出要写入的数据字节数3；将本地IB0的值送入数据缓冲区的数据区VB157，将本地QB0的值送入数据缓冲区的数据区VB158，将本地电动机已起动并运行10s的数据MB0送入数据缓冲区的数据区VB159；从端口0将数据写入到远程站，发送缓冲区的起始地址为VB150

图 4-41　两台电动机异地起停的 PLC 控制程序——主站（续）

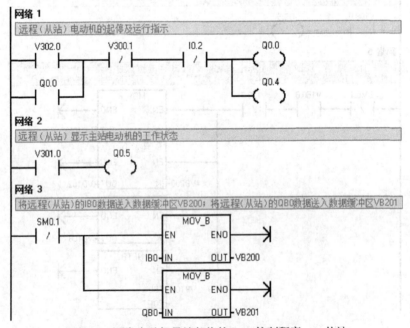

网络 1

远程（从站）电动机的起停及运行指示

网络 2

远程（从站）显示主站电动机的工作状态

网络 3

将远程（从站）的IB0数据送入数据缓冲区VB200；将远程（从站）的QB0数据送入数据缓冲区VB201

图 4-42　两台电动机异地起停的 PLC 控制程序——从站

**5. 调试程序**

使用带有总线连接器的通信电缆将两台 PLC 的通信端口 0 相连，将编译无误的主站程序下载到本地的 PLC 中，将从站的站地址设置为 3，然后将编译无误的从站程序下载到远程的 PLC 中，均单击两站对应的工具条中的"RUN（运行）"按钮使程序处于运行状态，按下本地（主站）起动按钮，观察本地电动机是否起动，运行 10s 后，从站电动机是否自行起动。若动作正常，再分别按下两站的停止按钮，观察两站电动机是否立即停止。若动作正常，再按下从站的起动按钮，观察两地电动机的起动顺序是否与上述一致。若相同，则本任务硬件连接及程序编制正确。

## 4.6.3 实训交流——编辑站地址

PPI 网络上的所有站点都应当具有不同的网络站地址，否则通信将无法正常进行，如何修改 PLC 端口的站号呢？现通过将 PLC 的端口 0 中的本机地址改为"4"来说明如何编辑主机或从机站地址。单击浏览条上的"系统块"图标[图]，打开"系统块"对话框，如图 4-43 所示。将端口 0 下方的 PLC 地址改为"4"，并单击"确定"按钮，然后通过 PC/PPI 电缆将系统块下载到 CPU 模块即可。

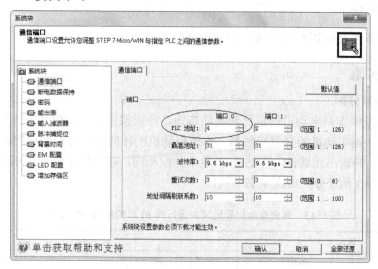

图 4-43 "系统块"对话框

## 4.6.4 技能训练——多台 PLC 的 PPI 通信

用 PLC 实现多台电动机 PPI 通信的控制（以 3 台电动机为例），甲地按钮通过 PLC 的 PPI 通信控制乙地电动机的起停，乙地按钮通过 PLC 的 PPI 通信控制丙地电动机的起停，丙地按钮通过 PLC 的 PPI 通信控制甲地电动机的起停。

# 4.7 实训 17 两台电动机异地同向运行的 PLC 控制

**【实训目的】**
● 掌握以太网模块的组态；

- 掌握以太网模块下载项目的方法；
- 掌握以太网网线的制作方法。

**【实训任务】**

使用 S7-200 PLC 通过以太网通信实现两台电动机异地同向运行的控制。控制要求如下：用本地按钮控制本地电动机的起动和停止，若本地电动机正向起动运行，则远程电动机只能正向起动运行；若本地电动机反向起动运行，则远程电动机只能反向起动运行。同样，若先起动远程电动机，则本地电动机也得与远程电动机运行方向一致。同时要求两站均有对方转向指示。

**【任务分析】**

从控制要求看，主要把双方的电动机运行方向信息传输给对方，能相互地在本地了解远程电动机的工作状态，以便实时控制本地电动机的起停。使用以太网通信实现上述功能，主要在本地（客户端）PLC 上编制通信程序，远程站（服务器端）用于将所需要送的数据存放在相应的寄存器中和从相关寄存器中读取数据，以及编制本地和远程站电动机的起停程序。两站均要做以太网模块的配置，注意两通信站的 IP 地址，切莫混淆。

### 4.7.1  关联指令

本实训任务涉及的 PLC 指令有：以太网通信指令。

### 4.7.2  任务实施

**1. I/O 地址分配**

此实训任务中本站电动机的正反向起动按钮、停止按钮、热继电器等作为 PLC 的输入元器件，驱动本地电动机的交流接触器、本地电动机的转向指示灯和远程电动机的转向指示灯等作为 PLC 的输出元器件，两站 I/O 地址分配相同，在此以本地电动机的 PLC 控制为例，其相应的 I/O 地址分配如表 4-13 所示。

表 4-13  两台电动机异地同向运行的 PLC 控制的 I/O 分配表

| 输入 | | 输出 | |
| --- | --- | --- | --- |
| 输入继电器 | 元器件 | 输出继电器 | 元器件 |
| I0.0 | 正向起动按钮 SB1 | Q0.0 | 正向交流接触器 KM1 |
| I0.1 | 反向起动按钮 SB2 | Q0.1 | 反向交流接触器 KM1 |
| I0.2 | 停止按钮 SB3 | Q0.4 | 本地电动机正向运行指示灯 HL1 |
| I0.3 | 热继电器 FR | Q0.5 | 本地电动机反向运行指示灯 HL2 |
| | | Q0.6 | 远程站电动机正向运行指示灯 HL3 |
| | | Q0.7 | 远程站电动机反向运行指示灯 HL4 |

**2. 电气接线图的绘制**

两台电动机异地同向运行的 PLC 控制的 I/O 端子连接如图 4-44 所示，本地和远程的控制电路原理图相同，图中只给出本地电动机 PLC 控制的 I/O 连接图。两台 PLC 之间通过以太网网线和交换机相连，以太网模块为 CPU 的扩展模块 0。本任务电动机仍采用直接起动方式，故主电路在此省略。

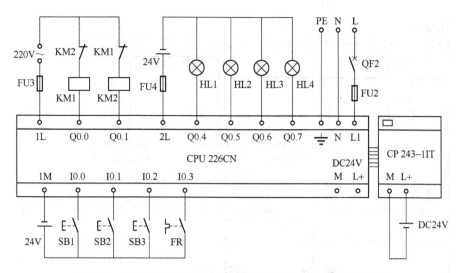

图 4-44　两台电动机异地同向运行的 PLC 控制 I/O 端子连接图

**3．创建项目**

双击 STEP 7-Micro/WIN 软件图标，启动软件，选择菜单栏中的"File（文件）"→"Save（保存）"命令，在"文件名"栏对该文件进行命名，在此命名为"两台电动机异地同向运行的 PLC 控制"，然后再选择文件保存的位置，最后单击"保存"按钮即可。

**4．配置模块**

根据 4.5 节所介绍的方法对以太网通信模块 CP 243-1 IT 进行配置，此任务中模块的配置完全与 4.5 节配置相同，在此不再赘述。

**5．编制程序**

根据控制要求，使用以太网通信指令编制的本地（客户端）程序如图 4-45 所示，远程站（服务器端）程序如图 4-46 所示。

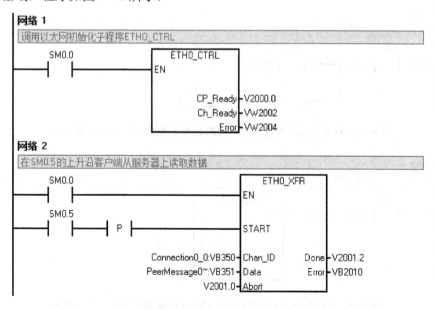

图 4-45　两台电动机异地同向运行的 PLC 控制程序——客户端

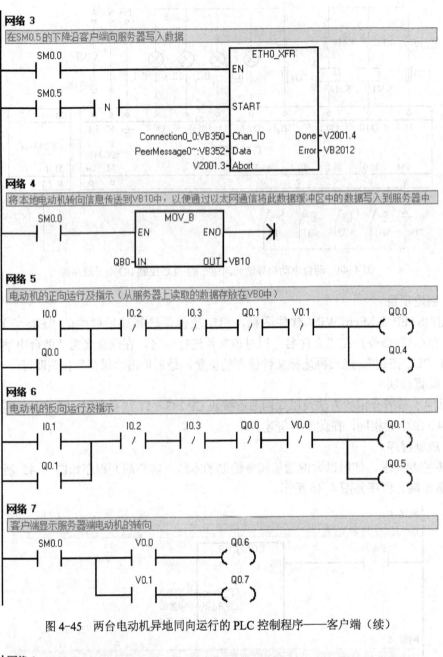

图 4-45 两台电动机异地同向运行的 PLC 控制程序——客户端（续）

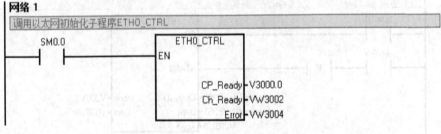

图 4-46 两台电动机异地同向运行的 PLC 控制程序——服务器端

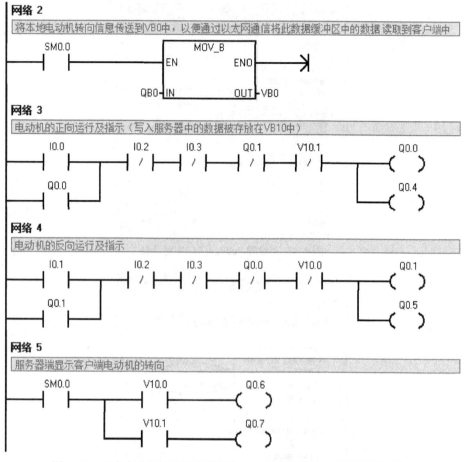

图4-46 两台电动机异地同向运行的PLC控制程序——服务器端（续）

### 6. 下载程序

使用以太网模块后，可使用以太网模块进行项目的下载，具体方法如下。

1）首先使用"以太网向导"将S7-200 PLC组态成服务器，方法同上。

2）将CP 243-1IT模块与CPU相连接，将配置保存后使用PPI通信电缆，将IP地址下载到CPU中。

3）将CPU断电后再重新上电并运行，此时以太网的配置开始生效。

4）在编程软件中，进入"设置PG/PC接口"对话框，设定的TCP/IP通信接口为：TCP/IP（Auto）→Realtek PCle GBE Famil，如图4-47所示。

5）设置PC的IP地址，注意要和CP 243-1模块在同一个网段上，如192.168.0.10，子网掩码为255.255.255.0，如图4-48所示。

6）单击编程窗口中的"通信"按钮，出现图4-49左侧所示"通信"对话框，单击"远程"IP地址旁的图标，打开以手动设定远程IP地址对话框，如图4-49右侧的图所示。

7）手动设定远程IP地址。单击"新地址"按钮，然后在"IP地址"栏输入设定的地址，如192.168.0.12，单击"保存"和"确定"按钮，如图4-49右侧所示。

8）双击"通信"对话框中的"双击刷新"按钮，这时在"通信"对话框中可以看到新设定的IP地址和CPU，如图4-50所示。

图 4-47 "设置 PC/PG 接口"对话框

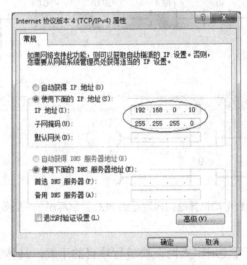

图 4-48 设置 PC 的 IP 地址

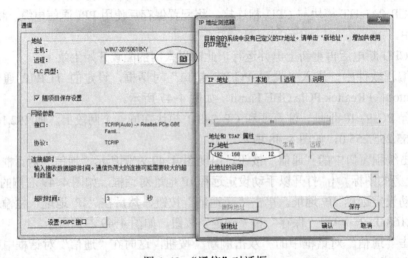

图 4-49 "通信"对话框

图 4-50  IP 地址设定刷新后的界面

9）拔下 PC/PPI 电缆，用网线将 CP 243-1IT 模块和 PC 相连，这样就可以实现使用以太网模块 CP 243-1IT 下载项目程序了。

**7. 调试程序**

使用交换机和网线将两台 PLC 的通信模块 CP 243-1 IT 相连，将编译无误的客户端程序下载到本地的 PLC 中，然后将编译无误的服务器端程序下载到远程的 PLC 中。均单击两站对应的工具条中的"RUN（运行）"按钮使程序处于运行状态，按下客户端的正向起动按钮，观察本地电动机是否能正向起动并运行，再按下服务器端的反向起动按钮，观察服务器端的电动机是否能反向起动并运行。若不能运行，再按下服务器端的正向起动按钮，观察服务器端的电动机是否能正向起动并运行。若能正向起动并运行，则将两地电动机停止。再按下客户端的反向起动按钮，观察本地电动机是否能反向起动并运行，再按下服务器端的正向起动按钮，观察服务器端的电动机是否能正向起动并运行。若不能正向运行，再按下服务器端的反向起动按钮，观察服务器端的电动机是否能反向起动并运行。若能反向起动并运行，则将两地电动机停止。然后起动服务器上电动机，再起动客户端上电动机，观察客户端上后起动的电动机能否起动并运行，且方向是否与服务器端的电动机方向一致。若上述调试现象与控制要求相同，则本任务硬件连接及程序编制正确。

## 4.7.3  实训交流——网线的制作

以太网电缆端口接法：用于以太网的双绞线有 8 芯和 4 芯两种，双绞线的电缆连接方式也有两种，即正线（标准 568B）和反线（568A），其中正线也称为直通线，反线也称为交叉线。双绞线正线接线如图 4-51 所示，两端线序一样，从下至上线序是：白橙、橙、白绿、蓝、白蓝、绿、白棕、棕。双绞线反线接线如图 4-52 所示，两端线序一样，从下至上线序是：白绿、绿、白橙、蓝、白蓝、橙、白棕、棕。对于千兆以太网，用 8 芯双绞线，但接法不同于以上所述的接法，请参考有关文献。

对于 4 芯的双绞线，只用连接头（常称为水晶接头）上的 1、2、3 和 6 四个引脚，西门子的 PROFINET 工业以太网采用 4 芯的双绞线。两台 PLC 采用以太网网并直接相连时采用正连接，若通过交换机时，可用正连接，也可用反连接，因为交换机具有自动交叉线功能。

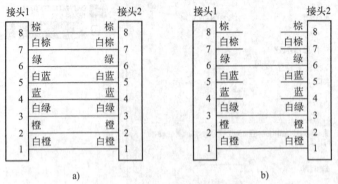

图 4-51 双绞线正线接线图

a) 8 芯线 　b) 4 芯线

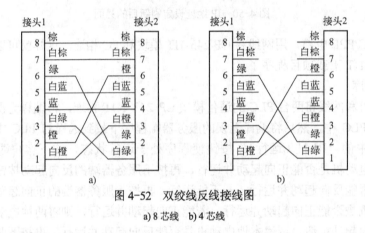

图 4-52 双绞线反线接线图

a) 8 芯线 　b) 4 芯线

可用普通的以太网水晶接头和网线，也可以用西门子公司专用的水晶接头和网线。水晶接头的连接方法如下。

1）剥线。用剥线器把网线头剥皮，剥皮 3cm 左右。

2）捋线。把缠绕一起的 8 股 4 组网线分开并捋直。

3）排线。按照白橙、橙、白绿、蓝、白蓝、绿、白棕、棕的先后顺序排好。

4）剪齐。把排好的线并拢后用压线钳带有刀口的部分切平网线末端。

5）放线。将水晶接头有塑料弹簧片的一端向下，有金属针脚的一端向上，把整齐后的 8 股线插入水晶接头，并使其紧紧地顶在顶端。

6）压线。把水晶头插入引脚 8 的槽内，用力地握紧压线钳即可。

### 4.7.4　技能训练——多台 PLC 的以太网通信

用 PLC 实现多台电动机以太网通信的控制（以 3 台电动机为例），甲地按钮通过 PLC 的以太网通信控制乙地电动机的起停，乙地按钮通过 PLC 的以太网通信控制丙地电动机的起停，丙地按钮通过 PLC 的以太网通信控制甲地电动机的起停。

## 4.8 习题与思考题

1. 通信方式有哪几种？何谓并行通信和串行通信？

2. PLC 可与哪些设备进行通信？

3. 何谓单工、半双工和全双工通信？

4. 西门子 PLC 与其他设备通信的传输介质有哪些？

5. RS-485 通信端口上每个针脚的作用是什么？

6. RS-485 半双工通信串行字符通信的格式可以包括哪几位？

7. 西门子 PLC 的常见通信方式有哪几种？

8. 自由口通信涉及的特殊存储器有哪些？

9. 自由口通信涉及的中断事件有哪些？

10. 西门子 PLC 通信的常用波特率有哪些？

11. S7-200 通信中何为客户端？何为服务器？

12. NETR 和 NETW 指令中的 TBL 参数数据表的格式是什么？

13. 使用自由口通信使本地的 I0.0～I0.7 控制远程站的 Q0.0～Q0.7，远程站的 I0.0～I0.7 控制本地站的 Q0.0～Q0.7。

14. 用 NETR/NETW 指令及指令向导分别实现两台电动机的同向运行控制，用本地按钮控制本地电动机的起动和停止。若本地电动机先正向起动运行，则远程电动机只能正向起动运行；若本地电动机先反向运行，则远程电动机只能反向起动运行。同样，若远程电动机先起动，则本地电动机也得与远程电动机运行方向一致。

15. 用以太网通信实现实训 15 中的控制要求。

16. 用以太网通信实现实训 16 中的控制要求。

# 第5章　顺控指令及应用

可编程序控制器（PLC）具有灵活多样的编程方法，掌握和运用好 PLC 的编程方法在项目研发和调试时能起到事半功倍的效果。本章主要学习顺序控制系统的组成，单序列、选择序列和并行序列顺序功能图的绘制，采用起保停设计法、置位/复位指令设计法、顺控指令 SCR 设计法对工业应用现场中典型的顺序控制系统进行编程。

## 5.1　顺序控制系统

在工业应用现场中加工工艺的诸多控制系统有一定的顺序性，它是按照生产工艺预先规定的顺序，在各个输入信号的作用下，根据内部状态和时间的顺序，在生产过程中各个执行机构自动地、有秩序地进行操作，这样的控制系统称之为顺序控制系统。顺序控制设计法很容易被初学者接受，对于有经验的工程师，也会提高设计的效率，对程序的调试、修改和阅读也很方便。

图 5-1 所示为机械手搬运工件的动作过程：在初始状态下（步 S0）若在工作台 $E$ 点处检测到有工件，则机械手下降（步 S1）至 $D$ 点处，然后开始夹紧工件（步 S2），夹紧时间为 3s，机械手上升（步 S3）至 $C$ 点处，手臂向左伸出（步 S4）至 $B$ 点处，然后机械手下降（步 S5）至 $D$ 点处，释放工件（步 S5），释放时间为 3s，将工件放在工作台的 $F$ 点处，机械手上升（步 S6）至 $C$ 点处，手臂向右缩回（步 S7）至 $A$ 点处，一个工作循环结束。若再次检测到工作台 $E$ 点处有工件，则又开始下一工作循环，周而复始。

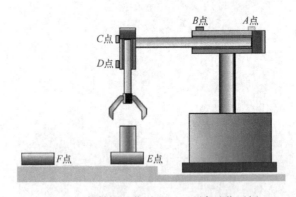

图 5-1　机械手动作过程——顺序动作示例

从以上描述可以看出，机械手搬运工件过程是由一系列步（S）或功能组成，这些步或功能按顺序由转换条件激活，这样的控制系统就是典型的顺序控制系统，或称之为步进系统。

## 5.2 顺序功能图

### 5.2.1 顺序控制设计法

#### 1. 顺序控制设计法的基本思想

将系统的一个工作周期划分为若干个顺序相连的阶段,这些阶段称为步(Step),并用编程元件(如位存储器 M)来代表各步。在任何一步之内,输出量的状态保持不变,这样使步与输出量的逻辑关系变得十分简单。

#### 2. 步的划分

根据输出量的状态来划分步,只要输出量的状态发生变化就在该处划出一步,如图 5-1 所示,共分为 8 步。

#### 3. 步的转换

系统不能总停在一步内工作,从当前步进入到下一步称为步的转换,这种转换的信号称为转换条件。转换条件可以是外部输入信号,也可以是 PLC 内部信号或若干个信号的逻辑组合。顺序控制设计就是用转换条件去控制代表各步的编程元件,让它们按一定的顺序变化,然后用代表各步的元件去控制 PLC 的各输出位。

### 5.2.2 顺序功能图的结构

顺序功能图(Sequential Function Chart)是描述控制系统的控制过程、功能和特性的一种图形,也是设计 PLC 的顺序控制程序的有力工具。它涉及所描述的控制功能的具体技术,是一种通用的技术语言。在 IEC 的 PLC 编程语言标准(IEC 61131-3)中,顺序功能图被确定为位居首位的 PLC 编程语言。现在还有相当多的 PLC(包括 S7-200 PLC)没有配备顺序功能图语言,但是可以用顺序功能图来描述系统的功能,根据它来设计梯形图程序。

顺序功能图主要由步、有向连线、转换、转换条件和动作(或命令)组成。

#### 1. 步

步表示系统的某一工作状态,用矩形框表示,方框中可以用数字表示该步的编号,也可以用代表该步的编程元件的地址作为步的编号(如 M0.0),这样在根据顺序功能图设计梯形图时较为方便。

#### 2. 初始步

初始步表示系统的初始工作状态,用双线框表示,初始状态一般是系统等待启动命令的相对静止的状态。每一个顺序功能图应该至少有一个初始步。

#### 3. 与步对应的动作或命令

与步对应的动作或命令是在每一步内把状态为 ON 的输出位表示出来。可以将一个控制系统划分为被控系统和施控系统。对于被控系统,在某一步要完成某些"动作"(Action);对于施控系统,在某一步要向被控系统发出某些"命令"(Command)。

为了方便,以后将命令或动作统称为动作,也用矩形框中的文字或符号表示,该矩形框与对应的步相连表示在该步内的动作,并放置在步序框的右边。在每一步之内只标出状态为 ON 的输出位,一般用输出类指令(如输出、置位、复位等)。步相当于这些指令的子母线,这些动作命令平时不被执行，只有当对应的步被激活才被执行。

如果某一步有几个动作，可以用图 5-2 中的两种画法来表示，但是并不隐含这些动作之间的任何顺序。

图 5-2　动作

**4. 有向连线**

有向连线是把每一步按照它们成为活动步的先后顺序用直线连接起来。有向连线的默认方向由上至下，凡与此方向不同的连线均应标注箭头表示方向。

**5. 活动步**

活动步是指系统正在执行的那一步。步处于活动状态时，相应的动作被执行，即该步内的元件为 ON 状态；处于不活动状态时，相应的非存储型动作被停止执行，即该步内的元件为 OFF 状态。

**6. 转换**

转换是用有向连线上与有向连线垂直的短画线来表示，将相邻两步分隔开。步的活动状态的进展是由转换的实现来完成的，并与控制过程的发展相对应。

转换表示从一个状态到另一个状态的变化，即从一步到另一步的转移，用有向连线表示转移的方向。

转换实现的条件：该转换所有的前级步都是活动步，且相应的转换条件得到满足。

转换实现后的结果：使该转换的后续步变为活动步，前级步变为不活动步。

**7. 转换条件**

使系统由当前步进入到下一步的信号称为转换条件。当转换条件成立时，称为转换使能。该转换如果能够使系统的状态发生转换，则称为触发。转换条件是指系统从一个状态向另一个状态转移的必要条件。

转换条件是与转换相关的逻辑命令，转换条件可以用文字语言、布尔代数表达式或图形符号标注在表示转换的短画线旁边，使用最多的是布尔代数表达式。

在顺序功能图中，只有当某一步的前级步是活动步时，该步才有可能变成活动步。如果用没有断电保持功能的编程元件代表各步，进入 RUN 工作方式时，它们均处于 0 状态，必须在开机时将初始步预置为活动步，否则因顺序功能图中没有活动步，系统将无法工作。

绘制顺序功能图应注意以下几点。

1）步与步不能直接相连，要用转换隔开。

2）转换也不能直接相连，要用步隔开。

3）初始步描述的是系统等待启动命令的初始状态，通常在这一步里没有任何动作。但是初始步是必须画的，因为没有该步，则无法表示系统的初始状态，系统也无法返回停止状态。

4）自动控制系统应能多次重复完成某一控制过程，要求系统可以循环执行某一程序，因此顺序功能图应是一个闭环，即在完成一次工艺过程的全部操作后，应从最后一步返回初始步，系统停留在初始状态（单周期操作）；在连续循环工作方式下，系统应从最后一步返回下一工作周期开始运行的第一步。

### 5.2.3 顺序功能图的类型

顺序功能图主要用 3 种类型：单序列、选择序列、并行序列。

**1．单序列**

单序列是由一系列相继激活的步组成，每一步的后面仅有一个转换，每一个转换的后面只有一个步，如图 5-3a 所示。

**2．选择序列**

选择序列的开始称为分支，转换符号只能标在水平连线之下，如图 5-3b 所示。步 5 后有两个转换 h 和 k 所引导的两个选择序列，如果步 5 为活动步并且转换 h 使能，则步 8 被触发；如果步 5 为活动步并且转换 k 使能，则步 10 被触发。一般只允许选择一个序列。

选择序列的合并是指几个选择序列合并到一个公共序列。此时，用需要重新组合的序列相同数量的转换符号和水平连线来表示，转换符号只允许在水平连线之上。图 5-3b 中如果步 9 为活动步并且转换 j 使能，则步 12 被触发；如果步 11 为活动步并且转换 n 使能，则步 12 也被触发。

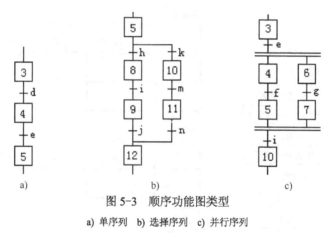

图 5-3 顺序功能图类型

a) 单序列 b) 选择序列 c) 并行序列

**3．并行序列**

并行序列用来表示系统的几个独立部分同时工作的情况。并行序列的开始称为分支，如图 5-3c 所示。当转换的实现导致几个序列同时激活时，这些序列称为并行序列。当步 3 是活动步并且转换条件 e 为 ON，步 4、步 6 这两步同时变为活动步，同时步 3 变为不活动步。为了强调转换的实现，水平连线用双线表示。步 4、步 6 被同时激活后，每个序列中活动步的进展将是独立的。在表示同步的水平双线上，只允许有一个转换符号。并行序列的结束称为合并，在表示同步水平双线之下，只允许有一个转换符号。当直接连在双线上的所有前级步（步 5、步 7）都处于活动状态，并且转换状态条件 i 为 ON 时，才会发生步 5、步 7 到步 10 的进展，步 5、步 7 同时变为不活动步，而步 10 变为活动步。

## 5.3 顺序功能图的编程方法

根据控制系统的工艺要求画出系统的顺序功能图后，若 PLC 没有配备顺序功能图语言，则必须将顺序功能图转换成 PLC 执行的梯形图程序（S7-300 PLC 配备有顺序功能图语言）。将顺序功能图转换成梯形的方法主要有 2 种，分别是采用起保停电路的设计方法和采用置位（S）与复位（R）指令的设计方法。

### 5.3.1 起保停设计法

起保停电路仅仅使用与触点和线圈有关的指令，任何一种 PLC 的指令系统都有这一类指令，因此这是一种通用的编程方法，可以用于任意型号的 PLC。

图 5-4a 给出了自动小车运动的示意图。当按下起动按钮时，小车由原点 SQ0 处前进（Q0.0 动作）到 SQ1 处，停留 2s 返回（Q0.1 动作）到原点，停留 3s 后前进至 SQ2 处，停留 2s 后返回到原点。当再次按下起动按钮时，重复上述动作。

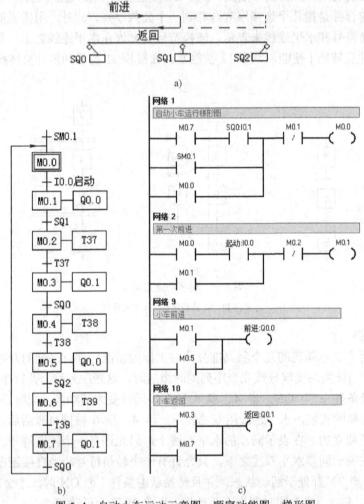

图 5-4 自动小车运动示意图、顺序功能图、梯形图

a) 小车运动示意图　b) 小车运动顺序功能图　c) 小车运动梯形图

设计起保停电路的关键是找出它的起动条件和停止条件。根据转换实现的基本规则，转换实现的条件是它的前级步为活动步，并且满足相应的转换条件。在起保停电路中，则应将代表前级步的存储器位 Mx.x 的常开触点和代表转换条件（如 Ix.x）的常开触点串联，作为控制下一位的起动电路。

224

图 5-4b 给出了自动小车运动顺序功能图，当 M0.1 和 SQ1 的常开触点均闭合时，步 M0.2 变为活动步，这时步 M0.1 应变为不活动步，因此可以将 M0.2 为 ON 状态作为使存储器位 M0.1 变为 OFF 的条件，即将 M0.2 的常闭触点与 M0.1 的线圈串联。

根据上述的编程方法和顺序功能图，很容易编写出相应的梯形图，如图 5-4c 所示。

顺序控制梯形图输出电路部分的设计：由于步是根据输出变量的状态变化来划分的，它们之间的关系极为简单，可以分为两种情况来处理。一种情况是某输出量仅在某一步为 ON，则可以将其线圈与对应步的存储器位 M 的线圈相并联；另一种情况是如果某输出量在几步中都为 ON，应将各步对应的存储器位的常开触点并联后，驱动其输出的线圈，如图 5-4c 中网络 9 和网络 10 所示。

## 5.3.2 置位/复位指令设计法

### 1. 使用 S、R 指令设计顺序控制程序

在使用 S、R 指令设计顺序控制程序时，将各转换的所有前级步对应的常开触点与转换对应的触点或电路串联，该串联电路即是起保停电路中的起动电路，用它作为使后续步置位（使用 S 指令）和使前级步复位（使用 R 指令）的条件。在任何情况下，各步的控制电路都可以用这一原则来设计，每一个转换对应一个这样的控制置位和复位的电路块，有多少个转换就有多少个这样的电路块。这种设计方法有规律可循，梯形图与转换实现的基本规则之间有着严格的对应关系，在设计复杂的顺序功能图的梯形图时，既容易掌握，又不容易出错。

### 2. 使用 S、R 指令设计顺序功能图的方法

（1）单序列的编程方法

某组合机床的动力头在初始状态时停在最左边，限位开关 I0.1 为 ON 状态，如图 5-5a 所示。按下起动按钮 I0.0，动力头的进给运动如图 5-5a 所示，工作一个循环后，返回并停在初始位置，控制电磁阀的 Q0.0、Q0.1 和 Q0.2 在各工步的状态如图 5-5b 所示。

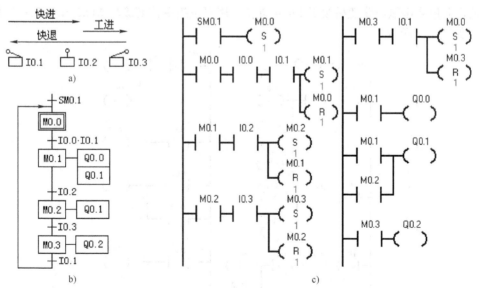

图 5-5 动力头运动控制系统

a) 运行示意图  b) 顺序功能图  c) 梯形图

实现图 5-5b 中 I0.2 对应的转换需要同时满足两个条件，即该步的前级步是活动步（M0.1 为 ON）和转换条件满足（I0.2 为 ON）。在梯形图中，可以用 M0.1 和 I0.2 的常开触点组成的串联电路来表示上述条件。该电路接通时，两个条件同时满足。此时应将该转换的后续步变为活动步，即用置位指令"S　M0.2，1"将 M0.2 置位；还应将该转换的前级步变为不活动步，即用复位指令"R　M0.1，1"将 M0.1 复位。

使用这种编程方法时，不能将输出位的线圈与置位指令和复位指令并联，这是因为图 5-5c 中控制置位、复位的串联电路接通的时间只有一个扫描周期，转换条件满足后前级步立即被复位，该串联电路断开，而输出位的线圈至少应该在某一步对应的全部时间内被接通。所以应根据顺序功能图，用代表步的存储器位的常开触点或它们的并联电路来驱动输出位的线圈。

（2）并行序列的编程方法

图 5-6 是一个并行序列的顺序功能图，采用 S、R 指令进行并行序列控制程序设计的梯形图如图 5-7 所示。

1）并行序列分支的编程。

在图 5-6 中，步 M0.0 之后有一个并行序列的分支。当 M0.0 是活动步，并且转换条件 I0.0 为 ON 时，步 M0.1 和步 M0.3 应同时变为活动步，这时用 M0.0 和 I0.0 的常开触点串联电路使 M0.1 和 M0.3 同时置位，用复位指令使步 M0.0 变为不活动步，如图 5-7 所示。

2）并行序列合并的编程。

在图 5-6 中，在转换条件 I0.2 之前有一个并行序列的合并。当所有的前级步 M0.2 和 M0.3 都是活动步，并且转换条件 I0.2 为 ON 时，实现并行序列的合并。用 M0.2、M0.3 和 I0.2 的常开触点串联电路使后续步 M0.4 置位，用复位指令使前级步 M0.2 和 M0.3 变为不活动步，如图 5-7 所示。

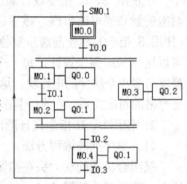

图 5-6　并行序列的顺序功能图

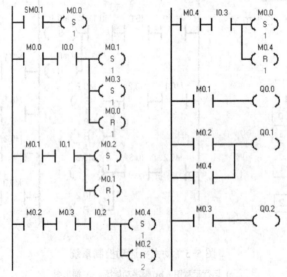

图 5-7　并行序列的梯形图

226

有时并行序列的合并和并行序列的分支需要由一个转换条件同步实现，如图 5-8a 所示，转换的上面是并行序列的合并，转换的下面是并行序列的分支，该转换实现的条件是所有的前级步 M1.0 和 M1.1 都是活动步且转换条件 I0.1 或 I0.3 为 ON。因此，应将 I0.1 的常开触点与 I0.3 的常开触点并联后再与 M1.0、M1.1 的常开触点串联，作为 M1.2、M1.3 置位和 M1.0、M1.1 复位的条件。其梯形图如图 5-8b 所示。

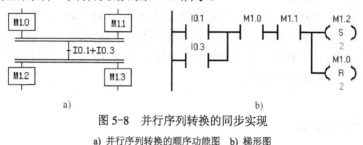

图 5-8　并行序列转换的同步实现

a) 并行序列转换的顺序功能图　b) 梯形图

（3）选择序列的编程方法

图 5-9 是一个选择序列的顺序功能图，采用 S、R 指令进行选择序列控制程序设计的梯形图如图 5-10 所示。

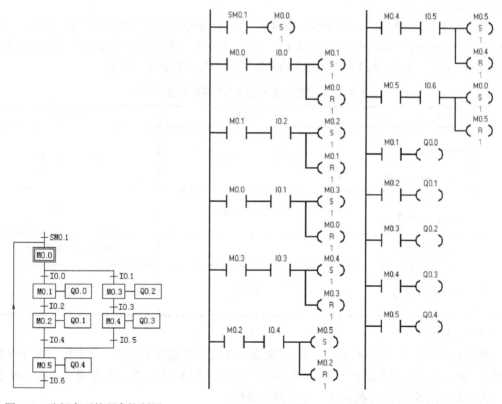

图 5-9　选择序列的顺序控制图

图 5-10　选择序列的梯形图

1）选择序列分支的编程

在图 5-9 中，步 M0.0 之后有一个选择序列的分支。当 M0.0 为活动步时，可以有两种不同的选择，当转换条件 I0.0 满足时，后续步 M0.1 变为活动步，M0.0 变为不活动步；而当转换条件 I0.1 满足时，后续步 M0.3 变为活动步，M0.0 变为不活动步。

当 M0.0 被置为 1 时，后面有两个分支可以选择。若转换条件 I0.0 为 ON 时，该网络中的指令"S M0.1，1"，将转换到步 M0.1，然后向下继续执行；若转换条件 I0.1 为 ON 时，该网络中的指令"S M0.3，1"，将转换到步 M0.3，然后向下继续执行。

2）选择序列合并的编程

在图 5-9 中，步 M0.5 之前有一个选择序列的合并，当步 M0.2 为活动步，并且转换条件 I0.4 满足，或者步 M0.4 为活动步，并且转换条件 I0.5 满足时，步 M0.5 应变为活动步。在步 M0.2 和步 M0.4 后续对应的网络中，分别用 I0.4 和 I0.5 的常开触点驱动指令"S M0.5，1"，就能实现选择序列的合并。

## 5.4 顺控指令 SCR

### 1. 顺序控制继电器指令

S7-200 PLC 中的顺序控制继电器（SCR，Sequence Control Relay）指令专门用于编制顺序控制程序。顺序控制程序被顺序控制继电器指令划分为若干个 SCR 段，一个 SCR 段对应顺序功能图中的一步。

顺序控制继电器指令包括装载（LSCR，Load Sequence Control Relay）指令、结束（SCRE，Sequence Control Relay End）指令和转换（SCRT，Sequence Control Relay Transition）指令。顺序控制继电器指令的梯形图及语句表如表 5-1 所示。

表 5-1　顺序控制继电器指令的梯形图及语句表

| 梯形图 | 语句表 | 指令名称 |
|---|---|---|
| S_bit<br>LSCR | LSCR　S_bit | SCR 程序段开始 |
| S_bit<br>(SCRT) | SCRT　S_bit | SCR 转换 |
| (SCRE) | SCRE | SCR 程序段条件结束 |
| (SCRE) | SCRE | SCR 程序段结束 |

（1）装载指令

装载指令 LSCR　S_bit 表示一个 SCR 段（即顺序功能图中的步）的开始。指令中的操作数 S_bit 为顺序控制继电器 S（BOOL 型）的地址（如 S0.0），顺序控制继电器为 ON 状态时，执行对应的 SCR 段中的程序，反之则不执行。

（2）转换指令

转换指令 SCRT　S_bit 表示一个 SCR 段之间的转换，即步活动状态的转换。当有信号流流过 SCRT 线圈时，SCRT 指令的后续步变为 ON 状态（活动步），同时当前步变为 OFF 状态（不活动步）。

（3）结束指令

结束指令 SCRE 表示 SCR 程序段的结束。

LSCR 指令中指定的顺序控制继电器被放入 SCR 堆栈和逻辑堆栈的栈顶，SCR 堆栈中 S 位的状态决定对应的 SCR 段是否执行。由于逻辑堆栈的栈顶装入了 S 位的值，所以将 SCR 指令直接连接到左母线上。

使用 SCR 指令时应注意以下几点。

1）S7-200 PLC 中顺序控制继电器 S 位的有效范围为：S0.0～S31.7。

2）不能把同一个 S 位用于不同的程序中。如在主程序中使用了 S0.1，在子程序中就不能再用了。

3）不能在 SCR 段之间使用 JMP 和 LBL 指令，即不允许跳入或跳出 SCR 段。

4）不能在 SCR 段中使用 FOR、NEXT 和 END 指令。

5）在使用功能图时，状态继电器的编号可以不按顺序编排。

**2．采用顺序控制继电器指令设计顺序功能图的方法**

（1）单序列的编程方法

图 5-11 所示的两条运输带顺序相连，按下起动按钮 I0.0，2 号运输带开始运行，10s 后 1 号运输带自动起动。停机的顺序与起动的顺序刚好相反，间隔时间为 10s。

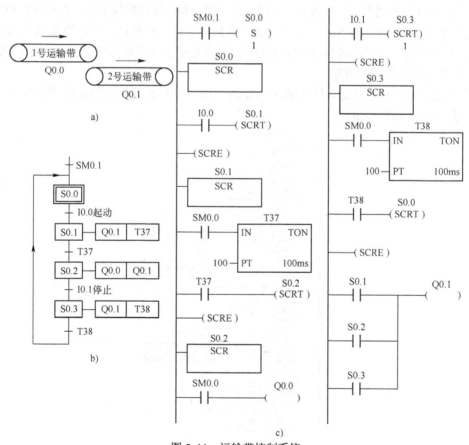

图 5-11　运输带控制系统

a) 示意图　b) 顺序功能图　c) 梯形图

229

在设计顺序功能图时只要将存储器位 M 换成相应的 S 就成为采用顺序控制继电器指令设计的顺序功能图了。

在设计梯形图时，用 LSCR（梯形图中为 SCR）指令和 SCRE 指令表示 SCR 段的开始和结束。在 SCR 段中用 SM0.0 的常开触点来驱动在该步中应为 ON 状态的输出点 Q 的线圈，并用转换条件对应的触点或电路来驱动转换后续步的 SCRT 指令。

如果用编程软件的"程序状态"功能来监视处于运行模式的梯形图，可以看到因为直接接在左母线上，每一个 SCR 方框都是蓝色的，但是只有活动步对应的 SCRE 线圈通电，并且只有活动步对应的 SCR 段内的 SM0.0 常开触点闭合，不活动步的 SCR 段内的 SM0.0 的常开触点处于断开状态，因此 SCR 段内所有的线圈受到对应的顺序控制继电器的控制，SCR 段内线圈还受与它串联的触点或电路的控制。

首次扫描时，SM0.1 的常开触点接通一个扫描周期，使顺序控制继电器 S0.0 置位，初始步变为活动步，只执行 S0.0 对应的 SCR 段。按下起动按钮 I0.0，指令"SCRT S0.1"对应的线圈得电，使 S0.1 变为 ON 状态，操作系统使 S0.0 变为 OFF 状态，系统从初始步转换到第 2 步，只执行 S0.1 对应的 SCR 段。在该段中，因为 SM0.0 的常开触点闭合，T37 的线圈得电，开始定时。在梯形图结束处，因为 S0.1 的常开触点闭合，Q0.1 的线圈得电，2 号运输带开始运行。在操作系统没有执行 S0.1 对应的 SCR 段时，T37 的线圈不会得电。T37 定时时间到时，T37 的常开触点闭合，将转换到步 S0.2。以后将一步一步地转换下去，直到返回初始步。

在图 5-11 中，Q0.1 在 S0.1～S0.3 这 3 步中均应工作，不能在这 3 步的 SCR 段内分别设置一个 Q0.1 的线圈，所以用 S0.1～S0.3 的常开触点组成的并联电路来驱动 Q0.1 的线圈。

（2）并行序列的编程方法

图 5-12 所示为某控制系统的顺序功能图，图 5-13 是其相应的使用顺序控制继电器（SCR）指令编写的梯形图。

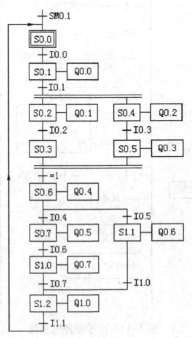

图 5-12　并行序列和选择序列的顺序功能图

230

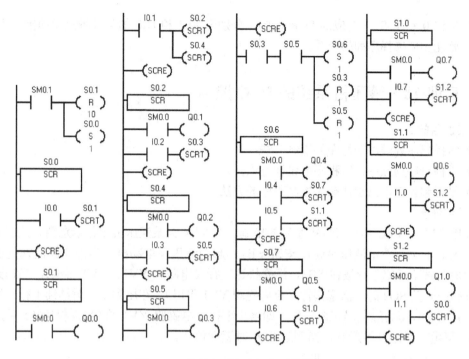

图 5-13　并行序列和选择序列的梯形图

1）并行序列分支的编程

图 5-12 中，步 S0.1 之后有一个并行序列的分支，当步 S0.1 是活动步，并且转换条件 I0.1 满足时，步 S0.2 与步 S0.4 应同时变为活动步，图 5-13 中是用 S0.1 对应的 SCR 段中 I0.1 的常开触点同时驱动指令"SCRT　S0.2"和"SCRT　S0.4"来实现的。与此同时，S0.1 被自动复位，步 S0.1 变为不活动步。

2）并行序列合并的编程

图 5-12 中，步 S0.6 之前有一个并行序列的合并，因为转换条件为 1（总是满足），转换实现的条件是所有的前级步（即步 S0.3 和步 S0.5）都是活动步。图 5-13 中用 S、R 指令的编程方法，将 S0.3 和 S0.5 的常开触点串联，来控制对 S0.6 的置位和对 S0.3、S0.5 的复位，从而使步 S0.6 变为活动步，步 S0.3 和步 S0.5 变为不活动步。

（3）选择序列的编程方法

1）选择序列分支的编程

图 5-12 中，步 S0.6 之后有一个选择序列的分支，如果步 S0.6 是活动步，并且转换条件 I0.4 满足，后续步 S0.7 将变为活动步，S0.6 变为不活动步。如果步 S0.6 是活动步，并且转换条件 I0.5 满足，后续步 S1.1 将变为活动步，S0.6 变为不活动步。

图 5-13 中，当 S0.6 为 ON 状态时，它对应的 SCR 段被执行，此时若转换条件 I0.4 为 ON 状态，该程序段中的指令"SCRT　S0.7"被执行，将转换到步 S0.7。若 I0.5 为 ON 状态，将执行指令"SCRT　S1.1"，转换到步 S1.1。

2）选择序列合并的编程

图 5-12 中，步 S1.2 之前有一个选择序列的合并，当步 S1.0 为活动步，并且转换条件 I0.7 满足，或步 S1.1 为活动步，并且转换条件 I1.0 满足时，步 S1.2 都应变为活动步。图 5-13

中，在步 S1.0 和步 S1.1 对应的 SCR 段中，分别用 I0.7 和 I1.0 的常开触点驱动指令"SCRT S1.2"，就能实现选择序列的合并。

## 5.5 实训 18 液压机系统的 PLC 控制

**【实训目的】**
- 掌握单序列顺序功能图的绘制方法；
- 掌握单序列顺序控制程序的设计方法；
- 掌握起保停电路设计顺序控制程序的方法。

**【实训任务】**

使用 S7-200 PLC 实现液压机系统的控制。图 5-14 为某液压机工作示意图。控制要求如下：系统通电时，按下液压泵起动按钮 SB1，起动液压泵电动机。当液压缸活塞处于原位 SQ1 处时，按下活塞下行按钮 SB3，活塞快速下行（电磁阀 YV1、YV2 得电），当遇到快转慢行程感应开关 SQ2 时，活塞慢行（仅电磁阀 YV1 得电），在压到工件时继续下行，当压力达到设置值时，压力继电器 KP 动作，即停止下行（电磁阀 YV1 失电），保压 5s 后，电磁阀 YV3 得电，活塞开始返回，当到达 SQ1 时返回停止。

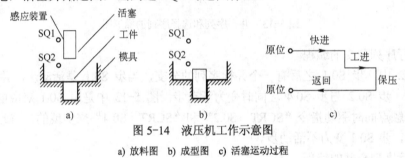

图 5-14 液压机工作示意图

a) 放料图 b) 成型图 c) 活塞运动过程

控制系统还要求有：液压泵电动机工作指示；活塞快进指示、工进及返回显示。

**【任务分析】**

类似本任务要求的动作，具有一定顺序性的控制系统，使用顺序设计法是最佳选择，既便于编写程序，不易出错，又便于程序的阅读和设备的维护。在系统启动后，下一步动作只需满足两个条件，一是上一步为活动步，二是应具有的触发条件；同时在下一步为活动步时将上一步变为非活动步，最后再集中地输出。

### 5.5.1 关联指令

本实训任务涉及的 PLC 指令有：位逻辑指令。

### 5.5.2 任务实施

**1. I/O 地址分配**

此实训任务中液压泵起动和停止按钮、活塞下行按钮、行程感应开关、压力继电器、热继电器等作为 PLC 的输入元器件，驱动液压泵的交流接触器、电磁阀、工作指示灯等作为 PLC 的输出元器件，其相应的 I/O 地址分配如表 5-2 所示。

表 5-2　液压机系统的 PLC 的控制 I/O 分配表

| 输入 | | 输出 | |
|---|---|---|---|
| 输入继电器 | 元器件 | 输出继电器 | 元器件 |
| I0.0 | 液压泵起动按钮 SB1 | Q0.0 | 交流接触器 KM |
| I0.1 | 液压泵停止按钮 SB2 | Q0.1 | 电磁阀 YV1 |
| I0.2 | 活塞下行按钮 SB3 | Q0.2 | 电磁阀 YV2 |
| I0.3 | 原位行程感应开关 SQ1 | Q0.3 | 电磁阀 YV3 |
| I0.4 | 快转慢行程感应开关 SQ2 | Q0.4 | 工作指示灯 HL1 |
| I0.5 | 压力继电器 KP | Q0.5 | 下行指示灯 HL2 |
| I0.6 | 热继电器 FR | Q0.6 | 保压指示灯 HL3 |
| | | Q0.7 | 返回指示灯 HL4 |

## 2. 电气接线图的绘制

液压机系统的 PLC 的控制 I/O 端子连接如图 5-15 所示，液压泵电动机由交流接触器 KM 驱动。

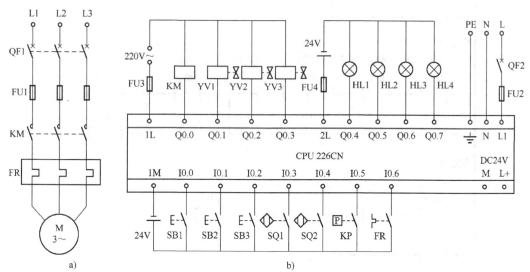

图 5-15　液压机系统的 PLC 控制的电气连接图

a) 主电路　　b) PLC 的 I/O 端子连接

## 3. 创建项目

双击 STEP 7-Micro/WIN 软件图标，启动软件，选择菜单栏中的 "File（文件）" → "Save（保存）" 命令，在 "文件名" 栏对该文件进行命名，在此命名为 "液压机系统的 PLC 控制"，然后再选择文件保存的位置，最后单击 "保存" 按钮即可。

## 4. 编制程序

根据控制要求，画出液压机控制顺序功能图，如图 5-16 所示。使用起保停电路的顺序控制设计法编制的程序如图 5-17 所示。

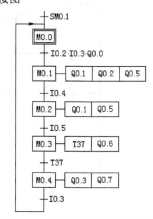

图 5-16　液压机控制顺序功能图

233

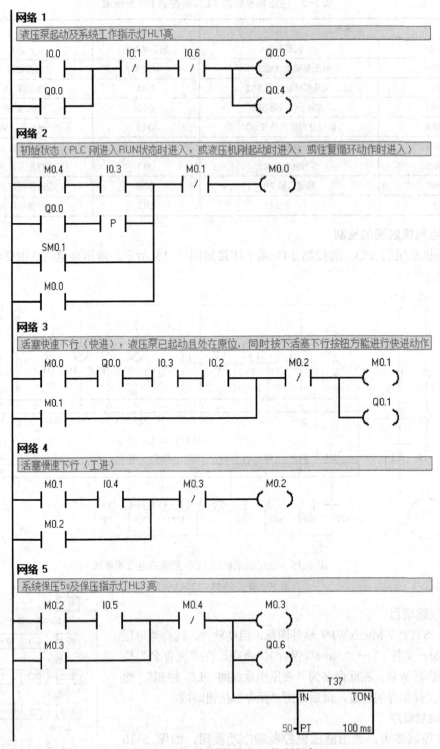

图 5-17  液压机系统的 PLC 控制程序

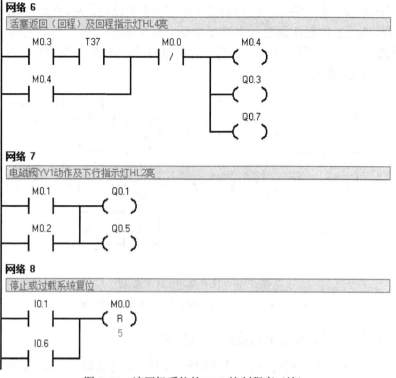

图 5-17　液压机系统的 PLC 控制程序（续）

**5. 调试程序**

将编译无误的程序下载到 PLC 中，单击工具条中的"RUN（运行）"按钮使程序处于运行状态，首先起动液压泵，观察电动机能否起动及系统工作指示灯 HL1 是否点亮。按下活塞下行按钮 SB3，观察电磁阀 YV1 和 YV2 及下行指示灯 HL2 是否动作。当遇到快转慢开关 SQ2 时，观察电磁阀 YV2 是否失电。当压力继电器 KP 动作时，活塞是否停止下行，同时进行保压，观察保压指示灯 HL3 是否点亮。5s 后观察返回电磁阀 YV3 及返回指示灯 HL4 是否动作。返回到原点时，活塞是否停止。再次按下活塞下行按钮，若能进行上述循环，则本任务硬件连接及程序编制正确。

### 5.5.3　实训交流——仅有两步的闭环处理

如果在顺序功能图中存在仅有两步组成的小闭环，如图 5-18 所示，用起保停电路设计的梯形图不能正常工作。如 M0.2 和 I0.2 均为 ON 状态时，M0.3 的起动电路接通，但是这时与 M0.3 的线圈相串联的 M0.2 的常闭触点却是断开的，所以 M0.3 的线圈不能"通电"。出现上述问题的根本原因在于步 M0.2 既是步 M0.3 的前级步，又是它的后续步。

如果用转换条件 I0.2 和 I0.3 的常闭触点分别代替后续步 M0.3 和 M0.2 的常闭触点，如图 5-18b 所示，将引发出另一问题。假设步 M0.2 为活动步时 I0.2 变为 ON 状态，执行修改后的图 5-18b 中第 1 个起保停电路时，因为 I0.2 为 ON 状态，它的常闭触点断开，使 M0.2 的线圈断电。M0.2 的常开触点断开，使控制 M0.3 的起保停电路的起动电路开路，因此不能转换到步 M0.3。

为了解决这一问题，应在此梯形图中增设一个受 I0.2 控制的中间元件 M1.0，如图 5-18c 所示，用 M1.0 的常闭触点取代修改后的图 5-18b 中 I0.2 的常闭触点。如果 M0.2 为活动步时 I0.2 变为 ON 状态，执行图 5-18c 中的第 1 个起保停电路时，M1.0 尚为 OFF 状态，它的常闭触点闭合，M0.2 的线圈通电，保证了控制 M0.3 的起保停电路的起动电路接通，使 M0.3 的线圈通电。执行完图 5-18c 中最后一行的电路后，M1.0 变为 ON 状态，在下一个扫描周期使 M0.2 的线圈断电。

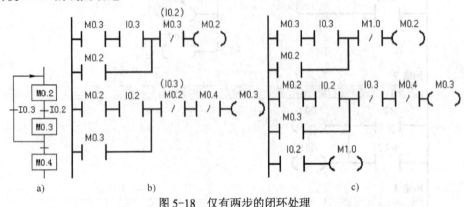

图 5-18　仅有两步的闭环处理

a) 顺序图　b) 不能工作的梯形图　c) 能工作的梯形图

### 5.5.4　技能训练——液体配比系统的 PLC 控制

用 PLC 实现液体配比系统的控制，要求系统启动后，打开 A 阀门向配比罐中加入 A 液体，当 A 液体到达配比罐 A 浮球位置时关闭 A 阀门，同时打开 B 阀门向配比罐中加入 B 液体，当 B 液体到达配比罐 B 浮球位置时关闭 B 阀门，同时打开 C 阀门向配比罐中加入 C 液体，当 C 液体到达配比罐 C 浮球位置时关闭 C 阀门，然后起动搅拌电动机，搅拌 3min 后，打开 D 阀门将混合液体放出，当液体放完后延时 10s 关闭 D 阀门和打开 A 阀门，重复上述动作。

## 5.6　实训 19　剪板机系统的 PLC 控制

【实训目的】

● 掌握并行序列顺序功能图的绘制方法；

● 掌握并行序列顺序控制程序的设计方法；

● 掌握使用 S、R 指令编写顺序控制系统程序的方法。

【实训任务】

使用 S7-200 PLC 实现剪板机系统控制。图 5-19 是某剪板机的工作示意图，开始时压钳和剪刀都在上限位，限位开关 I0.0 和 I0.1 都为 ON。按下压钳下行按钮 I0.5 后，首先板料右行（Q0.0 为 ON）至限位开关 I0.3 使其动作，然后压钳下行（Q0.3 为 ON 并保持）压紧板料后，压力继

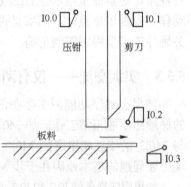

图 5-19　剪板机工作示意图

电器 I0.4 为 ON，压钳保持压紧，剪刀开始下行（Q0.1 为 ON）。剪断板料后，剪刀限位开关 I0.2 变为 ON，Q0.1 和 Q0.3 为 OFF，延时 1s 后，剪刀和压钳同时上行（Q0.2 和 Q0.4 为 ON），它们分别碰到限位开关 I0.0 和 I0.1 后，分别停止上行，直至再次按下压钳下行按钮，方才进行下一个周期的工作。为简化程序工作量，板料及剪刀驱动电动机相关控制均省略。

**【任务分析】**

本任务要求的动作也具有一定的顺序性，因此本任务也使用顺序设计法实现。压钳下行到位后剪刀再下行，这一过程是单序列的顺序动作，而剪料完成后压钳和剪刀同时上行，这属于并行序列的同时动作，在画顺序功能图和编程时应加以注意。

## 5.6.1　关联指令

本实训任务涉及的 PLC 指令有：S、R 指令。

## 5.6.2　任务实施

### 1．I/O 地址分配

此实训任务中限位开关、压力继电器、压钳下行按钮等作为 PLC 的输入元器件，驱动板料右行的电动机和剪刀上下行的交流接触器、电磁阀等作为 PLC 的输出元器件，其相应的 I/O 地址分配如表 5-3 所示。

**表 5-3　剪板机系统的 PLC 控制的 I/O 分配表**

| 输入 | | 输出 | |
|---|---|---|---|
| 输入继电器 | 元器件 | 输出继电器 | 元器件 |
| I0.0 | 压钳上限位开关 SQ1 | Q0.0 | 板料右行交流接触器 KM1 |
| I0.1 | 剪刀上限位开关 SQ2 | Q0.1 | 剪刀下行交流接触器 KM2 |
| I0.2 | 剪刀下限位开关 SQ3 | Q0.2 | 剪刀上行交流接触器 KM3 |
| I0.3 | 板料右限位开关 SQ4 | Q0.3 | 压钳下行电磁阀 YV1 |
| I0.4 | 压力继电器 KP | Q0.4 | 压钳上行电磁阀 YV2 |
| I0.5 | 压钳下行按钮 SB | | |

### 2．电气接线图的绘制

剪板机系统的 PLC 控制的 I/O 端子连接如图 5-20 所示，板料传送电动机（直接起动的单向运行）和剪刀上下行电动机（直接起动的双向运行）的主电路在此省略，请读者自行完成。为简化任务工作量，本任务在此对驱动压钳动作的液压泵的起停控制已省略。

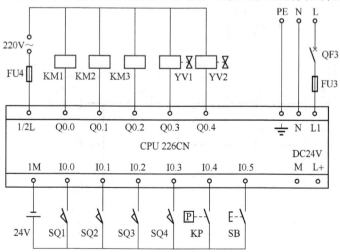

图 5-20　剪板机系统的 PLC 控制的 I/O 端子连接图

237

### 3. 创建项目

双击 STEP 7-Micro/WIN 软件图标，启动软件，选择菜单栏中的"File（文件）"→"Save（保存）"命令，在"文件名"栏对该文件进行命名，在此命名为"剪板机系统的 PLC 控制"，然后再选择文件保存的位置，最后单击"保存"按钮即可。

### 4. 编制程序

根据控制要求，画出剪板机控制顺序功能图，如图 5-21 所示，使用 S、R 指令顺序控制设计法编制的程序如图 5-22 所示。

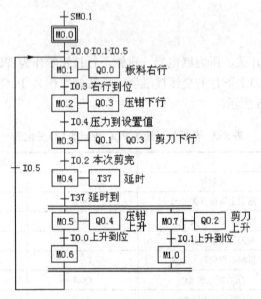

图 5-21 剪板机的顺序功能图

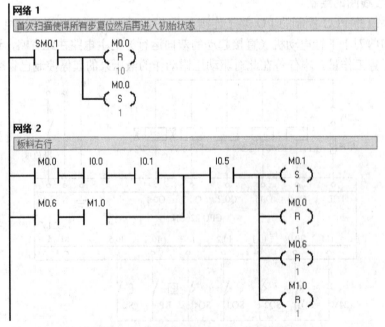

图 5-22 剪板机系统的 PLC 控制程序

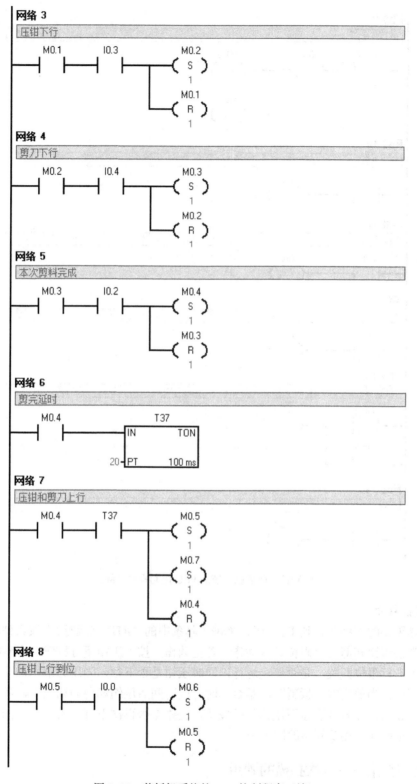

图 5-22 剪板机系统的 PLC 控制程序（续）

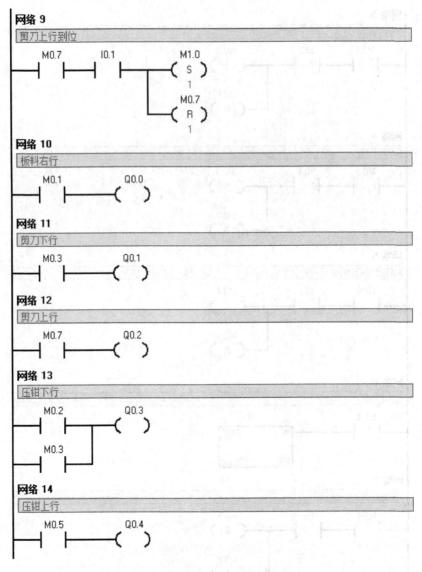

图 5-22 剪板机系统的 PLC 控制程序（续）

**5．调试程序**

将编译无误的程序下载到 PLC 中，单击工具条中的"RUN（运行）"按钮使程序处于运行状态，观察压钳和剪刀上限位是否动作，若已动作，按下压钳下行按钮，观察板料是否右行。若碰上右行限位开关，是否停止运行，同时压钳是否下行，当压力继电器动作时，观察剪刀是否下行。当剪完本次板料时，是否延时一段时间后压钳和剪刀均上升，各自上升到位后，是否停止上升。若再次按下压钳下行按钮，压钳是否再次下行，若下行，能进行循环剪料，则本任务硬件连接及程序编制正确。

### 5.6.3 实训交流——首次扫描的妙用

若本次下载的程序不是 PLC 的首次下载项目，可能会发生系统在未启动情况下已有某

240

些变量线圈得电，使得某些机构动作，轻则损坏设备，重则导致人员伤亡事故。用户常使用位特殊存储器 SM0.1 对程序中某些变量进行赋值，或进入顺序编程结构的初始步，而很少使用复位清除功能，因此 CPU 上电时，首先应给控制程序中使用到的所有输出变量复位，除需要断电保持的寄存器之外。

### 5.6.4　技能训练——专用钻床的 PLC 控制

用 PLC 实现专用钻床的控制，其工作示意图如图 5-23 所示。此钻床用来加工圆盘状零件上均匀分布的 6 个孔，开始自动运行时两个钻头在最上面的位置，限位开关 I0.3 和 I0.5 均为 ON。操作人员放好工件后，按下起动按钮 I0.0，Q0.0 变为 ON，工件被夹紧，夹紧后压力继电器 I0.1 为 ON，Q0.1 和 Q0.3 使两只钻头同时开始工作，分别钻到由限位开关 I0.2 和 I0.4 设定的深度时，Q0.2 和 Q0.4 使两只钻头分别上行，升到由限位开关 I0.3 和 I0.5 设定的起始位置时，分别停止上行，设定值为 3 的计数器 C0 的当前值加 1。两个都上升到位后，若没有钻完 3 对孔，C0 的常闭触点闭合，Q0.5 使工作旋转 120º 后又开始钻第 2 对孔。3 对孔都钻完后，计数器的当前值等于设定值 3，C0 的常开触点闭合，Q0.6 使工件松开，松开到位时，限位开关 I0.7 为 ON，系统返回初始状态。

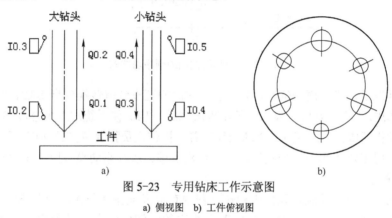

图 5-23　专用钻床工作示意图

a) 侧视图　b) 工件俯视图

## 5.7　实训 20　硫化机系统的 PLC 控制

【实训目的】
- 掌握选择序列顺序功能图的绘制方法；
- 掌握选择序列顺序控制程序的设计方法；
- 掌握使用顺控指令（SCR）编写顺序控制系统程序的方法。

【实训任务】
使用 S7-200 PLC 实现硫化机系统控制。某轮胎硫化机一个工作周期由初始、合模、反料、硫化、放气和开模等 6 步（S0.0～S0.5）组成，其顺序功能图如图 5-24 所示。此设备在实际运行中"合模到位"和"开模到位"的限位开关的故障率较高，容易出现合模、开模已到位，但是相应电动机不能停机的现象，甚至可能损坏设备。为了解决这个问题，需在程序中设置诊断和报警功能，例如在合模时（S0.1 为活动步），用 T40 延时。

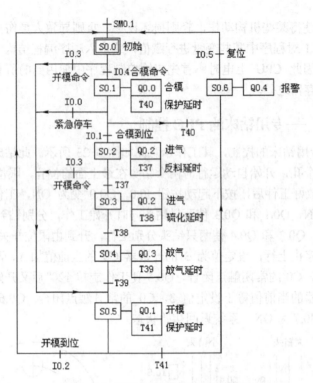

图 5-24　硫化机控制的顺序功能图

在正常情况下，当合模到位时，T40 和延时时间还没到就转换到步 S0.2，T40 被复位，所以它不起作用。"合模到位"限位开关出现故障时，T40 使系统进入报警步 S0.6，Q0.0 控制的合模电动机断电，同时 Q0.4 接通报警装置，操作人员按复位按钮 I0.5 后解除报警。在开模过程中，用 T41 来实现保护延时。开、合模及进、放气驱动设备控制在此省略。

**【任务分析】**

从图 5-24 中可以看到，硫化机动作过程中有很多选择性分支，如在 S0.1 处于活动步时，保护措施开始延时，在合模过程中若在规定的时间内没有合模到位，则进行报警进入 S0.6 步；若在规定的时间内合模到位，则进入 S0.2 步进行进气动作；若在合模过程中，发生异常需要紧急停车，则进入 S0.5 步进行开模动作。总之，在程序设计时必须考虑在设备运行过程中，各种异常情况的发生，实际上就是在顺序动作过程中，插入选择性分支结构，即本任务主要完成选择序列顺序功能性程序的编写。

### 5.7.1　关联指令

本实训任务涉及的 PLC 指令有：SCR 指令。

### 5.7.2　任务实施

**1. I/O 地址分配**

此实训任务中停车按钮、合模按钮、开模按钮、复位按钮、开模到位限位开关、合模到位限位开关等作为 PLC 的输入元器件，驱动合模、开模、进气和放气的交流接触器等作为 PLC 的输出元器件，其相应的 I/O 地址分配如表 5-4 所示。

表 5-4　硫化机系统的 PLC 控制的 I/O 分配表

| 输入 | | 输出 | |
|---|---|---|---|
| 输入继电器 | 元器件 | 输出继电器 | 元器件 |
| I0.0 | 紧急停车按钮 SB1 | Q0.0 | 合模交流接触器 KM1 |
| I0.1 | 合模到位限位开关 SQ1 | Q0.1 | 开模交流接触器 KM2 |
| I0.2 | 开模到位限位开关 SQ2 | Q0.2 | 进气交流接触器 KM3 |
| I0.3 | 开模按钮 SB2 | Q0.3 | 放气交流接触器 KM4 |
| I0.4 | 合模按钮 SB3 | | |
| I0.5 | 复位按钮 SB4 | | |

## 2．电气接线图的绘制

硫化机系统的 PLC 控制的 I/O 端子连接如图 5-25 所示。

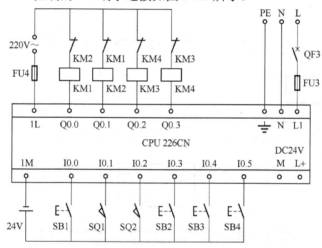

图 5-25　硫化机系统的 PLC 控制的 I/O 端子连接图

## 3．创建项目

双击 STEP 7-Micro/WIN 软件图标，启动软件，选择菜单栏中的"File（文件）"→"Save（保存）"命令，在"文件名"栏对该文件进行命名，在此命名为"硫化机系统的 PLC 控制"，然后再选择文件保存的位置，最后单击"保存"按钮即可。

## 4．编制程序

根据控制要求，使用 SCR 指令顺序控制设计法编制的程序如图 5-26 所示。

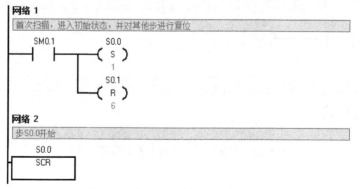

图 5-26　硫化机系统的 PLC 控制程序

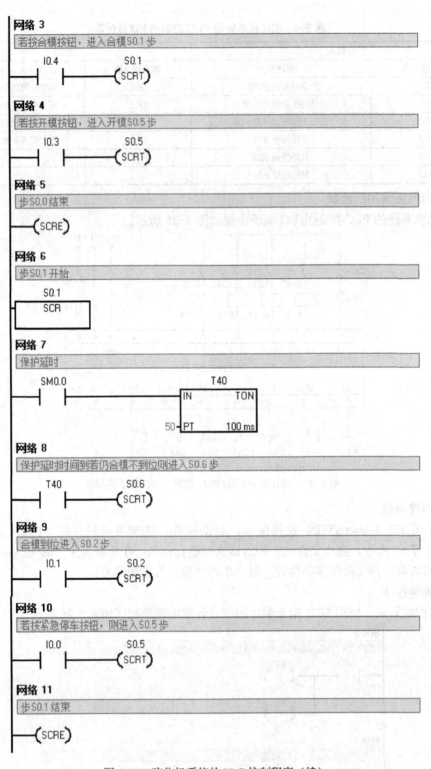

图 5-26 硫化机系统的 PLC 控制程序（续）

244

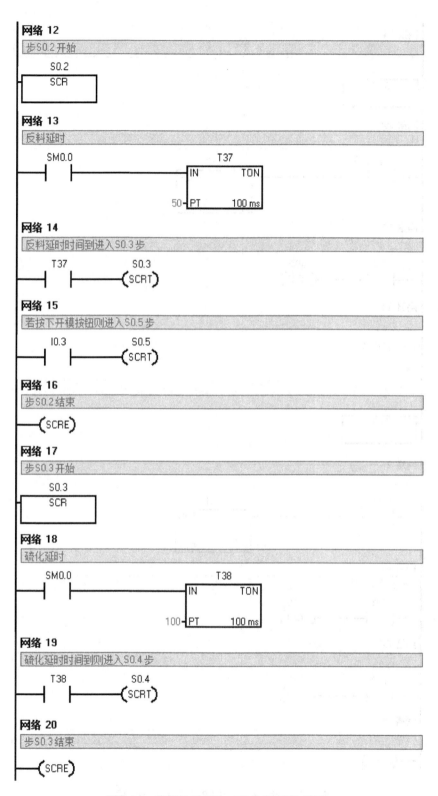

图 5-26 硫化机系统的 PLC 控制程序（续）

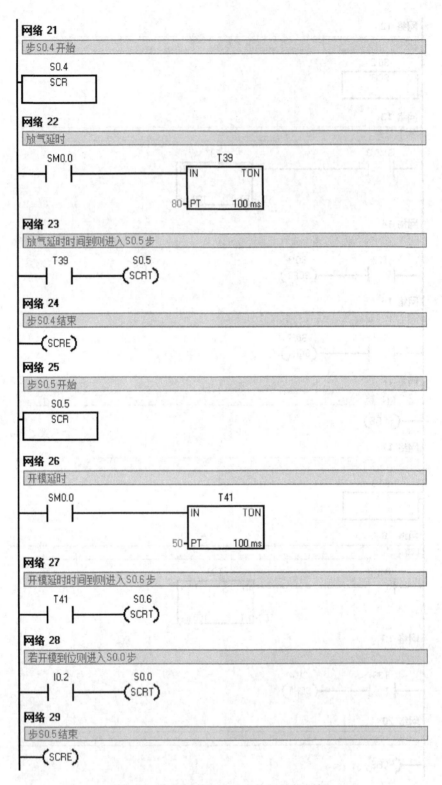

图 5-26　硫化机系统的 PLC 控制程序（续）

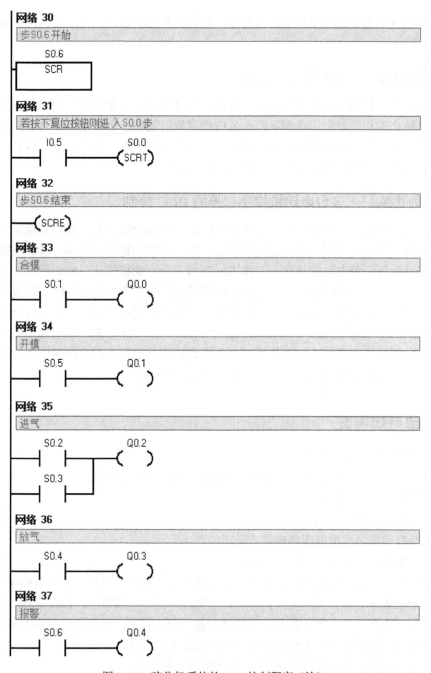

网络 30

步 S0.6 开始

S0.6
SCR

网络 31

若按下复位按钮则进入 S0.0 步

I0.5   S0.0
─┤ ├──────(SCRT)

网络 32

步 S0.6 结束

──(SCRE)

网络 33

合模

S0.1   Q0.0
─┤ ├──────( )

网络 34

开模

S0.5   Q0.1
─┤ ├──────( )

网络 35

进气

S0.2   Q0.2
─┤ ├──────( )
S0.3
─┤ ├─

网络 36

放气

S0.4   Q0.3
─┤ ├──────( )

网络 37

报警

S0.6   Q0.4
─┤ ├──────( )

图 5-26　硫化机系统的 PLC 控制程序（续）

**5．调试程序**

将编译无误的程序下载到 PLC 中，单击工具条中的"RUN（运行）"按钮使程序处于运行状态，同时使程序处于监控状态，按下合模按钮，观察是否合模。按下合模到位开关，观察是否进气。反料延时时间到后观察是否进入硫化延时，硫化延时时间到后观察是否放气。放气延时时间到后观察是否开模，按下开模到位开关，观察是否进入初始化，并且其他所有都为非活动步。若上述功能正常，再在工作过程中按下开模按钮、紧急停车按钮、复位按钮，或人为使得合模和开模保护延时超时等，对其所有功能调试正常，则本任务硬件连接及程序编制正确。

### 5.7.3 实训交流——急停按钮的设置

一般情况下，控制系统都须设置急停按钮，其目的保证在系统出现故障或异常情况时，系统能及时停止工作，避免设备损坏或人员伤亡事故的发生。急停按钮应为蘑菇按钮，急停按钮按下后应该能切换设备或工作系统的电源，而不是作为输入元件接入到 PLC 中。

切记：急停按钮不能等同于停止按钮或复位按钮！

### 5.7.4 技能训练——多台电动机按序起停的 PLC 控制

用 PLC 实现多台电动机按序起停的控制（以 3 台电动机为例），当电动机工作模式转换开关在"顺序"模式位置时，按下起动按钮后，第一台电动机立即起动，10s 后第二台电动机起动，15s 后第三台电动机起动，工作 2h 后第三台电动机停止，15s 后第二台电动机停止，10s 后第一台电动机停止；若电动机工作模式转换开关在"逆序"模式位置时，按下起动按钮后，第一台电动机立即起动，10s 后第二台电动机起动，15s 后第三台电动机起动，工作 2h 后第一台电动机停止，15s 后第二台电动机停止，10s 后第三台电动机停止。无论何时按下停止按钮，电动机停止方式仍根据工作模式转换开关所处位置按序停止；若有任意一台电动机过载，3 台电动机均立即停止运行，并发生报警指示。

## 5.8 习题与思考题

1. 什么是顺序控制系统？
2. 在功能图中，什么是步、初始化、活动步、动作和转换条件？
3. 步的划分原则是什么？
4. 设计梯形图时要注意什么？
5. 编写顺序控制梯形图程序有哪些常用的方法？
6. 绘制顺序功能图应注意哪些问题？
7. 用起保停电路的顺控设计法实现交通灯的控制。系统启动后，东西方向绿灯亮 15s，闪烁 3s，黄灯亮 3s，红灯亮 18s，闪烁 3s；同时，南北方向红灯亮 18s，闪烁 3s，绿灯亮 15s，闪烁 3s，黄灯亮 3s。如此循环，无论何时按下停止按钮，东西南北方向交通灯全灭。
8. 用 S、R 指令的顺控设计法实现第 7 题交通灯的控制。
9. 用 SCR 指令的顺控设计法实现第 7 题交通灯的控制。
10. 用 S、R 指令的顺控设计法实现实训 18 中任务的控制。
11. 用 SCR 指令的顺控设计法实现实训 18 中任务的控制。
12. 用起保停电路的顺控设计法实现实训 19 中任务的控制。
13. 用 SCR 指令的顺控设计法实现实训 19 中任务的控制。
14. 用起保停电路的顺控设计法实现实训 20 中任务的控制。
15. 用 S、R 指令的顺控设计法实现实训 20 中任务的控制。
16. 根据图 5-27 所示的顺序功能图编写程序，要求分别使用起保停电路、置位/复位指令、顺控指令进行编写。

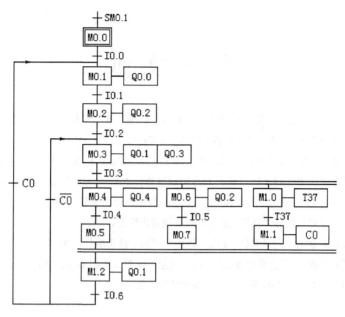

图 5-27 顺序功能图

17. 分别用 S、R 和 SCR 指令的顺控设计法实现液体混合装置控制功能，其装置如图 5-28 所示，上、中、下限位液位传感器被液体淹没时为 ON 状态，阀 $A$、阀 $B$ 和阀 $C$ 为电磁阀，线圈通电时打开，线圈断电时关闭。在初始状态时容器是空的，各阀门均关闭，所有传感器均为 OFF 状态。按下起动按钮后，打开阀 $A$，液体 $A$ 流入容器，中限位开关变为 ON 状态时，关闭阀 $A$，打开阀 $B$，液体 $B$ 流入容器。液面升到上限位开关时，关闭阀 $B$，电动机 M 开始运行，搅拌液体，60s 后停止搅拌，打开阀 $C$，放出混合液，当液面降至下限位开关之后 5s，容器放空，关闭阀 $C$，打开阀 $A$，又开始下一轮周期的操作，任意时刻按下停止按钮，当前工作周期的操作结束后，才停止操作，返回并停留在初始状态。

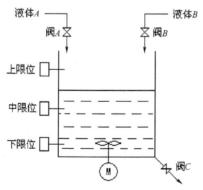

图 5-28 液体混合装置示意图

# 参 考 文 献

[1] 侍寿永. S7-200 PLC 编程及应用项目教程[M]. 北京：机械工业出版社，2013.

[2] 侍寿永. 机床电气与 PLC 控制技术项目教程[M]. 西安：西安电子科技大学出版社，2013.

[3] 侍寿永. S7-300 PLC、变频器与触摸屏综合应用教程[M]. 北京：机械工业出版社，2015.

[4] 侍寿永. 西门子 S7-200 SMART PLC 编程及应用项目教程[M]. 北京：机械工业出版社，2016.

[5] 侍寿永. 电气控制与 PLC 技术应用教程[M]. 北京：机械工业出版社，2017.

[5] 史宜巧，侍寿永. PLC 应用技术[M]. 北京：高等教育出版社，2016.

[6] 廖常初. S7-200 PLC 编程及应用[M]. 3 版. 北京：机械工业出版社，2018.

[7] 向晓汉. 西门子 S7-200 PLC 完全精通教程[M]. 北京：化学工业出版社，2012.

[8] 西门子公司. S7-200 C/V 可编程序控制器产品手册[Z]. 2013.